Wissenswertes über Füllfederhalter

Ich glaube an das Pferd.

Das Automobil ist eine vorübergehende Erscheinung.

(Wilhelm, letzter deutscher Kaiser)

Jörg Martin Kuhn

Wissenswertes über Füllfederhalter

Geschichte

Werdegang

Beweggründe

Technik

Pflege

Reparatur

Impressum
Wissenswertes über Füllfederhalter
3. Auflage, Februar 2017
© 2014-2017 Jörg Martin Kuhn
Herstellung und Verlag:
BoD – Books on Demand, Norderstedt
ISBN: 978-3-7347-4238-5

Bibliografische Information der Deutschen Nationalbibliothek:
Die Deutsche Nationalbibliothek verzeichnet diese Publikation in der
Deutschen Nationalbibliografie; detaillierte bibliografische Daten sind im
Internet über http://www.dnb.de abrufbar.

Inhaltsverzeichnis

1. Prolog

1.1 Vorwort zur dritten Auflage

Glücklicherweise gab es wenig zu korrigieren, einiges zu vertiefen und mehreres zu erweitern, um so dem eigenen Bedürfnis nach Vollständigkeit näher zu rücken. Für mich war logisch, Ergänzungen zu denjenigen Themenkomplexen zu schreiben, bei welchen die meisten Nachfragen auftauchten. Denn eines galt stets als Prämisse. Das Buch soll neben Informationen und Unterhaltung gleichsam einem breiten Publikum Nutzen bringen. Die Veröffentlichung dieser Ausgabe schließt den Prozess nun ab.

Als aufgeworfene Frage stand im Raum, ob ein zweites Band oder eine Neuauflage sinnvoll ist. Die Entscheidung fiel erst nach Auswertung von Rückmeldungen zu einer Leserumfrage zugunsten der dritten Auflage als umfassendes Nachschlagewerk. Der leitende Impuls ist klar. Man will zur Recherche nicht mehrmals ins Regal greifen müssen. Nachteile seien aber nicht unerwähnt. Leute, die bereits die Vorausgabe kauften, treffen in hiesiger Ausgabe auch identische Textpassagen an. Ich hoffe, es tröstet sie, dass sie mit vorliegendem Buch ein vertieftes und ergänztes, unterhaltsames und umfassenderes Nachschlagewerk besitzen und die vorherige Auflage einem Füllhalterneugierigen schenken können. Um den Buchumfang mit Blick auf die Bezahlbarkeit nicht zu sehr anwachsen zu lassen, wurde die Schriftgröße im Vergleich zur Vorausgabe geringfügig reduziert, ohne die Augen übermäßig strapazieren zu wollen. Die ansteigende Seitenzahl um fast ein Drittel war dennoch unvermeidlich. Den anschaulichen Schwarzweißabbildungen, die um 50% zulegten, bleibt die Neuauflage treu.

In erster Linie bin ich meiner lieben Familie dankbar, dass sie mich so manches Mal vom Schreibtisch und aus dem Daniel-Düsentrieb-Labor wegzerrte. Besonders danken möchte ich den Testlesern Michael, Johannes und Thomas, wobei ich versichere, es ist purer Zufall, dass es sich hierbei auch um die Namen von drei bedeutenden Aposteln handelt.

Hunsrück, Februar 2017 *Jörg M. Kuhn*

1.2 Einleitung

Liebeschwüre und Gnadengesuche, Inventarlisten und literarische Meisterwerke, Urteile, Anzeigen, Freundschaftsbriefe, dies und noch viel mehr wird seit Hunderten, ja Tausenden von Jahren mit Tinte und einem Federschreiber niedergeschrieben. Schicksale wurden damit besiegelt, so manche Weltordnung verändert, Familien zusammengeführt oder getrennt, Kriege begonnen und beendet. Allerhand Federn führten Berühmtheiten, die meisten aber lenkten gemeine Bürger. Er entwickelte sich rasch zu einem unserer Kulturgüter mit dem Füllfederhalter an seiner evolutionären Spitze.

Als Freund dieses Schreibgerätes komme ich immer wieder in Kontakt mit Gleichgesinnten. Mittlerweile treffen sich Füllerbegeisterte zum Ideen-, Gedanken- und Wissensaustausch auch in Internet-Foren. Dabei fiel mir auf, dass häufig dieselben Fragen aufgeworfen werden. Doch warum gibt das World Wide Web nicht auf alle Füllerfragen eine Antwort? Bisweilen wird allgemeines Wissen an jeder Ecke gebetsmühlenartig aufgesagt. Schon weitverbreitete Daten, Fakten und Tipps kupfert man gegenseitig ab und reicht sie weiter. Aber tiefgründigere Erkenntnisse und Fachwissen werden spärlich preisgegeben. Das hinterlässt Lücken, nach deren Schließung es die Anhänger dieses so wundersamen Schreibkulturgutes dürstet. Weil ich mich schon lange Zeit mit der Wartung und Reparatur von Füllfederhaltern, bei alten Modellen mit Restaurationen beschäftige, bin ich stets und gerne ein Ansprechpartner. Dabei wiederholten sich meine Antworten auf Fragen des Öfteren, allenfalls hi und da leicht an die Individualitäten des Fragestellers angepasst. Als ich mehrfach darauf angesprochen wurde, endlich ein Buch über zumindest die allerwichtigsten Themen rund um die Handhabung des Füllhalters zu schreiben, gab das mir schlussendlich einen entscheidenden Ruck. Aber was ist das Wichtigste? In der Tat gibt es einige unkomplizierte Hausmittelchen, mit denen ein jeder zu Hause seine Füllfederhalter in Schuss halten kann. Die Adressaten des Buches sind außer Besitzern dieses Schreibgerätes auch diejenigen, deren Neugierde an ihm erstmals oder nach längerer Abstinenz wieder geweckt wurde. Angesprochen werden Nicht-Profis, jedermann, also der überwiegende Teil der Bevölkerung. Ich fasste alle gesammelten Fragestellungen, Tipps, Tricks und Kniffe mit aufschlussreicher Relevanz zusammen und konsolidierte sie in Kapiteln. Zu guter Letzt galt es noch, dem Kind einen Namen zu geben. Und nichts lag näher, als die Zusammenstellung mit „Wissenswertes über Füllfederhalter" zu titulieren.

Nachfolgende Kapitel veranschaulichen geschichtliche und technische Hintergründe. Potenzielle Beweggründe, warum der Füllhalter trotz vielfältiger alternativer Schreibmöglichkeiten nicht ausstarb, werden plausibel aufgezeigt. Ein Leitfaden beschreibt, worauf man bei neuen, gebrauchten und insbesondere klassischen Exemplaren achtgeben sollte und wie man sie prüft. Der in regelmäßigem oder gelegentlichem Einsatz befindliche Füller benötigt spezielle Zuneigung. Für ein sorgenfreies Füllhalterleben muss die angemessene Handhabung und Pflege klar sein. Deshalb widmet sich das Buch intensiv der Thematik. Eigene Unterkapitel über die Behebung kleinerer Defekte und die Auffrischung des äußeren Erscheinungsbildes runden die Sache ab.

Die hier präsentierten Hilfestellungen wollen explizit die Basis bieten, zu Hause Anwendung zu finden. Entsprechend wähle ich Hilfsmittel, Gegenstände und Umgebungen so aus, dass man sie in einer Durchschnittswohnung vorfindet oder die sich leicht besorgen lassen. Statt Fachchinesisch stelle ich physikalische Naturgesetzmäßigkeiten besonders pragmatisch und anschaulich und sehr ausführlich dar. Zahlreiche Abbildungen und Skizzen unterstützen den Text, die allesamt in schwarz-weiß bzw. Graustufen vorliegen. Die Motivation dazu ist einerseits, die Druck-kosten zu senken und damit ein erschwingliches Buch anbieten zu können. Andererseits liegen die Themenschwerpunkte auf Technik und Geschichte anstatt auf farbenprächtigen Modellillus-trationen, weswegen Schwarz-Weiß-Bilder schlicht und einfach ausreichen. Ein vermurkster Füllfederhalter kann teurer werden. Guter Rat aber muss nicht teuer sein.

Natürlich freute es mich, wenn der Leser eine Kurzweil und einen Lesegenuss verspürte. Jedoch ist der Zweck des Buches erst dann erfüllt, sobald der ein oder andere auch Tipps aufgreift, um sie, hoffentlich erfolgreich, umzusetzen. Pro forma merke ich aller-dings an der Stelle das Folgende an. Bezüglich jedweder Anwen-dung, Umsetzung und Versuche aller Beschreibungen und Bei-spiele aus vorliegendem Buch kann ich keine Haftung für Schä-den übernehmen. Jede in diese Richtung gehende Handlung geschieht daher auf eigene Gefahr. Fragen Sie im Zweifelsfall bei einem Fachmann nach. Überlassen Sie ihm zumindest die für Sie schwierigeren Arbeiten, wenn Sie sich nicht sicher genug sind.

Körper und Stimme leihet die Schrift dem stummen Gedanken. Durch der Jahrhunderte Strom trägt ihn das redende Blatt.

Johann Christoph Friedrich von Schiller

2. Werdegang

Der Füllfederhalter wird auch als Füllfeder, Federfüller, Füllhalter oder kurz Füller bezeichnet. All die Namen benennen das gleiche Schreibgerät. Er ist zwar verwandt aber nicht zu verwechseln mit dem Federhalter, der zu einer anderen Schreibgerätekategorie gehört. Diesen kann man als Vorläufer des Füllhalters ansehen. Und bei ihm steigen wir in die historischen Betrachtungen ein.

2.1 Ursprünge und Geschichte

Womöglich hörte man davon bereits in der Schule oder den Medien. Der Mensch verwendete seit der Antike bis über das Spätmittelalter und die Renaissance hinweg zum Barock Schreibgeräte aus Schilfrohr, Bambus und Vogelfedern, um farbige Flüssigkeit auf Leder, Holz, Stein, Pergament und Papyrus aufzutragen. Das Fluid nannte man schließlich Tinte. Das Trägermaterial für die Tinte wurde im Endstadium der Entwicklung unser modernes Papier. Tinten und Papiere werden in diesem Buch nicht tiefer gehend behandelt. Die Flügelfeder eines Vogels, genauer der Federkiel[1], war ein häufig genutztes Schreibgerät. Der Fußteil der Vogelfeder, genannt Federspule, wurde einmalig präpariert, geschnitten und gehärtet. Und fertig war die Schreibfeder. Die Federspitze tauchte man kurz in Tinte, sodass ein Tropfen daran haften blieb. Dann ließ sich mit der Feder so lange auf eine saugfähige Fläche schreiben oder zeichnen, bis der Tropfen aufgebraucht war. Anschließend musste die Spitze erneut in die Tinte getunkt werden. Erst gegen Ende des 18. Jahrhunderts wurde die Vogelfeder allmählich von der Glasfeder und Metallfeder abgelöst.

Bei der gefiederten Feder, die meist vom Flügel der Gans oder des Schwans stammte, bestand das Schreibgerät des Schreiberlings aus einem Stück. Denn das Vorderteil, die Federspule, mit der geschrieben wird, und der hintere Teil, der Federschaft, den die Hand umgreift, waren eins. Mit dem Einzug der Metallfeder

---

[1] Mittelteil (Steg) einer Vogelfeder.

änderte sich das. Die Schreibfeder aus Stahl ersetzte die Federspule. Über sie gelangte die Tinte auf das Papier. Für das Umgreifen benötigte man nun ein separates Bauteil, einen Stiel, in den man vorne die gewünschte Stahlfeder aufsteckte. So waren die Federn austauschbar, ohne das Griffstück wechseln zu müssen. Da der Schaft die metallene Schreibfeder hält, bekam das Konstrukt den Namen „Federhalter" oder auch „Federkiel".

Es ließe sich trefflich darüber diskutieren, warum die Metallfeder den Namensbestandteil „Feder" erhielt. Federt ein Material, so wissen wir, dass es stets wiederkehrend in die Ursprungsform zurückkehrt, wenn man es verformt. So funktionieren beispielsweise die Fahrwerksfedern an Automobilen. Auch die Metallschreibfeder reagiert mehr oder minder flexibel federnd. Ob die Metallfeder die Tradition der Vogelfeder weitertragen sollte oder aber die Materialeigenschaften den Namen begründeten, soll hier offenbleiben.

Zwischen dem 15. und 18. Jahrhundert konstruierte man in aufwendiger Handarbeit Schreibspitzen aus Kupfer, Messing, Silber und Gold. Sie erwiesen sich allesamt als zu weich und verbogen schnell, ohne die Ursprungsform wiederzuerlangen. Außerdem litten sie an hohem Abrieb. Samuel Harrison aus dem englischen Birmingham war im Jahr 1780 der erste verzeichnete Produzent von Stahlfedern. Solch ein Stahl hatte bei Weitem noch nicht die Güte derer, wie wir sie heute kennen. 1808 erteilte man dem Engländer Bryan Donkin in London das allererste Patent zur Stahlfederfertigung. Er lötete zwei Halbfedern so zusammen, dass ein Kapillarschlitz für den Tintentransport verblieb. Der Ingenieur Joseph Bramah aus Barnsley in England meldete 1809 Patente u.a. für Schreibfedern an. Er dachte sich nicht nur einfache, sondern auch doppelseitige, unterschiedlich geschliffene Federn aus. Man konnte sie in eine Steckvorrichtung am Federhalter schieben. Metallfedern wurden bis dahin alle in der Schmiede handgemacht. Mit den 1820ern begann im Zuge der industriellen Revolution in England die Massenproduktion von Stahlfedern. 1822 machte John Mitchell in seiner Fabrik bei Birmingham mit Stanzmaschinen und Stahlblechen den Anfang.

Metallene Schreib- und Zeichenfedern gab es in unzähligen verschiedenen Ausführungen. Diese orientierten sich ganz und gar an den unterschiedlichen Einsatzzwecken. Es gab Federn zum Rechnen, Malen, Zeichnen und Skizzieren, für Zahlen, Musiknoten und Notenlinien und vieles mehr. Und natürlich zum Schreiben. Jede Schrift, zum Beispiel Kurrente, Antiqua, Kanzleischriften, Textura, Rundschrift, usw. hatte sehr häufig spezielle Federn. Und wenn über die Jahrzehnte Unterarten und Abwandlungen der Schriftarten aufkamen, so kristallisierten sich meist auch dafür wiederum Spezialfedern heraus. Schnell kamen die Manufakturen von Schreibfedern auf den Trichter, dass es durchaus Sinn macht, den vorderen Federteil zu spalten. So entstanden ein linker und ein rechter Flügel bzw. Schenkel. Die beiden lagen haucheng beieinander. Dadurch konnte man sich den Kapillareffekt und die Kohäsionskraft zunutze machen. Vom Federauge aus, einem Loch etwa in der Mitte der Feder, wurde dabei Tinte im kapillar wirkenden Spalt zwischen den zwei Federschenkeln zur Spitze transportiert. Viele Hersteller machten das Auge einfach kreisrund. Manche gestalteten es jedoch in Herzform oder entwickelten andere Zierformen. Mitunter ließ man es anfangs auch weg.

Bild 1: Englische Stahlspitzfeder von John Mitchell, Modell Centenary, Strichstärke Medium, aus dem Jahr 1922, im Federhalter. Das Federauge ist als längliches Rechteck ausgeführt.

Bild 2: Eine Metallfedervariante mit sichelförmigem Federauge.

Bild 3: Ein Federmodell ohne Federauge. Der Kapillarspalt zwischen den zwei Flügelschenkeln ist zu erkennen.

Exkurs: Kapillarität und Kohäsion

Eine Kapillare (lat. „Capillus" für „das Haar") ist ein äußerst feiner, lang gestreckter Hohlraum. Das Verhalten einer Flüssigkeit, die in den Kontakt mit einer Kapillare kommt, z.B. in einem engen Röhrchen oder einem dünnen Spalt, wird Kapillarität bzw. Kapillareffekt genannt. Je schmaler die Kapillare, desto drastischer der Effekt. Wir gehen im vorliegenden Buch immer von einer wasserbasierten Flüssigkeit aus, wie die Tinte eine ist. An der gespaltenen Feder entsteht zwischen beiden Flügelschenkeln eine Kapillarität. Tinte sammelt sich am Federauge, von wo aus sie sich in Richtung Federspitze ausdehnt. Weil dies auch gegen die Gravitation geschieht, könnte man mit einer Schreibfeder sogar über Kopf schreiben, wenn ebenfalls andere physikalische Parameter gut stünden. Selbst im Papier kommt der Kapillareffekt zum Tragen, den wir als Saugvermögen der Papierfasern wahrnehmen. Die sorgfältige Konstruktion der Feder, die Länge, Lage und Stärke der Flügelschenkel und damit des Kapillarspaltes entscheiden darüber, wie sauber und störsicher der Tintenfluss vonstattengeht, sobald die Tinte am Federauge anliegt. Zu der Kapillarität kommen wir bei den Füllfederhaltern nochmals zurück.

Die Kohäsion bzw. Kohäsionskraft (lat. „cohaerere" für „Zusammenhängen") bezeichnet in der Physik und Chemie das Bestreben von Stoffen, vereint zu bleiben, weil Kräfte zwischen den Atomen bzw. Molekülen wirken. In Bezug auf unsere Tintenschreiber zeigt Tinte bei genauer Betrachtung wie der Urstoff Wasser eine gewisse Tendenz, zusammenzubleiben, wobei der Tropfen ein typisches Beispiel ist, anstatt in alle Himmelsrichtungen davonzulaufen. Die Kraft der Kohäsion wirkt wie ein Magnet. Machen Sie ein Experiment. Beim leichten Eintauchen der Federspitze in klares Wasser zieht dieses aus der Federkapillare Tinte an. Dort wiederum holt die Kohäsionskraft aus der Tintenleiterkapillare Tinte herbei, welche über die Tankleitung aus dem Tank vorrückt. Das komplette System wird geflutet. Und der Füller ist idealerweise kontinuierlich schreibbereit. Probieren Sie es aus und tippen Sie nur die Federspitze eines gefüllten Füllhalters an die Wasseroberfläche in einem Wasserglas. Wie ein Blitz schießt ein Tintenschleier als kreisrunde Welle von der Spitze ausgehend über das Wasser. Das passende „Einstellen" der Oberflächenspannung ist übrigens eine der entscheidenden Herausforderungen bei Tintenherstellern, allerdings auch ein anderes Thema.

Jede der zuvor angesprochenen Schreib- und Zeichenfedern bei Federhaltern war eine sogenannte Dippfeder. Man tunkte bzw. dippte sie in Tinte, um schreiben bzw. zeichnen zu können. In der Regel führte man sie so aus, dass beim Dippen ein Tropfen unter der Feder anhaftete. Idealerweise lag der Ort der Anhaftung unterhalb des Federauges oder in unmittelbarer Nähe. Der Tintentropfen bildete dann das Reservoir. Der Vorrat verkleinerte sich durch das Schreiben, weil die Tinte vom Auge zur Spitze kontinuierlich zu Papier gebracht wurde. Nach ein paar Worten, manche Dippfedern schafften einige Sätze, war der Miniaturvorrat komplett aufgebraucht. Der Tropfen verschwand. Man musste die Feder erneut dippen.

Bereits um das Jahr 1656 kam Bewegung in die experimentelle Erforschung, wie man aus einer Schreibfeder durch Anbau eines nachfüllbaren Tintenbehälters einen Langzeitschreiber machen könnte. Der Engländer Samuel Pepys[1] stellte 1663 seine Lösung vor. Sie bestand aus einer Vogelfeder, auf deren Spitze er einen trichterförmigen, kleinen Behälter aufsetzte. In späteren Epochen fertigten ausgefuchste Federhersteller für Dippfedern einen voluminöseren Tintenspeicher, indem sie eine Eindellung von oben unmittelbar ans Federauge formten. Das hatte drei Vorteile. Zum einen vermochte die Delle einen riesigen Tintentropfen sicher zu umschließen und aufzubewahren. Zum anderen saß der Tropfen huckepack auf bzw. in der Feder und präsentierte dort folglich für den Federführer ständig sichtbar. Und letztlich konnte der Tropfen nicht so leicht durch Erschütterungen beim Schreiben unkontrolliert herunterfallen und klecksen.

Daran ist zu sehen, dass sich schon beizeiten Schreibtätige Gedanken über die Lösung des Problems „Flaschenhals Tintennachschub" machten. Zum Tunken unentwegt wiederkehrend eine „Gedenksekunde" einlegen zu müssen war lästig. Richtig ärgerlich jedoch konnten die Momente sein, wo dies mitten im Wort geschehen musste. Denn solche Übergänge vermochte jeder im Schriftbild des fertigen Schriftstückes zu erkennen. Dabei gaben sich die Schriftmeister alle Mühe, Buchstabenformen und Ligaturen stetig zum Wohle des Schreibflusses zu optimieren.

---

[1] Samuel Pepys, 1633-1703, war Staatssekretär im engl. Marineamt.

Bild 4: Stahlfeder mit wannenförmigem Tintenspeicher hinter dem Federauge, der mit dem Federauge verbunden ist. So gesehen ist dies die simple Variante eines Füllfederhalters.

Bild 5: Manch alte Metallfeder kannte weder Tintenwanne noch Federauge. Beim Dippen der Feder in Tinte sollte ein Tintentropfen im Inneren der gewölbten Feder anhaften, idealerweise dort, wo die Flügelschenkel sich zu spalten beginnen.

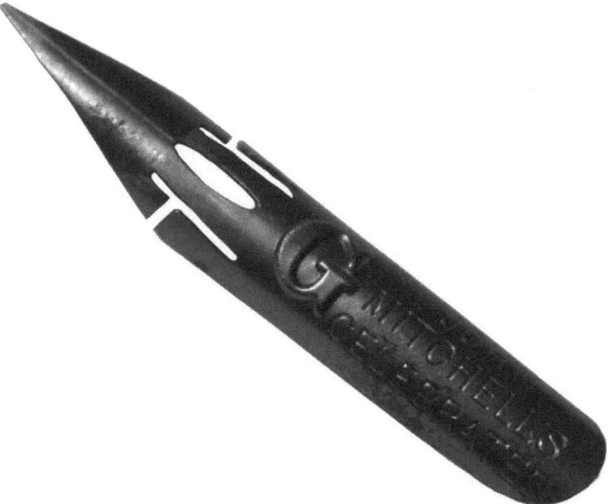

Bild 6: Alte Metallfedern, wie diese hier von Mitchells aus der Mitte des 19. Jh., wurden sehr aufwendig fabriziert und verziert. Sie hat ein langgezogenes ovales Federauge. Seitlich gibt es Aussparungen im Metall, um die Flexibilität zu erhöhen und flexibles Schreiben zu erleichtern.

So ist es nicht verwunderlich, dass endlich, Anfang des 19. Jahrhunderts, Erfinder der Thematik „Tintentanks für Federschreibgeräte" nachgingen und experimentierten, wobei gleichzeitig mit der industriellen Revolution in England die Massenproduktion von Metallfedern lancierte. Dabei waren Stahlschreibfedern für Federhalter erst Ende des 18. Jahrhunderts in den allgemeinen Gebrauch gekommen. Viele Tüftler auf der ganzen Welt suchten nach Lösungen, um dem Federhalter einen Tintenbehälter mitzugeben. Aus dem Federhalter sollte ein Füllfederhalter werden.

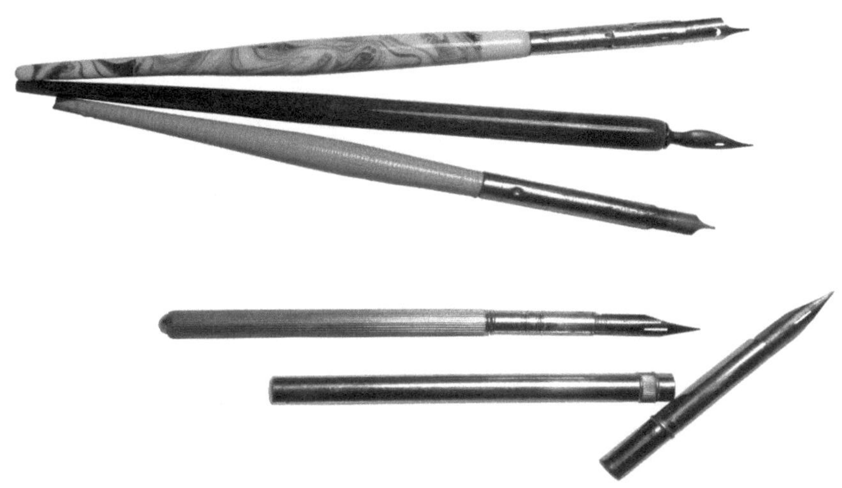

Bild 7: Beispielhaft einige alte Federhalter. Die billigsten Schäfte waren aus einfachem Holz und Massenware. Manche wurden lackiert und verziert. Unten sind zwei Reisefederhalter aus Silber zu sehen. Sie konnten auseinandergezogen und umgekehrt zusammengesteckt werden, so dass die Feder geschützt im Schaftinneren verschwand.

Bild 8: Stahlfedern waren Verbrauchsgegenstände, die sich abnutzten. Entsprechend deckte man sich beim Einkauf mit größeren Stückzahlen ein. Die Federn wurden üblicherweise in solchen Schachteln angeboten, etwa doppelt so groß wie eine Streichholzschachtel.

Chronologisch betrachtet ist der Engländer Frederick Bartholomew Folsch (bzw. Fölsch) der Erste, dem man 1809 ein Patent auf ein Schreibgerät zusprach, das man Füllfederhalter nennen konnte. Ein Patentauszug war mir nicht zugänglich. Allerdings gibt es einen Zeitungsbericht im Belfast Monthly Magazine, Ausgabe 4/18, vom 31. Januar 1810. Dort wird auf Seite 51 auf Folschs Erfindung eingegangen. In Frankreich meldete der Rumäne Petrache Poenaru[1] 1827 sein Patent an. Er hielt sich zu der Zeit als Student der Kartografie in Paris auf. Gewiss arbeiteten eine Menge Leute an Lösungen. Womöglich fehlte anderen Tüftlern das bürokratische Geschick. Oder sie besaßen keine finanziellen Mittel. Möglicherweise sahen sie ihre Erfindung technisch noch nicht ausgereift genug, um ein Patent anzumelden. Joseph Bramah (siehe auch Seite 15) experimentierte als begnadeter Erfinder bereits mit elastischen Stoffen. Er gab die Initialzündung zur langen Ära der Füller mit Gummitank. Das erste Patent zu einem Gummisackfüller wurde 1859 dem Londoner John Moseley zuerkannt. Er betrieb dort in der New-Street / Covent Garden als Werkzeugmacher die Firma Moseley & Son und handelte mit Hobeln, Sägen, Werkzeugkisten, Drehmaschinen und mechanischen Werkzeugen. Sein Schreibgerät besaß jedoch erhebliche Funktionsschwächen. Es gelang Moseley nie, breiter Fuß zu fassen.

In den Abbildungen Bild 9 bis Bild 14 sind beispielhaft sechs Patentblätter von Konstrukteuren der ersten Füllhalter des 19. Jahrhunderts dargestellt. Der amerikanische Erfinder und Mechaniker Walter Hunt[2] meldete seinerzeit viele verschiedene Patente an, unter anderem für Sicherheitsnadeln und ein Repetiergewehr. Doch auch mit Metallfedern für Federhalter und mit Füllfederhaltern beschäftigte sich der New Yorker intensiv, wie das US-Patent Nr. 4927 vom 13. Januar 1847 darlegt. Hunt konnte offenbar die Bedeutung vieler seiner Erfindungen überhaupt nicht klar erfassen. So verkaufte er etliche Patente für ein Taschengeld.

---

1   Petrache Poenaru, 1799-1875, Ingenieur, Mathematiker und Kartograf.
2   Walter Hunt, 1796-1859, amerikanischer Erfinder und Mechaniker.

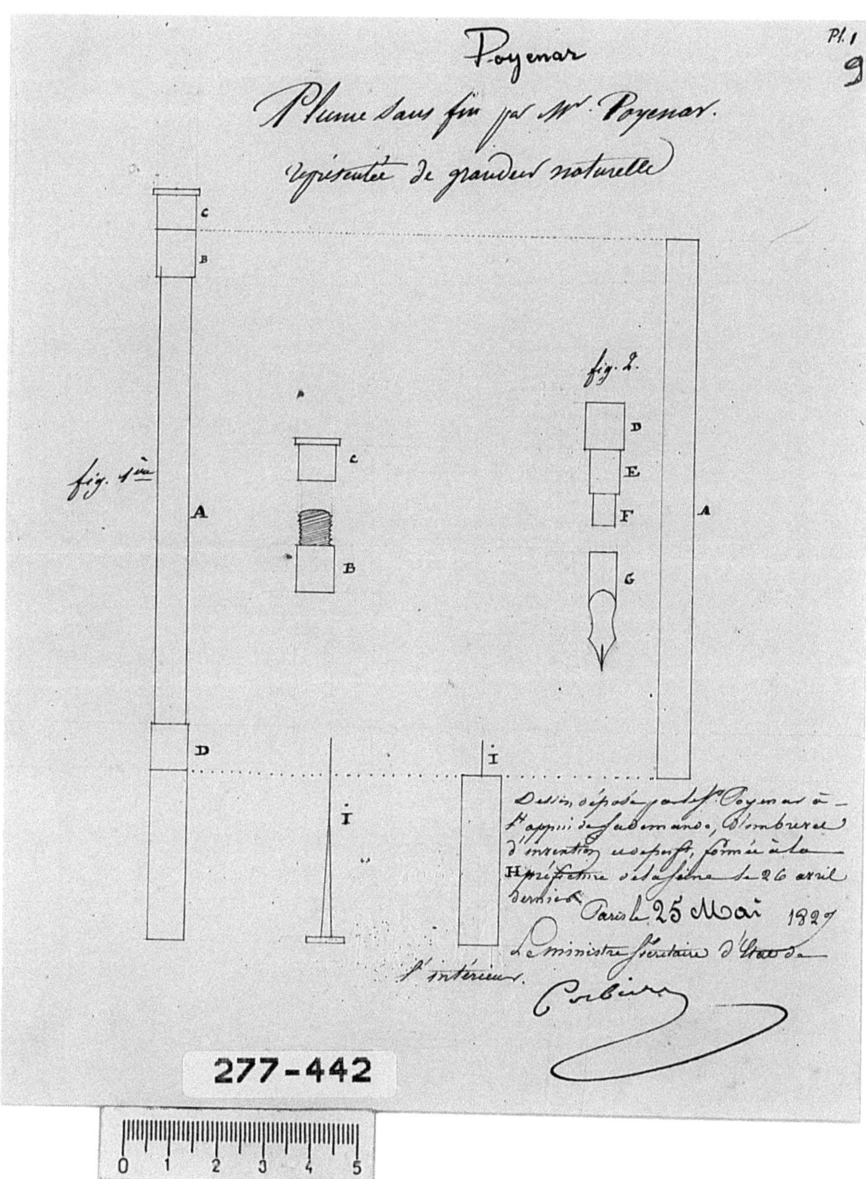

Bild 9: Seite 9 des franz. Patents Poenarus aus 1827. Die Skizze gibt eine vage Vorstellung von einem Eyedropper.
Quelle: *www.fountainpen.it*

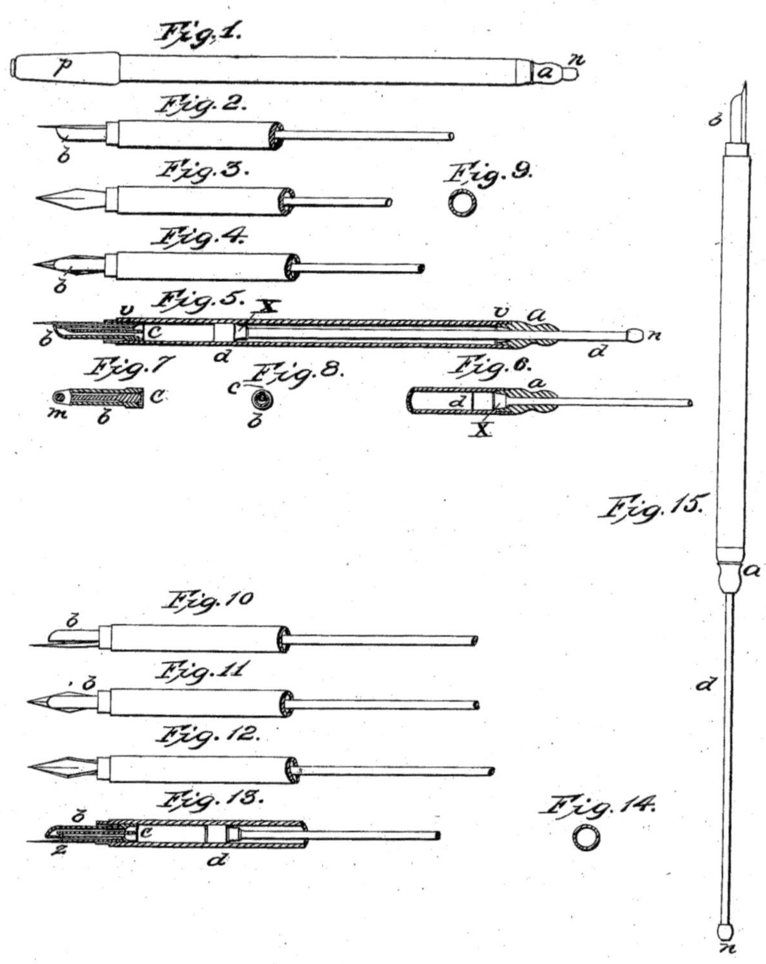

*Bild 10: US-Patent aus 1855 von N. A. Prince zu einem Pumpkolbenfüller.
Quelle: Google Patents*

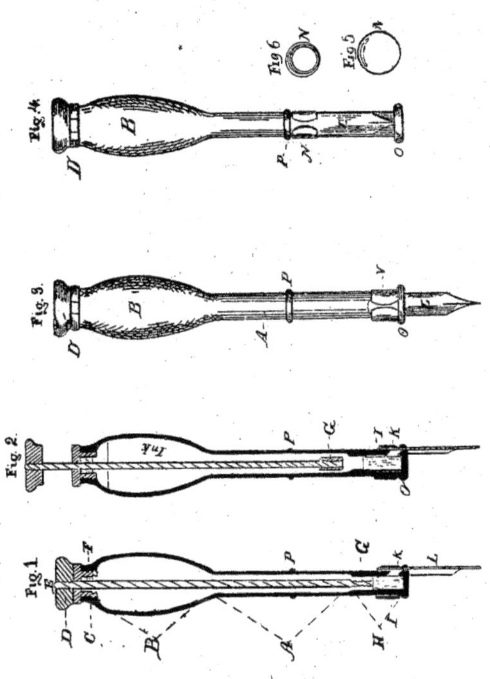

Bild 11: Ein US-Patent aus 1847 von Walter Hunt mit ausziehbarem und versenkbarem Vorderteil (Feder, Tintenleiter). Quelle: Google Patents

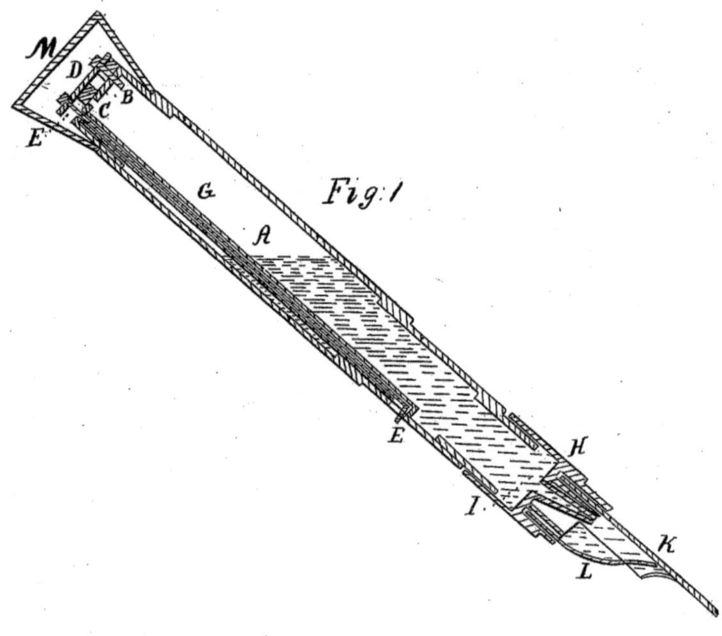

Bild 12: US-Patent aus 1867 von den Kompagnons Klein & Wynne. Eine hochinteressante Idee, die schon die Betankung mit Unterdruck andeutet, das spätere Vacumatic-System. Quelle: Google Patents

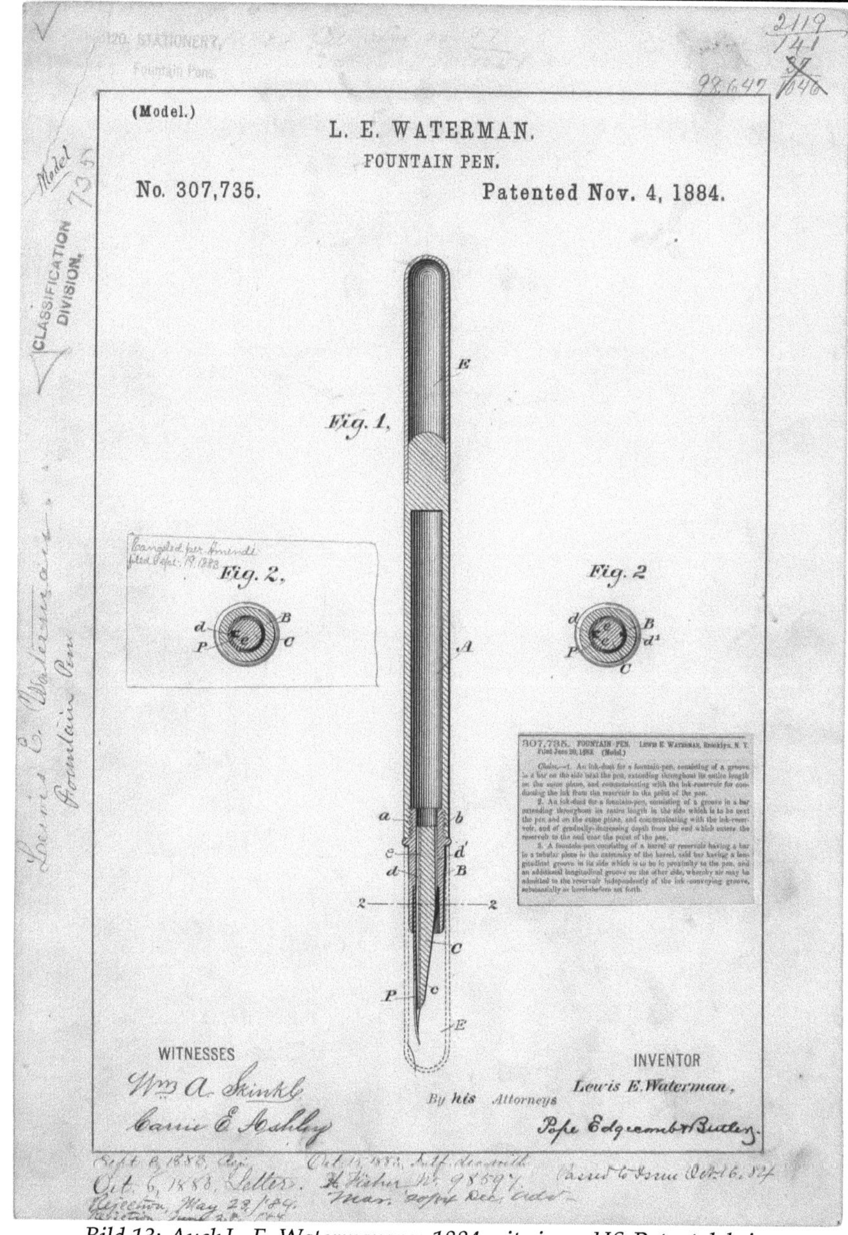

*Bild 13: Auch L. E. Waterman war 1884 mit einem US-Patent dabei.
Quelle: United States National Archives*

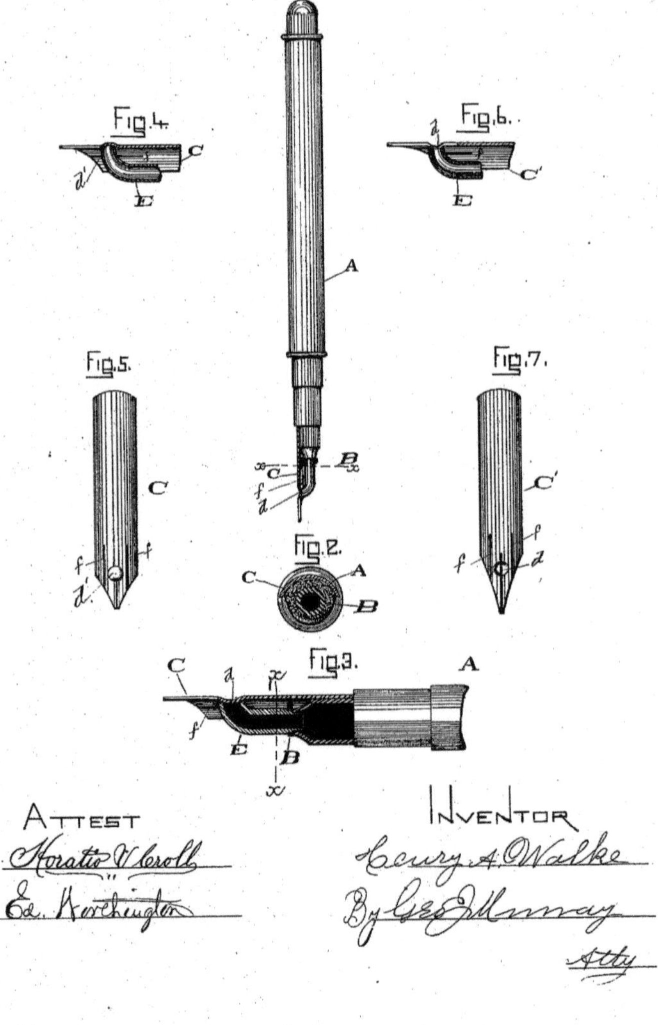

Bild 14: US-Patent von Henry A. Walke aus 1883 über einen Füllfederhalter mit ausgeklügeltem Tintenleiter. Quelle: Google Patents

Wunderbar anschaulich vermittelt die Skizze vom Patentblatt des Erfinderduos Klein & Wynne aus dem amerikanischen Iowa die Funktionsweise ihres Füllfederhalters. Dabei ist recht deutlich zu erkennen, wie sie damals noch versuchten, einen Tintentropfen in der Nähe des Federauges zu platzieren und so den Federhalter zu imitieren. Der Tintenvorrat in Augennähe wird gespeist von einem dahinterliegenden Tank, der durch ein sich verengendes Röhrchen Tinte kapillar abgibt. Die Zuführung gestalteten die beiden Erfinder noch trichterförmig, sodass de facto eine Kapillarwirkung erst im engsten Teil erzeugt wird.

Bezüglich der Betankungsidee mithilfe von Unterdruck waren die Konstrukteure Klein & Wynne ihrer Zeit weit voraus. Doch statt einen Tintentropfen wie bei Dippfedern nachzuahmen, wird beim modernen Füllhalter das Federauge bzw. die Federschenkel kapillar permanent versorgt. Dazu bediente und bedient man sich bis heute einem sogenannten Tintenleiter, der genau die Aufgabe übernimmt. Bereits in der Patentskizze von Klein & Wynne sowie Prince und Walke kann man ausmachen, wie gewissenhaft dieses Optimierungsdetail angepackt wurde (siehe Bild 14, Bild 15 und Bild 10 Fig. 5 und 7). Zu erkennen ist ein feines Röhrchen, das Tinte vom Tank direkt unter die Feder an die Kapillarspalte der Federschenkel führt. Herausgekommen und bis in die Neuzeit üblich ist eine Kapillarrinne. Man stelle sich das als ein nach einer Seite (oben) offenes Kapillarröhrchen vor. Und das nannte man schließlich Tintenleiter[1]. Im Füllfederhalter der alten Zeit, wie auch bei modernen Füllern, finden im Wesentlichen an zwei Brennpunkten Kapillarität statt, an der Feder selbst und im Tintenleiter. Wenn dann noch im Papier Kapillare arbeiten und es ebendeswegen saugt, schließt sich der Kreislauf. Der Federfüller schreibt und führt unaufhörlich Tinte aus dem Reservoir nach.

Übrigens funktioniert dieses System nur mit vom Tank bis zur Federspitze gefluteten Leitungen und Kapillaren. Das bemerkte jeder schon einmal, der einen befüllten Füllhalter längere Zeit lie-

---

[1] Auch Tintenzuführer genannt, im Englischen „ink-feed".

gen ließ und dann Anschreibprobleme hatte, weil die Kapillaren austrockneten. Hier hilft ein einfaches Rezept. Entweder drückt man von hinten einen Tintentropfen aus dem Tank nach vorne zur Spitze. Oder man taucht kurz die Federspitze des Füllers beispielsweise in ein Glas Wasser. Es soll schon Leute gegeben haben, die benutzten Speichel auf dem Finger. Aber zur Not kann man auch maßvoll die Füllerfeder senkrecht auf eine Unterlage stupsen, bis sie Tinte spuckt.

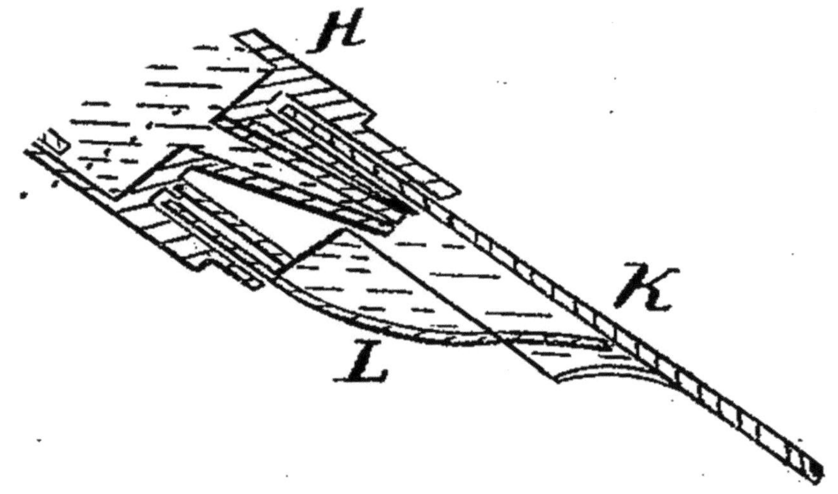

Bild 15: Patentskizze Klein&Wynne, Vergrößerungsbereich Feder und konischer Tintenleiter.

Bereits seit den Anfängen bis in die zweite Hälfte des 20. Jahrhunderts hinein kamen Füllfedermodelle auf den Markt, deren Schreibfeder eine Art Metallschiene trug. Sie saß mittig von der Federwurzel ausgehend über dem Federauge und dem Kapillarspalt der Federschenkel. Ihre Funktion war es, das Kriechen der Tinte nach vorne zur Federspitze zu fördern. Und das gelang dem Bauteil, wenngleich die Konstruktion optisch bei der schreibenden Zunft keine besondere Akzeptanz fand. Das mag auch daran gelegen haben, dass das huckepack getragene Metallplättchen hochflexible Federn darunter im Prinzip ausschloss. Daher fristeten „geschiente" Schreibfedern eher ein Nischendasein. Doch

Liebhaber äußerst zuverlässig arbeitender Federfüller wussten und wissen nach wie vor das Metallschienchen zu schätzen.

Bild 16: Schreibfeder eines Wearever Pennant (1950-1960). Die auf der Schiene erkennbare Anhebung beherbergt eine Kapillarrinne, die die Tintenbeförderung kräftig unterstützt.

Ebenfalls experimentierte man mit mehreren Federaugen und förderte diverse Versionen zutage. Die Löcher im Federdach sind im Grunde kohäsionsbasierte Zwischenspeicher bzw. Vorratspunkte im Tintenleitsystem auf dem Weg zwischen Tank und Federspitze[1], eine Art „Gravitationszentrum". Nach dem Schusterprinzip „doppelt genäht hält besser" setzt man beispielsweise zwei Federaugen in einer Flucht in die Schreibfeder ein, wobei das Vordere mit dem Kapillarschlitz der Federschenkel in Verbindung steht. Als ersten Sammel- und Belüftungspunkt bietet sich

---

[1] Siehe auch Exkurs: Kapillarität und Kohäsion auf Seite 17
    sowie Unterkapitel 5.4.14.

das hintere Auge an, bevor es zur letzten Sammelstelle weitergeht, die dann Tinte über die Federschenkelkapillare in die Papierkapillare abführt.

Bild 17: 14-karätige Schreibfeder eines klassischen belgischen Füllfederhalters der Marke Mercury mit doppeltem Federauge.

2.2 Federn aus Glas?

Ja, es gab sie in der Tat. Die Glasfeder. Doch ist sie als nostalgisches Objekt verblasst im 21. Jahrhundert angekommen. Man erhält sie auf manchen Kunsthandwerker- und Antikmärkten, in einigen Läden und auf spezialisierten Internet-Marktplätzen, welche meist noch zahlreiche andere Dekorations- und Gebrauchsgegenstände von Glasmanufakturen im Angebot haben. Die Glasfedern sind Schreibgeräte komplett aus Glas. Ein Federhalter, also das Griffstück, verläuft im Vorderteil zu einer Glasspitze, über die die Tinte auf das Papier kommt. Der Glasfederhalter muss wie sein Bruder, der Metallfederhalter, in Schreibflüssigkeit getunkt werden. Er „speichert" diese in Rillen, welche der Glasbläser in die Feder eindrehte. Doch wie kam die Menschheit zur Glasfeder?

Die Gänsefeder, bis weit ins 18. Jahrhundert und auch danach noch alltägliches Schreibgerät, hatte einige Nachteile. Unentwegt musste man sie nachspitzen, weil sie abstumpfte. Wurde sie zu kurz, so hieß es, diese zu erneuern. Der weltweite Verbrauch wuchs enorm. Ihr Strich war ungemein feucht, das häufige Eintauchen in Tinte kraft- und zeitraubend. Händeringend suchte man allerorts nach Alternativen. Im 17. Jahrhundert brachten dann die ersten Glasmanufakturen gebrauchstaugliche Glasfederhalter auf den Markt, die reichlich Tinte halten konnten, sodass seltener gedippt werden musste. Die genaue Herkunft, sozusagen der Geburtsort der „Mutter aller Glasfedern", ist bis heute nicht wissenschaftlich fundiert geklärt. Es gibt zwar den Terminus der „Venezianischen Glasfeder". Jedoch ist äußerst umstritten, ob wahrhaftig die Entstehung dieser in Venedig (Murano) ihren Ursprung nahm. Womöglich fügte man damals die Nomenklatur „venezianisch" nur als verkaufsförderndes Schlagwort hinzu.

Glashandwerker galten nicht als die Einzigen, die sich aufmachten, Tintenschreiber herzustellen. Die Nachfrage nach Schreibwaren stieg gewaltig und versprach gigantisches Wachstum. Auch Metall verarbeitende Handwerker entwickelten und verbesserten fortwährend ihre Federn, die bis ins 18. Jahrhundert noch in Einzelanfertigung aufwendig gehämmert werden mussten. Dennoch konnte sich die Glasfeder exzellent behaupten. Gläserne Federhalter ließen sich inzwischen schnell und günstig produzieren, im Gegensatz zur Konkurrenz aus Metall. Den Zenit aber überschritt sie Anfang des 19. Jahrhunderts, als in England die industrielle Massenproduktion der Stahlfedern begann. Kurz loderte die Nachfrage wieder auf, und zwar zu den Kriegen im 19. Jahrhundert sowie den beiden Weltkriegen. Denn das Metall, die Maschinen und Metallarbeiter benötigte man zur Herstellung von Waffen und Munition.

Mit Erfindung des Füllfederhalters, und nachdem dieser in Schulen, Schreibstuben und Haushalten Einzug hielt, kamen die Produzenten auf die pfiffige Idee, auch Glasfedern für Füllhalter herzustellen. Federn aus Glas taugten schließlich zum Schreiben und Zeichnen und erwiesen sich als erstaunlich robust. Schreibspitze und Tintenleiter traten einteilig auf. So konnte im Produktionsprozess die Anfertigung eines für die Metallfeder notwendigen Hartgummi- oder Kunststofftintenleiters eingespart werden. Die Glasspitze nutzte sich kaum ab. Und wenn doch, war sie leicht von jedermann nach Belieben nachzuschleifen. Der Tintenfluss blieb stabil, der Strich haarscharf gestochen. Mit der rigiden und nicht flexiblen gläsernen Spitze konnte man wunderbar Durchschriften anfertigen.

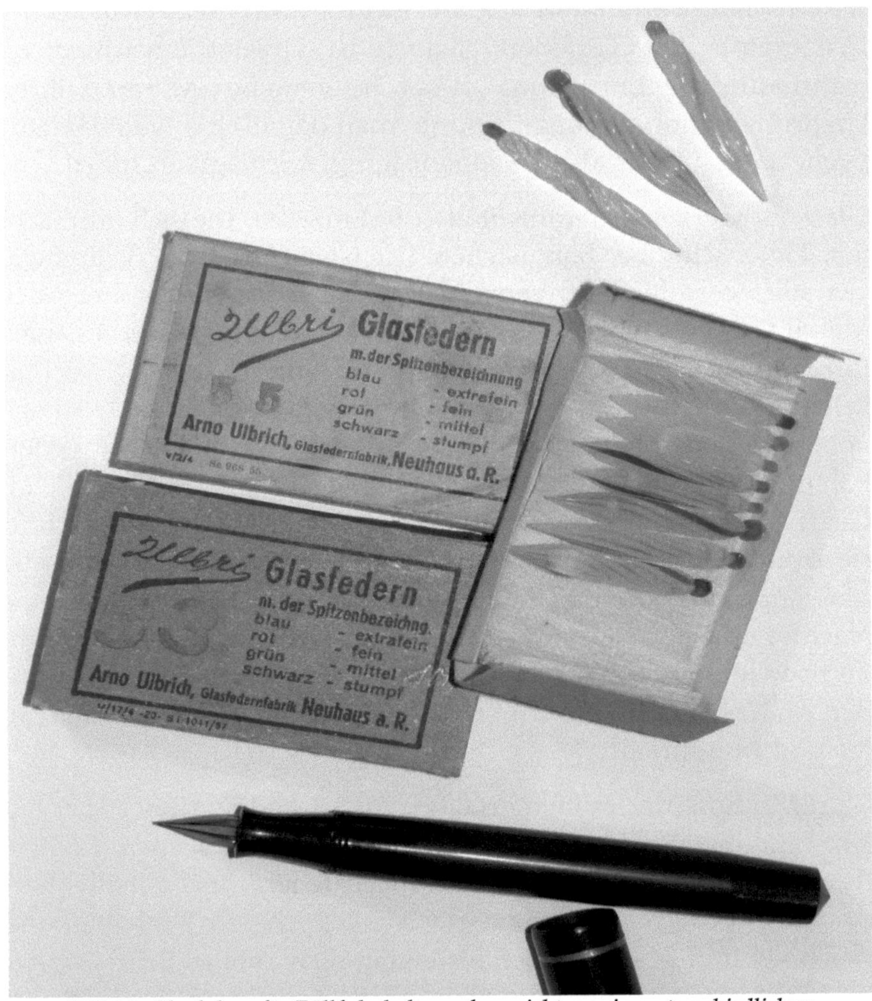

Bild 18: Glasfedern für Füllfederhalter gab es nicht nur in unterschiedlichen Strichstärken, sondern auch in verschiedenen Durchmessern, um auf möglichst viele Sektionsöffnungen zu passen. Der Tintenfluss lässt sich beobachten, was beim herkömmlichen Tintenleiter und Metallfeder nicht möglich ist.

Allerdings waren die Metallfedernhersteller keine Müßiggänger. Die Entwicklung der Edelstahlfeder und der Goldfeder mit haltbarem Iridiumkorn[1] besiegelte den endgültigen Niedergang der Glasfeder als übliches Alltagsschreibgerät. Glasfedern für Füllhalter produziert heutzutage niemand mehr. Noch erhältliche Exemplare sind begehrte Sammlerstücke, die Jüngsten stammen aus den 1950er Jahren. Als Überbleibsel einer vergangenen Epoche gibt es die schön gestalteten bunten Glasfederhalter der Neuzeit, wie zum Beispiel von den weltweit bekannten Glasmanufakturen aus dem thüringischen Lauscha.

2.3 Auf dem Weg zur Gegenwart

Zwischen 1875 und 1884 entstanden bereits diverse Patente für befüllbare Federschreiber. Da sind zu nennen A. T. Cross (USA/1880), William W. Stewart (USA, 1881 für Mabie Todd & Bard) und T. A. Hearson (England, 1881 für De La Rue). Alle besaßen den Ruf der funktionstechnischen Unzuverlässigkeit. Der New Yorker L. E. Waterman[2] erhielt 1884 das US-Patent auf seinen Füllfederhalter[3]. Bis zum Einstieg in die Schreibgerätebranche arbeitete er als Versicherungsvertreter. Das Bahnbrechende an Waterman's Erfindung war ein Tintenleitsystem mit 3 Kapillarrinnen für die Tintenabfuhr und Luftzufuhr. Damit wurde die Schreibfeder endlich zuverlässig und praxistauglich mit Tinte versorgt. Das leidige Problem holprig, respektive nur bedingt funktionierender Füllfederschreiber fegte er vom Tisch. Seine Fabrik fertigte als Vorreiter Füller in hohen Stückzahlen, die dem Volk ernsthaft und bedenkenlos zugemutet werden konnten. Aus dem einfachen Versicherungsvertreter wurde der Inhaber eines Mega-Konzerns. Bis heute sind Schreibgeräte unter diesem Markennamen weltweit etabliert. 1894 patentierte George S. Parker aus Wisconsin/USA den „Lucky Curve" Tintenleiter. Auch sein

---

[1]   Tropfenförmige Federspitze aus dem Metall Iridium. Das Körnchen dient als Gleithilfe auf dem Papier und verhindert die Abnutzung.

[2]   Lewis Edson Waterman/USA, 1837-1901.

[3]   Siehe Abb. Bild 13 auf Seite 27.

Bauteil funktionierte hervorragend. Die Bezeichnung galt sodann als Namensgeber für ein Füllhaltermodell Parkers, welches man über Jahrzehnte in unterschiedlichen Abwandlungen produzierte.

Gold und Stahl bewährten sich als Federmaterial. Bei der Goldfeder stachen von Beginn an 585er Goldanteile (14 Karat) als üblich hervor. In Frankreich exponierte im 20. Jahrhundert ein Faible für 750er Goldschreibfedern (also 18 Karat). In der Neuzeit ist ihr Goldanteil nicht mehr regional angelehnt. Man kann bei Neuproduktionen höherwertiger Füller tendenziell sagen, dass vornehmlich 14-karätige Federn eingesetzt werden, während die Hersteller besonders luxuriöse Füllhaltermodelle mit 750er Goldfedern ausstatten. Doch zurück zum Anfang. Als Pferdefuß galt bei Metallfedern der Abrieb. 1823 begann der Engländer William Hyde Wollaston mit der Erzeugung von Rhodium-Legierungen für Federspitzen. 1834 entwickelte sein Landsmann John Isaac Hawkins Osmium/Iridium-Mischungen für Goldfederspitzen. Durch den Verkauf der Erfindung Hawkins an Simeon Hyde im Jahr 1835 wanderte die Technologie in die USA. Ein Produktionsaufkommen an Iridiumkügelchen in nennenswertem Umfang erreichte man 1862. Faktisch war dies eine Legierung unter anderem von Iridium, Osmium, Rhodium und Ruthenium. 1885 gelang John Holland in Cincinnati/USA die Spaltung eines einzelnen Iridiumkörnchens mit einer Hochgeschwindigkeitsfräse. Der Weg war damit frei, um massenhaft gespaltete Körnchen auf die Spitzen der Flügelschenkel von Schreibfedern zu löten.

Der Amerikaner Roy Conklin konstruierte bereits Anfang der 1890er Jahre einen Federfüller, der selbstständig tankte, wenn man einen Mechanismus betätigte. Er präsentierte sich demnach gleichzeitig als Schreib- und Tankaggregat. Man nannte den Füllertypus sodann völlig sachbezogen Selbstfüller, auf Englisch „Self-Filler". Das differenzierte ihn namentlich vom per Pipette betankbaren Eyedropper (siehe auch Seite 64) und von gedippten Artverwandten. Sie zählen zu den Vorläufern des halb automatischen Selbstfüllers und zeigten noch jahrelang Präsenz. Kommerziellen Erfolg brachte Conklin die Weiterentwicklung erst 1897. Ein Jahr später gründete er seine Firma. Gummi wurde von dem Tüftler als elastisches Tintenreservoir wieder aufgegriffen. Eine buckelförmige Druckstange ragte seitlich aus der Schaftröhre. Sie konnte gegen versehentliches Drücken gesperrt werden. Mit Fingerkraft wurde damit das Gummisäckchen zusammengepresst und so Tinte getankt.

1899 folgte mit New Yorker Patentanmeldungen William W. Stewart (Füller der Marke Swan) in die Liga der Selbstfüller. Die darauffolgenden Jahre suchte so manch Konstrukteur in seiner Kleinwerkstatt technisch-pragmatische Lösungen zu Federfüllsystemen und meldete Patente an. Ebenfalls taten dies Erfinder für das (späterhin) so bekannte Fabrikat Parker[1].

Im Hinterstübchen seines Juwelierladens in der US-amerikanischen Stadt Fort Madison/Iowa arbeitete im Jahr 1907 Walter Sheaffer[2] fieberhaft an einer Idee. Er entwickelte eine Selbstfüller-Mechanik, die für viele Jahrzehnte eine der erfolgreichsten Füllhaltertechniken darstellen sollte. Die Rede ist vom Hebelfüller. Der auffällige Vorteil des 1908 eingetragenen US-Patents zu Conklin war, dass beim Hebelsystem nichts am Schaft hervorschaute, was das Schreiben oder die Mobilität behindern konnte. Denn der Hebel lag nach der Betankung dicht an bzw. in der Schafthülle. 1912 brachte Sheaffer das System zur Marktreife und gründete im Januar 1913 die W. A. Sheaffer Pen Company. Er begann mit kaum mehr als einer Handvoll Mitarbeitern in den hinteren Räumen seines Juweliergeschäfts. Ideenreichtum und Geschäftssinn verhalfen der Firma auf Anhieb zum Durchbruch. Binnen kurzer Zeit entwickelte sie sich zu einer der erfolgreichsten Schreibgerätefabriken. Bis in die 1930er Jahre sollten Selbstfüller den Eyedropper und die Dippfeder weitestgehend ablösen. Sie besaßen fortan die dominierende Machtposition am Federschreiberhimmel.

---

[1] 1904/1905 John T. Davison, Walker Davison, Edward M. Heylman.
[2] Walter A. Sheaffer/USA, 1867-1946, Erfinder, Geschäftsmann.

Die Bezeichnung „Self-Filler" gehörte jahrzehntelang zum internationalen Vokabular. Doch mit der Zeit gab es im Grunde fast nur noch Selbstfüller[1]. Daher verschwand der Terminus in den 1950ern als obsolet wieder aus dem landläufigen Wortschatz. Ähnlich erging es dem englischen Jargon „Leverless-Filler", was „hebelloser Füller" bedeutet[2]. Konstrukteure wie die der Firma Swan sahen darin einen abgrenzungswürdigen Vorteil. In Anbetracht nachteiliger Funktionsdetails war dies allerdings ein Trugschluss. Übrig blieb der Wortstamm „Füller".

Für alle, die mehr über die Patente rund um den Füllfederhalter wissen möchten, liefert eine chronologische Zusammenstellung von Füllhalterpatenten von seinen Anfängen bis zur Neuzeit im Internet das italienische, aber dennoch englischsprachige Portal „fountainpen.it"[3].

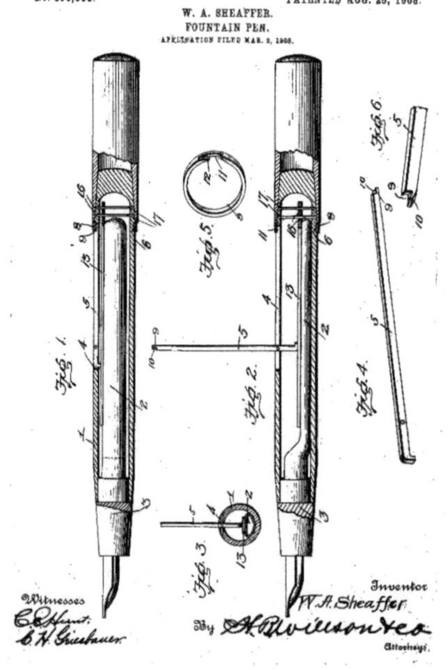

Bild 19: Walter Shaffers Hebelfüller, US-Patent. Quelle: Google Patents

---

[1] Übrigens ist von der Definition her ein Patronenfüller kein „Self-Filler", solange er mit einer Tintenpatrone betrieben wird.

[2] Man verstand Tintensackfüller mit Dreh- oder Druckknopf darunter.

[3] Genaue Adresse: http://www.fountainpen.it/Patent_list#

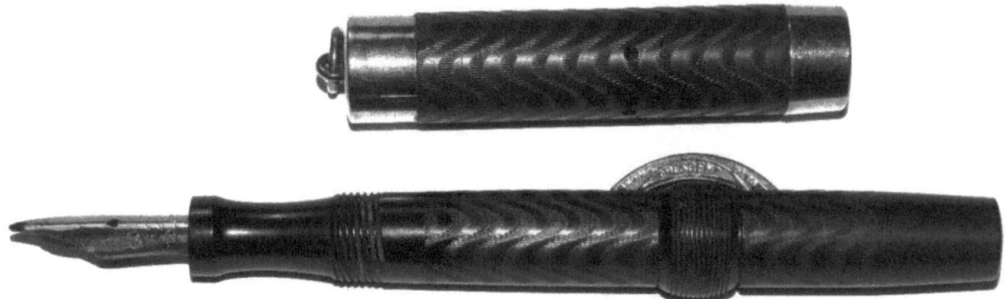

Bild 20: Conklin Crescent 25P von 1903, aus meiner Sammlung („NOS"). Klar zu erkennen der Tankbuckel mit Sicherungsring.

Wer sich profund mit Schreibgeräten befasst, wird über kurz oder lang herausfinden wollen, was zeitgenössische Schreiboptionen von denjenigen unserer Vorfahren unterscheidet. Denkt man an Antike und Mittelalter, so galt das Schreiben und Lesen als ein Privileg für Gelehrte und den Klerus. Im späteren Verlauf kamen allgemein Adelige hinzu. Die Letzten in der Reihe derer, welchen die Gunst des Schreibens zuteilwurde, waren erst in den vorangegangenen Jahrhunderten gemeine Bürger. Sie bildeten gleichzeitig und nach wie vor den weit überwiegenden Bevölkerungsanteil. Seither stiegen Bedarf und Nachfrage an Schreibutensilien enorm an. Als man den Füllfederhalter erfand, dauerte es noch ein paar Jahrzehnte, bis man ihn als zuverlässigen Gebrauchsgegenstand in großer Menge herzustellen vermochte. In dieser Zeit leisteten die zuhauf produzierten Glas- und Metalldippfedern und Halter weiterhin treue Dienste. Dann löste der Federfüller in Massenproduktion die ollen Federhalter endgültig ab. In der ersten Hälfte des 20. Jahrhunderts entstand eine hohe Dichte an Füllhaltermanufakturen. Darunter befanden sich namhafte Großfabrikanten wie auch unbekannte kleine Hauswerkstätten. Die meisten gaben in der zweiten Jahrhunderthälfte ihre Produktion auf oder wurden aufgekauft. Neben den Tintenfederschreibern kannte man bis dahin, außer Bleistift und Schreibmaschine, kaum andere, geläufige Schreibwege. Das änderte sich in den letzten rund 60 Jahren. Alternativ zum Füller erfuhren Kugelschreiber, Faserstifte, Tintenroller[1] und eine Vielzahl weiterer Gerätschaften auf dem Markt zunehmend Verbreitung und eröffneten den Verdrängungswettbewerb. Gegenüber ihrer Zenitphase tummeln sich zwar mittlerweile deutlich weniger Füllerfabrikanten auf dem globalen Parkett. Das Marktangebot ist aber anhaltend enorm. Denn zu Neuproduktionen kommen in erheblichem Umfang ältere Modelle (oft neu und unbenutzt aus überschüssigen Lagerbeständen) sowie historische[2] und gebrauchte Füller hinzu. Frühzeitig musste der Füllfederhalter mit der Schreibmaschine konkurrieren, die schon mit gewaltigen Produktionsstückzahlen in der zweiten Hälfte des 19. Jahrhunderts sich anstellte, dem Handschreiber das Wasser abzugraben. Der Konkurrent schlechthin ist jedoch nicht der, der noch Farbe zu Papier bringen muss. Ab den 1980ern übernahmen salonfähige Digitalrechner, Tastatur und im Anschluss die Spracherkennung die virtuelle Erschaffung von Buchstaben, Zahlen, Zeichen und Formen. Mit ihnen lässt sich im Gegensatz zur gefederten und ungefederten Schreibkonkurrenz in null Komma nichts alles Erdenkliche ummodeln und korrigieren. Dabei erscheint selbst das Ausdrucken von Daten vom Computer über den Drucker aufs Papier längst als altmodisch. Anders der Füllfederhalter. Ihn entdeckte man fortwährend als modisches, gesellschaftliches Accessoire wieder. Brandneue Modelllinien sind keine Massenware mehr. Den Status als Pflichtschreiber gab er bereitwillig auf.

Das Herzstück des Füllfederhalters, was ihn als eigene Spezies ausmacht, ist die Schreibfeder, der Tintentank und das sie verbindende Tintenleitsystem. Alles andere an ihm dient der Optik, Haptik und ist Peripherie. Doch gehört es dazu, wie die Karosserie ans Fahrgestell eines Automobils. Wie bereits die Ersten seiner

---

[1] Tintenrollerähnliche Geräte gab es schon 1879, ein erstes US-Patent sogar 1849. Man baute sie wie Füllhalter auf. Doch statt Feder und Tintenleiter führte man ein abgerundetes Kapillarröhrchen als Schreib- und Zeichenspitze vorne heraus. Es rollte nichts, es glitt. Ein bekannter Vertreter von Tintengleitern ist der Ink-O-Graph Hebelfüller. Er kam um das Jahr 1925 in den Handel.

[2] Hier spricht man dann von „Vintage".

Art kann gleichermaßen der moderne Füllfederhalter in konkrete Sektoren, meistens Bauteile, modular unterteilt werden:

- *die Kappe (auch Verschluss bzw. Verschlusskappe)*
- *die Feder (auch Schreibfeder und andere Spezialfedern)*
- *der Tintenleiter (auch Tintenzuführer)*
- *die Sektion (auch Griffsektion oder Mundstück)*
- *der Schaft*

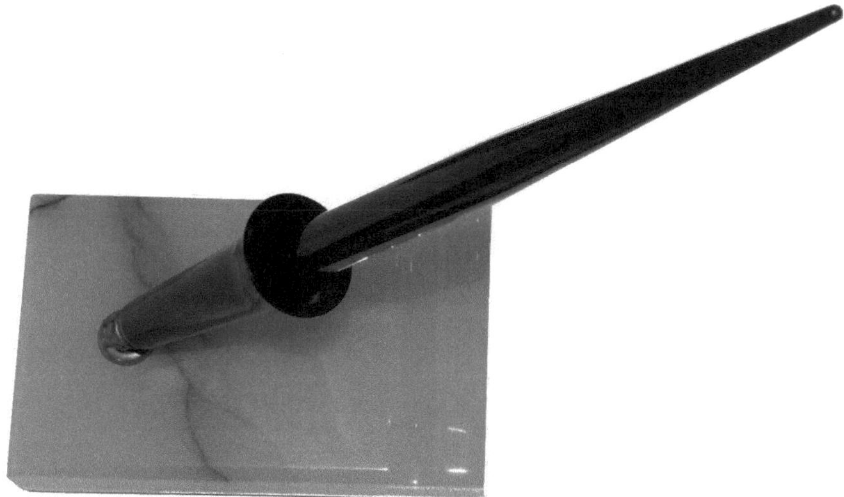

Bild 21: Schreibtischfüller mit trompetenförmigem Mund zur sicheren Aufnahme der Füllerspitze.

Es gab von Beginn der Füllergeschichte bis in die 1980er Jahre sogenannte Schreibtischfüllhalter[1] in den Schreibstuben zu Hause und vor allen Dingen in den Büros der Unternehmen und Amtsstuben. Ein solches Exemplar ist nicht zum Mitführen gedacht. Den Füllhalter hält ein Ständer, woraus man ihn bei Bedarf entnimmt und anschließend wieder zurücksteckt. Bis auf die Kappe ist er bauteilmäßig identisch mit seinem mobilen Kollegen. Der Tischständer ersetzt hierbei die Schutzkappe. In den 1950er Jahren kamen jene Füllfederhalter auf den Markt, bei welchen man von Werk aus Schreibfeder und Sektion untrennbar miteinander ver-

---

[1] Engl. „Desk (Fountain) Pen".

band, die sogenannte eingelegte Feder[1]. Es gibt bis heute Hersteller wie beispielsweise Sheaffer, die Füllermodelle mit Einlegefedern produzieren.

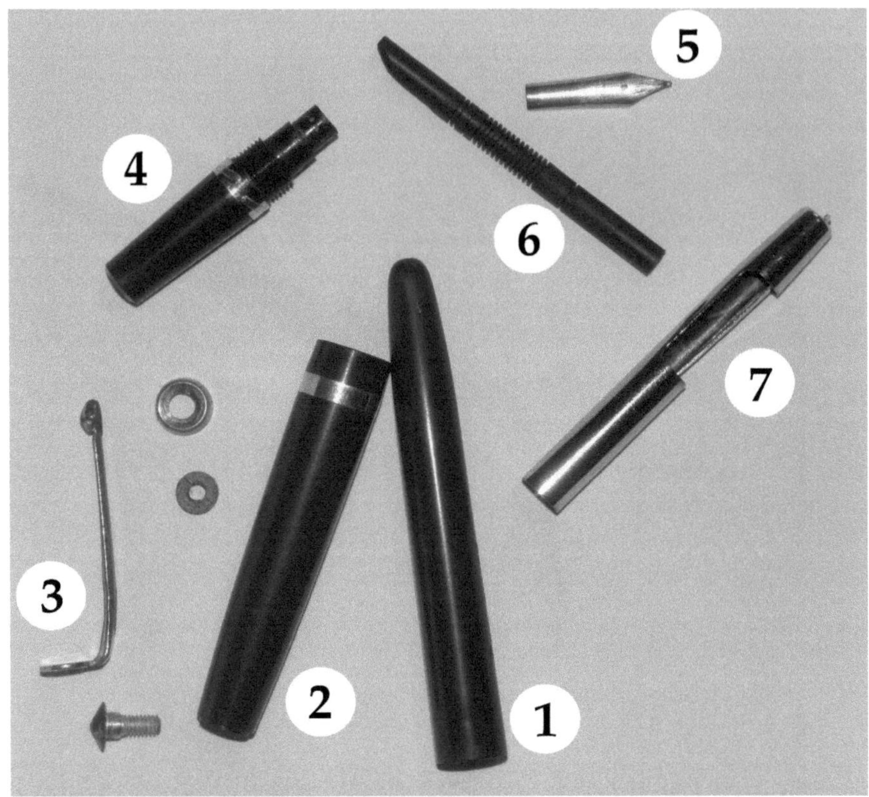

Bild 22: Zerlegter Klassiker von Conway Stewart. Zu sehen sind der Schaft(1), die Kappe(2), der Klips samt Montageteilen(3), die Griffsektion(4), die Feder(5), der ultralange Tintenleiter(6) und die Aerometric-Hülse(7).

Damit die Schreibfeder Tinte zu Papier bringen kann, führt der Tintenleiter diese unermüdlich aus dem Reservoir an die Federunterseite heran. Die Sektion trägt sowohl den Tintenleiter als auch die Feder und hält sie fest umschlossen. In ihr sind beide Bauteile fixiert. Üblicherweise durchziehen den Tintenzuführer eine oder mehrere haarfeine Rillen zum Tintentransport und

---

[1] Engl. „inlayed nib".

Luftdruckausgleich. Es gibt ebenso Bauarten mit einer Mikroboh-
rung für diese Zwecke. Manche Tintenleiterkomponente besitzt
eine Federfassung und wird samt Feder vorne in die Griffsektion
per Gewinde eingeschraubt (zu finden z.B. bei Pelikan).

Der Schaft dient nicht nur zum Umgreifen und Festhalten. Er
beherbergt zugleich den Tank bzw. den Vorrat für die Schreibflüssigkeit. Er ist entweder fest oder abnehmbar mit der Griffsektion verbunden. Die Kappe wird vorne auf die Sektion gesteckt
bzw. je nach Modell geschraubt. Sie schützt die Feder vor Beschädigungen und vor dem Austrocknen sowie die Umgebung vor
misslichen Tintenflecken.

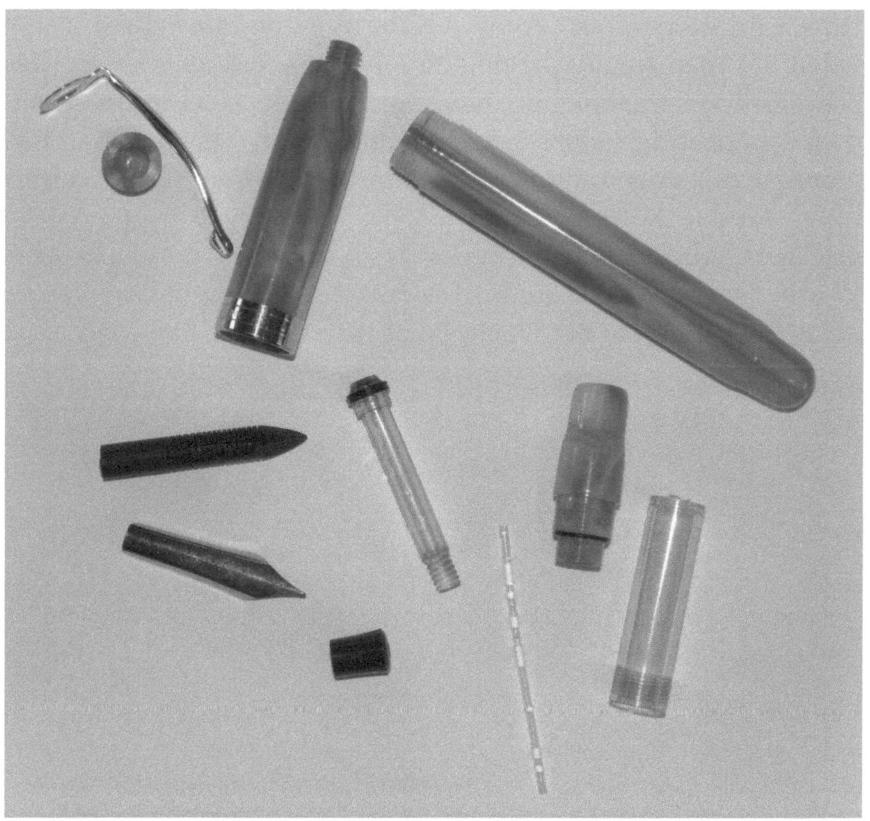

Bild 23: Zeitgenössisches, doch weiterhin antiken Versionen ähnelndes Modell
(Ahab von Noodler) aus 2014. Einen Füller so weit kinderleicht zerlegen zu
können ist eher eine Seltenheit.

Gerade Neueinsteiger ins Segment früher, klassischer Füllhalter sind bisweilen verwundert und vermuten misstrauisch im fehlenden, da mutmaßlich abgebrochenen, Clip einen Mangel. Antike Modelle zeigten sich in der Regel cliplos. Bis Ende der 1920er galt dies durchaus als üblich. Man darf also beruhigt sein. Ein nicht vorhandener Kappenclip ist nicht zwangsläufig ein Manko. Der berühmte Schriftsteller Mark Twain lobte seinen Füllhalter Conklin Crescent mit der am Schaft hervorschauenden Fülltechnik, weil er ihm deswegen nicht vom Tisch rollen konnte. Mit der zügigen Entdeckung und Beliebtheit des Kappenclips entschwand dieser „Vorteil", und Conklins Tankbuckel neigte eher zum Störfaktor. Anfangs stellte man separat erhältliche Aufsteckclips für die weiterhin cliplosen Federfüller her. Im Schreibwarenladen bot man sie gleichzeitig als optionales Accessoire an. Dass Schreibgeräte tragbar und befestigt sein müssen, erschloss sich dem schreibenden Menschen beizeiten. Bei den historischen Füllhalterausführungen fand zudem die Idee der Kappenöse Verbreitung. An der Kette getragen war so das Utensil gegen Verlust gesichert, von der Dame um den Hals, vom Herrn in Jackett und Weste. Ähnlich trug man die Taschenuhr. Füller mit Ösenkappen gehörten bis weit in die 1930er Jahre zu begehrten Objekten.

Bild 24: Verschlusskappe mit Aufsteckclip, um die Jahrhundertwende.

Bild 25: Verschusskappe mit Öse, aus den 1920ern.

Bild 26: Das Aerometric-System ist denkbar einfach. Über dem auf der Sektion montierten Tintensack steckt diese Hülse. Mittels eines flachen, am hinteren Ende der Hülse aufgehängten Federstahlbands übt man mit zwei Fingern Druck auf den Tintensack aus. Dieser wird dadurch komprimiert und das, was sich in ihm befindet (Luft, Tintenreste, Wasser) herausgedrückt.. Beim Loslassen saugt der Latexsack während der Rückkehr in die Ursprungsform an.

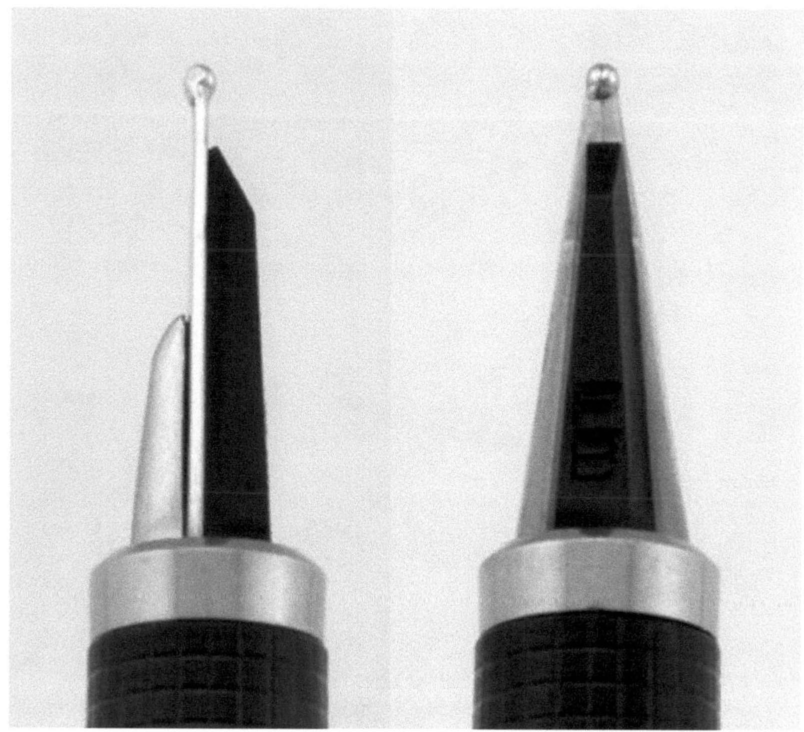

Bild 27: Vorderteil eines Parker „180", typisches Beispiel für einen wendbaren Füllfederhalter, produziert von 1977 bis 1985

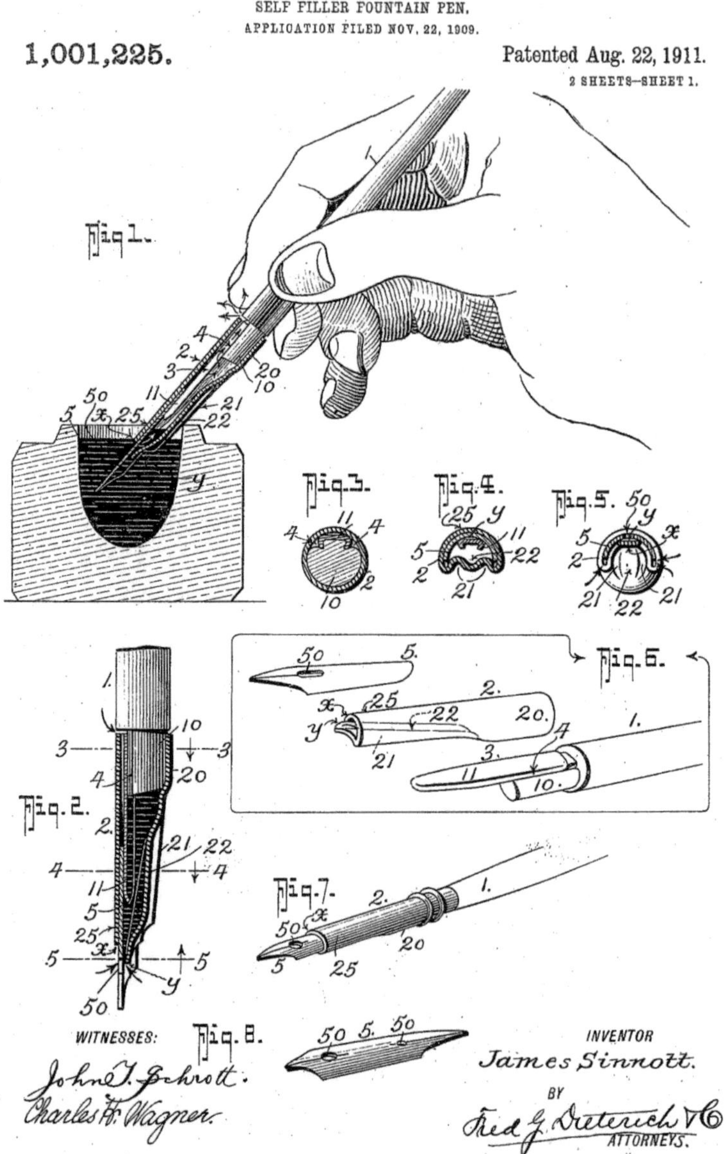

Bild 28: James Sinnotts US-Patent zeigt den per Dippen betankbaren Füllhalter und eine Wendefeder mit kurznasiger, härterer Seite und einem flexiblen Schnabel andererseits. Nichts davon konnte sich behaupten. Quelle: Google Patents

In der zweiten Hälfte des 20. Jahrhunderts versuchten einige Hersteller, den Wendefüllhalter auf dem Markt durchzusetzen, mit einer Feder, die in Normalhaltung und „auf dem Kopf" arbeitet. Korrekterweise muss man sagen, es gibt hierbei überhaupt keinen Kopfstand. Denn die Wendefeder bzw. Doppelseitenfeder ist auf beiden Seiten identisch. Ein Tintenleiter mit Bohrung oder Rille, mittig bzw. inmitten der Schreibfeder positioniert, führt Tinte an den Kapillarspalt der Federschenkel. Die Idee dahinter lief darauf hinaus, eine federführende Person zu entlasten, weil sie auf die Handhaltung weniger Achtgeben muss. Durchsetzen konnte sich der Typus Wendefüllhalter dennoch nie.

Unsere Vorfahren liebten es, erfinderisch mehrere Fliegen mit einer Klappe zu schlagen. So die US-amerikanische Stiftemanufaktur Arnold, die bis Mitte des 20. Jahrhunderts ungeheure Mengen Füller für jeden Geschmack auf den Markt brachte. Doch dem nicht genug. Sie ließ im Jahr 1906 einen Rasierer patentieren, der in einem Füllhalterschaft gefahrlos untergebracht werden konnte. Die Griffsektion war einerseits hinten die Halterung für das Messer, statt eines Tintensacks. Vorne saß keine Schreibfeder, sondern ein Gewinde, um die Füllerkappe als Haltegriff vor der Rasur aufzuschrauben. Raffiniert!

Bild 29: Arnold Fountain Safety Razor,
Rasierer im Füllhalterchassis.

Quo vadis[1] Füllfederhalter?
Zu den teuersten Füllern der Welt gehört aktuell ein Exemplar der italienischen Manufaktur Aurora mit fast 1,5 Millionen US-

---

[1] Lat. für „wohin gehst du?"

Dollar. Preislich und von den verarbeiteten Werkstoffen quasi der Ferrari edler Schreibgeräte, technisch jedoch keineswegs. Schon abgeschlagen dahinter liegt da das limitierte Mystery Meisterstück aus dem deutschen Hause Montblanc mit annähernd ¾ Millionen US-Dollar. Ganz zu schweigen vom schweizerischen Caran d'Ache Modell La Modernista Diamonds, für das man immerhin noch weit über ¼ Millionen US-Dollar berappen muss. Solche Kandidaten warten selbstverständlich nicht nur mit Edelmetallen, sondern auch mit Edelsteinen wie Diamanten, Rubinen, Saphiren und Smaragden auf.

Ist denn der Füllhalter der Neuzeit bloß ein – aus wirtschaftlicher Sicht – an den kläglichen Rest der ehemals gigantischen Klientel angepasstes Schmuckstück? Die Kundschaft aus der Blütezeit, überwiegend Schüler, Angestellte und Beamte unzähliger Schreibbüros, schreibt doch inzwischen mit dem Computer. Zielt der aktuelle Federfüllermarkt also eher auf die Teile der Bevölkerung ab, die sich noch intensiv mit der Materie Schreiben und Schreibkultur auseinandersetzen? Pädagogen und Lehrkräfte, Aristokraten und Intellektuelle, Philosophen und Schriftsteller, Führungskräfte und leitende Angestellte, Kanzleien und Praxen, Notare, Rechtsanwälte und Ärzte, sind dies die Adressaten? Gerät womöglich der Füllfederhalter in Gefahr, ein ähnliches Schicksal zu nehmen wie manch andere Güter unseres Lebens? Alte Schriften (z.B. Frakturschrift[1]) und Sprachen zählten einst zum Kulturgut. Und da gibt es materielle Dinge wie zum Beispiel Uhren mit mechanischen Uhrwerken als Handaufzug oder Ankerautomatik und Oldtimer Automobile mit einfacher, wartungsfreundlicher Technik bar jeglicher Elektronik. Allen vorgenannten Gütern ist gemein, man besieht sie sich und benutzt sie noch zum Genuss. Jedoch die Bedeutung als Gebrauchsgut verloren sie im Alltagsleben des „Normalbürgers".

Ist das des Füllfederhalters Los?

---

[1] Die Fraktur aus der Gattung gebrochener Schriften war über Jahrhunderte die dominierende Druckschrift im deutschsprachigen Raum.

Nein. Ist es nicht!

Wie alles, was überleben will, wurde das Image des Federfüllers reformiert. Er wandelte sich vom Massenartikel zu einem Handarbeitsutensil, zu dem man bewusst greift, das man gezielt aussucht. Und das nicht nur von der schwindenden Seniorengeneration, die ihn aus „alten Zeiten" kennt. Sondern auch von jungen Erwachsenen. Erfreulicherweise trifft man häufiger als erwartet Studenten mit Füllern an. Mit ihm ist Schreiben Freude und keine Arbeitsbewältigung. Um den Füllfederhalter brauchen wir uns nicht zu sorgen, solange es unsereins gibt, Sie und mich, Liebhaber dieses faszinierenden Objekts, Neueinsteiger und Wiedereinsteiger.

Heute kann man auf eine enorme Vielfalt zurückgreifen. Dazu gehören antike Modelle aus der Entstehungszeit, Unmengen Klassiker aus der Hochkonjunktur und zeitgenössische Ausführungen. Neuwaren sind überwiegend konverterbetrieben[1]. Besonders der Kolbenkonverter ist beliebt. Es gibt aber dank moderner Kunststoffe und Gummimischungen auch wartungsfreundliche und einfach zu handhabende Eyedropper und Kolbenfüller[2] aktueller Machart. Manch einer liebt die mannigfaltigen Federvarianten „oller" Schreiber früherer Epochen, die über diverse Flexibilitätsgrade, Strichstärken, usw. bis hin zu fachlichen Spezialisierungen wie Buchhalterfedern, Linkshänderfedern und Durchschreibefedern, etc. pp. reichen. Andere Leute hingegen bevorzugen schickes Design und noble Materialien zeitgenössischer Stücke, auch wenn viele mittlerweile nur noch in maximal drei Federstärken angeboten werden. Mit Näherrücken des 21. Jahrhunderts kam fürs moderne Kleid des Federschreibers der Drang nach Edlem mehr in den Vordergrund. Mehrfach lackierte Oberflächen, Guilloche-Gravuren in Juweliersqualität, Chrom in Hoch-

---

[1] Siehe auch Kapitel 3.3.
[2] Siehe ebenso Seite 64 und Kapitel 3.1.

glanz und mattiert, poliertes Edelharz[1], Intarsien, Ringe und weitere Bauteile aus Edelmetallen wie Platin, Gold und Silber. Was für den einen Schnickschnack, ist für den anderen die Unterstreichung der Persönlichkeit. Andersrum ist's für den einen ein „Oller", für den anderen ein „Doller".

Das Allerwichtigste ist, dass jeder Schreibwillige mit seinem „Goldstück" einen individuellen Schreibgenuss verspürt. Unbeschadet einiger düsterer Umstände, die eher dem wirtschaftlichen Aspekt als dem Faktor Mensch geschuldet sind, gibt es keinerlei Grund zur Resignation. Der Füllhalter bekam so manch Weggefährten. Die Schreibmaschine beispielsweise erschien nach ihm und ist längst ausgestorben. Etliche Computergenerationen kamen und gingen bereits. Er aber existiert fortwährend in unserer Mitte, bei allen Völkern, weltweit. Und ihn wird es morgen auch noch geben. An der Etablierung von Digitalstiften versuchte man sich ja geraume Zeit. Sie konnten keinem analogen Tintenspucker bis dato das Wasser abgraben. Höchwahrscheinlich schlummern in den Schubladen von IT-Unternehmen Ausarbeitungen eines viel genauer arbeitenden Typs digitaler Griffel, die gefühlvolles Schreiben und flexible Federeigenschaften nachahmen sollen. Ob und wann die Konzepte hervorgeholt werden, ist einzig Sache der Finanzmathematik. Auf ein analysierendes Plädoyer Pro Federfüller stoßen Sie im 7. Kapitel.

Ein bestimmtes Merkmal der Neuzeit möchte ich hier explizit erwähnen. Es betrifft beileibe nicht den Füllhalter allein, aber eben doch auch ihn und gehört zu seinem Werdegang.

Findige Unternehmen nutzen heutzutage die Globalisierung. Sie kaufen Labels bekannter (ehemaliger) Füllhaltermarken auf. Dann lassen sie billig in Taiwan, China, usw. produzieren. Mit-

---

[1]   Ein Terminus eher aus der Marketing-Schublade namhafter Schreibgeräteproduzenten. Ihr Korpusmaterial besteht mutmaßlich aus speziell angemischtem PMMA Kunstharz (Acrylglas/Plexiglas), häufig auch aus ABS (Acrylnitril-Butadien-Styrol-Copolymerisat), Makrolon und Resin (Polyurethan).

unter werden genauere Hintergründe zur Fertigung der Schreibgeräte verschleiert oder in Firmenbroschüren und auf Internetseiten nicht weiter erläutert. Damit bleiben auch die Umstände – Löhne, Arbeitszeiten, Arbeitsschutz, Arbeitssicherheit, Umweltbelastung, etc. – zu den Fabrikarbeiterinnen und -arbeitern im Dunkeln. Zugleich stehen verwendete Rohstoffe und etwaige chemische Rückstände im Zwielicht. Die Hauptquartiere bzw. Firmenadressen und Anlaufstellen für Garantiefälle solcher Unternehmen sitzen dagegen in Ländern (z.B. einstmaligen Herkunftsländern der Marken) mit einem Ruf, welchen Kunden mit „authentisch" und „ausgezeichnet" assoziieren. Brandneue Füllhalter altbekannter Markenzeichen werden zum Teil mit horrenden Preisen angeboten.

Auch bei der Anschaffung eines nagelneuen, modernen Füllfederhalters heißt es, besonders beim Einstieg ins Metier, aufpassen und recherchieren. Und sich nicht hinters Licht führen lassen.

Es schreibt keiner wie ein Gott,

der nicht gelitten hat wie ein Hund.

Marie Freifrau von Ebner-Eschenbach

3. Füll-Philosophien

3.1 Kolbensysteme

Der Name ist Programm. Man denke nur an den Motor eines Automobils. Jeder Kolben braucht einen Zylinder. Beim Kolbenfüller ist das der Füllhalterschaft. Kolbenringe dichten bei dem Verbrennungsmotor zwischen Kolben und Zylinderwand ab, mithin das Gas vor der Explosion ordentlich verdichtet wird. Den Kolbenfüllhalter dichten Kork- oder Gummidichtungen zur Schaftwand hin ab, damit man mit ihm in der Lage ist, Flüssigkeit aufzuziehen und im Inneren zu halten. Der Zylinder des Füllers ist gleichzeitig der Tank.

Zwar sind die Dichtringe des Verbrennungsmotors einem Verschleiß ausgesetzt, werden jedoch durch Kraftstoffzusätze verhältnismäßig gut geschmiert, was die Reibung und damit die Abnutzung reduziert. Anders beim Füllfederhalter. Tinte ist kein idealer Schmierstoff[1]. Die Farbpigmente agieren nicht wie Schmiermittel, sondern wie Schleifmittel. Und so sind es die Kolbendichtungen des Füllhalters, die mit am intensivsten altern und verschleißen. Durch die Verwendung dunkler Tinten und zu spärliche Reinigung und Pflegeintervalle wird die Abnutzung verstärkt, mit helleren Schreibflüssigkeiten und häufigem Durchspülen gemindert.

In den meisten Fällen bedient man Kolbenfüller über einen Drehknauf am hinteren Ende des Schaftes. Mithilfe einer innen liegenden Welle, auch Drehspindel genannt, schiebt der Kolben je nach Drehrichtung vor oder zurück. Außer Drehknöpfen gab es bei manch altem Exemplar gleichfalls ein Pumpsystem, bei denen ein Knopf herausgezogen und hineingedrückt wurde, was analog den Kolben bewegte.

---

[1] Eine relativ neumodische Masche mancher Tintenproduzenten ist es, ihren Tinten Additive hinzuzufügen, welche die Schmierung in Kolbenfüllern verbessern sollen. Über Sinn oder Unsinn und vor allen Dingen darüber, dass diese Stoffe womöglich Nachteile mit sich bringen, kann man trefflich streiten.

Historische Kolbenfüller erweisen sich oft als störanfällige und kompliziert zerlegbare und instand zu haltende Schreibgesellen. Die Ersatzteile inklusive der Dichtungen aus Kork und anderen althergebrachten Materialien sind meist schwieriger zu beschaffen und teuer. Moderne Kolbensysteme dagegen bauen Hersteller zuweilen selbst für einen Laien komplett und einfach demontierbar auf und rüsten sie mit simplen Gummidichtungen aus, die relativ problemlos und preisgünstig ersetzt werden können.

Bild 30: Teilzerlegter Kolbenfüller (Lamy 99 aus 1962). Gut zu erkennen der Kolben mit Welle, der Drehknauf und daneben der Spindeltunnel.

Der Kolbenfüller ist häufig ein sensibles Schreibgerät, das man keinesfalls trocken weglegen sollte. Einen mit Tinte befüllten Kolbenfüllhalter zu lange unbeachtet abzulegen ist ebenfalls eine schlechte Idee. Eingetrocknete und verschlammte Tintenreste im Tank sind der Graus. Allerdings kommen wir später noch auf Themen wie die richtige Pflege und Lagerung derartiger Füllfederhalter zurück. Wenn man übrigens die Möglichkeit besitzt, an die Kolbendichtung zu gelangen, so sollte man diese ab und an, auf jeden Fall jedoch vor einer Einlagerung, mit etwas Silikonfett bestreichen. Eine winzige Menge genügt. Zu viel kann bereits die Funktion des Füllers negativ beeinflussen. Vaseline ist keine Alternative, da u.a. die Beibehaltung ihrer Konsistenz ungenügend und nicht dauerhaft gewährleistet ist.

Bild 31: Links oben: Silikonöl, das Füllhalterhersteller wie zum Beispiel TWSBI vertreiben. Rechts ein Döschen Silikonfett aus dem Uhrmacherzubehör. Das tut es auch.

3.2 Tintensacksysteme

Tintensackfüllhalter waren ab dem frühen 20. Jahrhundert und speziell außerhalb Deutschlands in höchstem Maße verbreitet. In deutschen Landen setzten Manufakturen jedoch schon immer auf andere Techniken, hauptsächlich die des Kolbensystems. Deshalb blieben Tintensackfüller für viele unbekannt. Heute aber erfreuen sie sich aufgrund der Möglichkeiten, welche die Globalisierung bietet und dem ausgedehnten Faible für klassische Füllermodelle auch in Mitteleuropa stetig wachsender Beliebtheit. Dennoch bleiben Tintensacksysteme hierzulande Exoten, was schon durch die schwierig zu beschaffenden Tintensäcke als Ersatz- bzw. Verschleißteile offenbar wird. Das Mekka für Tintensackfreunde ist außer England, Kanada, Australien und noch mancherlei Ländern wie Indien vor allen Dingen die USA. Dort ist es kein Problem, die kleinen Tintensäckchen fabrikneu aufzutreiben. Doch was bedeutet eigentlich Tintensackfüller?

Bei diesem Füllhaltertyp besteht der Tintentank aus einem länglich schmalen Säckchen aus Latex, Silikon oder PVC. Das verwendete Material ist abhängig vom Fabrikat, aber weitaus ausschlaggebender vom Füllmechanismus. Und Mechanismen (Hebel, Drehknopf, Druckknopf, Überdruck, etc.), welche auf Tintensäcken basieren, entwickelten die früheren Ingenieure vielerlei. Auf die Handhabung und Pflege von Tintensacksystemen gehen wir im weiteren Buchverlauf intensiv ein.

Wie bei dem Kolbenfüller die Kolbendichtung, so gibt es auch bei dem Tintensackfüller ein hoch belastetes Verschleißteil. Nämlich den Tintensack selbst. Sofern man gewisse Regeln in der Benutzung beachtet, wird man trotzdem mit dem Tintensackfüllhalter vermutlich länger Spaß haben als mit zumindest antiken, kolbenbestückten Kollegen. Bis zum nächsten Inspektionstermin können Dekaden vergehen. Zum angemessenen Behandeln des Sackes gehört, ihn regelmäßig auszuspülen und keine Tinte in ihm eintrocknen zu lassen. Latexsäcke sollten außen nicht nass werden. Solche Füller also nie unter Wasser halten, weil man sie bei fachgerechtem Einbau rundum talkte. Der Talk verhindert das Verkleben und reduziert die Reibung der Mechanik. Fehlt dieser Schutz, geht logischerweise der Verschleiß in die Höhe. Trotz allem ist auch der Tintensacktank über kurz oder lang abgenutzt. Die Füllmechanik hat unzählige Male den Sack gedrückt, gepresst, gewrungen. Der Tintensack wird porös und verliert an Elastizität, die er mit seiner Geburt auf der Fertigungsmaschine erhielt. Er härtet aus.

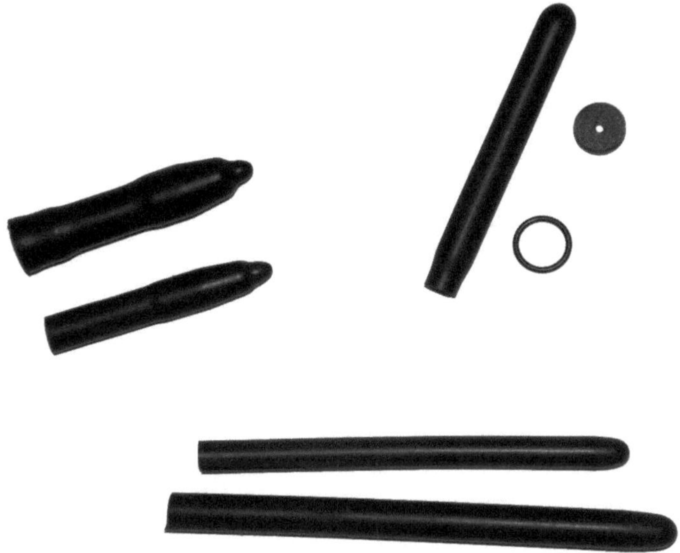

Bild 32: Verschiedene Tintensackarten. Links oben: Diaphragmen.
Rechts oben: Tintensack mit verengendem Maul, Schaftdichtring
und Schnorcheldichtung für ein Sheaffer
Snorkel/Touchdown-System. Unten: Standard Latexsäcke mit
geradlinigem Maul.

Latexsäcke, im Werk in Form geblasen, gehören zu den Elastischsten, Silikon- und PVC-Säcke zu den Haltbarsten und Belastbarsten. Derartige Tintenreservoirs gibt es in verschiedenen Größen, wobei die Größenangaben sich auf den Durchmesser beziehen. Ein Sackrohling bekommt werkseitig eine Überlänge, die dann vom Endkunden selbst auf die zum jeweiligen Füller passende Länge gekürzt werden muss. Auf den Tintensackwechsel kommen wir später noch zurück. Tintensäcke gibt es nicht nur aus verschiedenen Materialien, sondern in unterschiedlichen Formen. Dazu zählen Säcke mit geradlinigem und sich verengendem Maul und die sogenannten Diaphragmen. Zu dem am meisten verbreiteten Sacktyp gehört als Standardform die schnurgerade verlaufende Öffnung. Dagegen kommen beispielsweise Tintensäcke mit verengtem Eingang bei vielen klassischen Modellen der renommierten amerikanischen Füllhaltermarke Sheaffer zum Einsatz, wie bei Füllern mit dem Touchdown-System, das im nachfolgenden Kapitel vorgestellt wird. Ein Diaphragma ist für Vacumatic Füllhalter notwendig, einem Füllertypus, bei dem wie beim Kolbenfüller das Schaftinnere selbst der Tintentank ist. Der Schaftzylinder wird im hinteren Bereich durch Einkleben eines Diaphragmas dicht abgeschlossen. Dieser spezielle Latexsack ist also kein konventioneller Tintensack, sondern bloß das flexible Abschlussstück des Schaftraums. Das Funktionsentscheidende am Diaphragma ist sein Nippel am Ende. Man drückt auf ihn drauf. Und er springt immer wieder heraus. Das geschieht beim Vacumatic-Verfahren normalerweise über einen Druckknopf, der am Schaftende sitzt. Mit ihm pumpt man die Flüssigkeit ins Füllhalterinnere. Weil via Diaphragma pro Pumpvorgang im Vergleich zu anderen Sacktypen relativ wenig Tinte aufgenommen werden kann, ist das System mit Raffinessen wie einem innen liegenden Tankröhrchen ausgerüstet. Man betankt den Füller so nicht mit einmaliger Betätigung des Mechanismus voll, sondern durch mehrmaliges Drücken.

3.3   Patronensysteme und Konverter

Wem begegneten im Leben nicht irgendwann einmal Patronenfüller, den heutigen Erwachsenen zumeist in der Schulzeit. Bei diesem Typ Füllfederhalter gibt es keinen fest eingebauten Tintentank. Stattdessen muss man sich fortwährend mit Tinte befüllte „mobile" Tintenreservoirs hinzukaufen. Man nennt sie Tintenpatronen, kleine Plastikbehälter, die an eine Miniaturflasche erinnern. Das handelsübliche Angebot umfasst verschiedene Größen, Längen und Verschlussarten, wobei so mancher Füllerhersteller mit Patronen sein eigenes Süppchen kocht. Zu den zwei gängigsten Verschlüssen zählt zum einen, im Anschluss an die Befüllung im Werk die Patronenöffnung mit einer Plastikhaut zuzuschweißen, zum anderen, dort ein Plastikkügelchen zu platzieren. Wird die Tintenpatrone in den Füllhalter eingesetzt, durchbricht eine in der Griffsektion fest installierte, je nach Patronentyp dornenartige oder stumpfe Vorrichtung den Patronenverschluss. Der Patronenmund umschließt sodann luftdicht die hülsenförmige Verbindung, meist ein angespitztes Röhrchen, welches auf den Tintenleiter mündet. Manche Patronenvarianten werden nicht aufgesteckt, sondern eingeschraubt. Die Tinte kann anschließend aus der Patrone durch die Sektion über den Tintenzuführer zur Feder und von dort auf das Papier fließen.

Der Vorteil von Patronenfüllern ist die simple Technik ohne Tank und dessen Mechanik. Das erlaubt aufgrund der Produktionskosteneinsparung günstigere Verkaufspreise, im Besonderen bei schlichter Massenware. Dass ein Patronensystem auch einfacher als andere zu handhaben sei, ist eher ein Märchen. Gerade bei Kindern sieht man häufig, wie das Wechseln der Tintenpatrone eine Riesensauerei verursacht. Nachteile des patronenbetriebenen Füllhalters sind außerdem die hohen laufenden Kosten und nicht zuletzt der negative Umweltaspekt. Auch ohne Konverter, auf den anschließend eingegangen wird, kann man einen Patronenfüller umweltverträglicher und kostensparend einsetzen. Dafür benötigt man ein Tintenfass mit der Tinte seiner Wahl, eine leere Tintenpatrone und eine Spritze mit Kanüle. Damit zieht man aus dem Fässchen die Schreibflüssigkeit auf und gibt sie dann vorsichtig in die Leerpatrone. So kann man eine gebrauchte Füllerpatrone viele Male wiederverwenden, bis der Patronenmund verschlissen ist, nicht mehr ordentlich abdichtet und sie entsorgt und ersetzt werden muss. Diese Lösung ist jedoch für Kinderhände eher ungeeignet, sodass man auf Konverter bzw. einen Press-Konverter-Umbau (siehe Unterkapitel 4.6.3) oder noch besser auf einen Füllhalter mit integriertem Tintentank zurückgreifen sollte.

Viele Patronenfüllhalter arbeiten alternativ auch mit einem sogenannten Konverter[1]. Er schlägt die Brücke zwischen Tintenpatronensystem und Kolbensystem bzw. Aerometric-System[2]. Er ist ein separates Bauteil, das wie eine Tintenpatrone anstatt dieser in den Füllhalter eingesetzt wird und dort verbleibt. Hinter dem

---

[1] Lat. „convertere", zu Deutsch „umwandeln".
[2] Siehe hierzu auch Kapitel 4.6.1 und 5.3.5.

Adaptermundstück, welches in der Griffsektion steckt bzw. eingeschraubt ist, sitzt der Tintentank zusammen mit der konvertierten Betankungsmechanik. So kann man beliebig oft den Patronenfüller nahezu betanken wie einen Kolben- bzw. Aerometric-Füller.

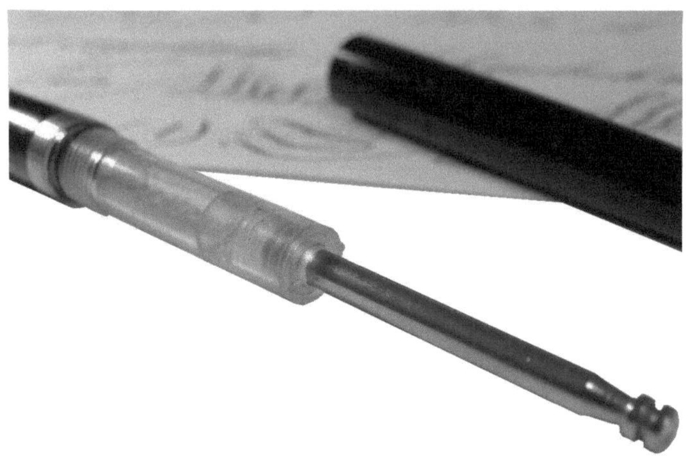

Bild 33: Typischer Pump-/Kolbenkonverter mit patronenähnlichem Zylinder mit Anschlussmundstück in der Sektion. Hinten befindet sich die Füllmechanik.

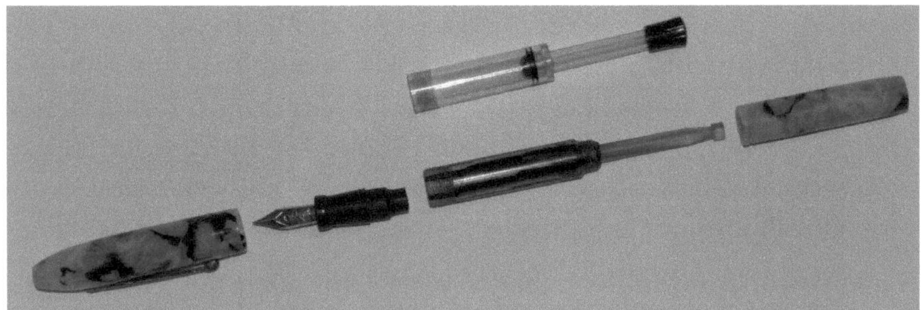

Bild 34: Moderner Konverter (Noodler's Ahab/USA) neben einem klassischen Füllfederhalter aus den 1930er Jahren (National/USA) mit gleicher Funktionsweise.

Der Konverter wandelt von einem System auf ein anderes um. Im Kontext Füllfederhalter ist das Zielsystem fast immer Patrone. Solch ein Umwandler ist eine ausgeklügelte Sache, auf die Füllhalterkonstrukteure bereits Mitte des 20. Jahrhunderts quasi mit der Geburt des Patronenfüllers kamen. Jene Ersten waren Aerometric-Systeme, die renommierte Marken wie Parker und Conway Stewart bei etlichen ihrer Modelle als Patronenalternativen anboten. Man erkannte zurecht, der Tintenkonverter verknüpft die Vorteile der Tintenpatrone mit denen der Füller mit statischem Reservoir. Weil er ein mobiler Bestandteil ist, lässt er sich problemlos austauschen. Außer oft teureren Originalteilen aus den Regalen der Markenhersteller ist Passendes vom Zubehörmarkt häufig geeignet. Nach wie vor ist der konverterbetriebene Füllhalter meist ein Patronenfüller, der jederzeit „zurückgebaut" werden kann, indem man einfach das Konverterelement durch eine Patrone ersetzt.

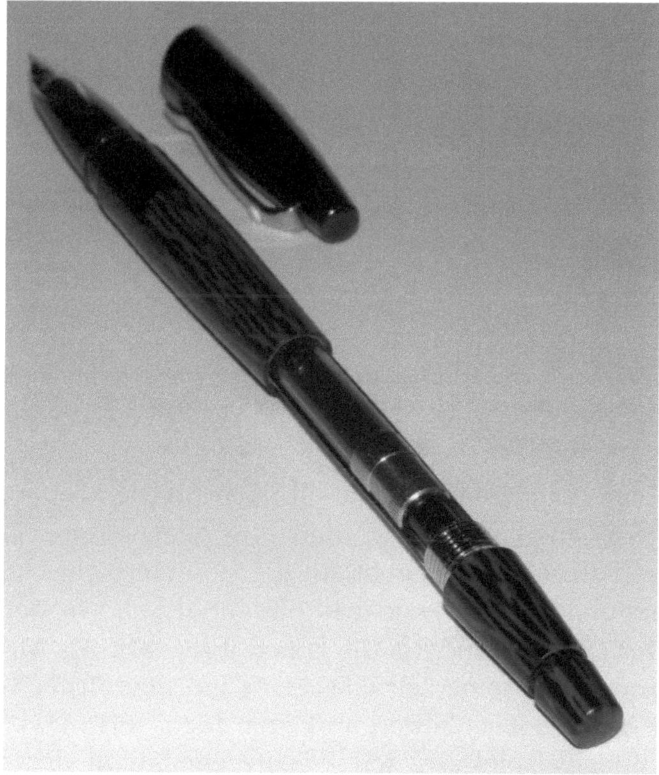

Bild 35: Zur Ansicht offen, Sheaffer Intrigue 614, gebaut 2000-2004, mit extern bedienbarem Konverter.

Üblicherweise muss man, um den Konverter bedienen zu können, den Füllfederhalter öffnen, also den Schaft von der Griffsektion abschrauben. Wenige Manufakturen entwickelten Ideen, einen Konverterfüller „von außen" bedienbar zu machen (siehe Abbildung Bild 35).

Bild 36: Aerometric-Konverter mit Mundstück zur Sektion wie eine Tintenpatrone, dahinter das bekannte Aerometric-Füllsystem.

Zum Schluss des Unterkapitels soll noch auf die Mutter aller Tintenpatronen eingegangen werden, die Glaspatrone. Die Erfindung des Patronenfüllers geht auf die US-amerikanische Schreibgerätemanufaktur Eagle zurück. Sie entwickelte in der zweiten Hälfte des 19. Jahrhunderts die ersten ihrer Art. Als Material für die Patrone kam seinerzeit Glas zum Einsatz. Firma Waterman fuhr in den 1930er Jahren mit der Idee fort. Das folgende Anschauungsbeispiel aus den 1950ern entstammt dem französischen Werk Waterman's. Charakteristisch für die Glaspatrone

war, dass sie nicht wie die Plastikvariante von einem Dorn ange-
stochen wurde, den dann der Patronenmund dicht umschloss. Im
Neuzustand verschloss die Glaspatrone ein Gummistöpsel. Zur
Montage drückte man den Pfropfen ins Patroneninnere und
stülpte das Kopfende über das Hinterteil des Tintenleiters in der
Griffsektion. Hierbei dichtete jedoch nicht die Mundinnenwand
ab. Der Mund schmiegte sich mit dem äußeren Wulst fest an die
Latexdichtung, die an der Innenwand im hinteren Griffsektions-
abschnitt saß. Es gab allerdings stattdessen auch Versionen mit
einem Kragen als Gummidichtung um den Patronenhals. Im
schraubbaren Endstück des Schaftes gab es einen Federmechanis-
mus. Drehte man das Teil auf's Schaftende, drückte die Feder auf
das Fußende der Glaspatrone und diese hierdurch um so fester
mit der Patronenschulter in die Griffsektion und Dichtung hinein.
Das System war demzufolge geschlossen. Luft und Flüssigkeit
vermochten nur noch den Weg durch den Tintenleiter zu nehmen.

Die Glaspatrone galt als prädestiniert dafür, wiederbefüllt zu
werden. Man konnte einen Glaspatronenfüller handhaben wie
einen Eyedropper (siehe Seite 64ff), wobei man den Tank, also
den Glasbehälter, zum Befüllen aus dem Füllhalter herausnahm
und anschließend erneut einsetzte. Ein bedeutender Vorteil der
Patrone aus Glas zeigte sich dahin gehend, dass sie sich immer
wieder und mit Leichtigkeit blitzeblank reinigen ließ. Bei Plastik-
patronen gelingt das wegen der unzähligen Mikrorisse in der
Oberfläche, die sich mit Farbpigmenten zusetzen, üblicherweise
keineswegs so einfach und nicht auf Dauer. Wer glaubt, Glaspa-
tronen seien viel zu leicht zerbrechlich gewesen, der irrt. Bei nor-
maler Beanspruchung hält solch eine Patrone ewig, ohne die
geringsten Abnutzungserscheinungen. Einzig die Latexdichtun-
gen an Patronenlippe bzw. in der Griffsektion sind von Verschleiß
und Alterung betroffen. Wer heute noch derartige Geräte einsetzt,
sollte die Dichtungen alle paar Wochen hauchdünn mit Silikonfett bestreichen und im Abstand von 5-10 Jahren erneuern. Das ist
wenig Pflegebedarf für so viel Füllhalter, nichtwahr?

Bild 37: Der konische Patronenmund presst sich in den Latex-Mantel der Griffsektion. Die Konstruktion ist absolut dicht.

Bild 38: Saubere Glaspatrone aus einem lange Zeit ungepflegten Kartuschenfüllhalter. Die Gummidichtung aus der Griffsektion klebte sich auf dem Patronenhals fest. Im Inneren zu erkennen der Gummistöpsel, welcher ursprünglich die Patrone verschloss.

3.4 Eyedropper

Der englische Ausdruck „Eyedropper"[1] (zu Deutsch „Augentropfer") beschreibt einen Füllhalter ohne integrierte Betankungs-

---

[1] Gegenstück des „Eyedropper" ist der Selbstfüller, siehe Kapitel 2.3, Seite 35.

mechanik. Stattdessen wird Tinte über ein separates Werkzeug direkt in das Innere des Schaftes gegeben. Diese Bauweise gilt aufgrund ihrer Einfachheit und Anspruchslosigkeit als eine der Ersten bei der Erfindung des Füllfederhalters. Als gesonderten Gegenstand verwendete man eine Pipette, wie man sie auch zur Verabreichung von flüssiger Medizin nutzte, die man zum Beispiel in ein Glas Wasser oder ins Auge tröpfelte. Daher der Name Augentropfer. Pipetten, zu Beginn der Epoche waren es noch dünnwandige Glasröhrchen, kaufte man damals meist zum Eyedropper-Füllhalter mit dazu. Es gab sie nicht nur in der Apotheke, sondern in jedem Schreibwarenladen. Und wegen ihrer Zerbrechlichkeit benötigte man ständig Nachschub.

Wer heute mit Eyedropper schreibt, nimmt überwiegend Plastikspritzen mit oder ohne Kanüle, Dinge, die wie einst die Pipette aus dem medizinischen Bereich stammen. Bekannt wurde die Spritzenmethode durch die Nachfülltanks bei Tintenstrahldruckern. Sie sind leicht und preisgünstig zu haben und quasi unverwüstlich. Es gibt in der gegenwärtigen Zeit Produzenten moderner Varianten dieses Füllertyps, die auch gleich Injektionsbesteck in ihrem Sortiment führen.

Ein Vorteil des Eyedropper liegt darin, dass er relativ viel Tinte fassen kann, weil weder ein extra Behältnis noch ein Tankaggregat Platz beanspruchen. Dadurch ist er weitestgehend wartungsfrei und störungsresistent. Ein Nachteil ist, dass man ein spezielles Instrument benötigt, um ihn aufzutanken. Des Weiteren neigt er mehr als andere Füller zum überfeuchten Schreiben, Klecksen und überdies zum Auslaufen. Beim Eyedropper fehlt nach dem Volltanken der Unterdruck. Und nur die Verengung im Tintenleiter kann die Tinte davon abhalten, mit einem Schlag der Schwerkraft zu folgen und heraus zu klatschen. Daher der Tipp, ihn niemals randvoll zu tanken, damit in Schreibhaltung ein Hohlraum mit leicht geringerem Luftdruck die darunter „hängende" Tinte hält. Eine weitere Vorsichtsmaßnahme ist, das Schaftinnengewinde nicht durch Tintenpartikel zu verschmutzen. Es droht sonst eine schwergängige oder festsitzende Griffsektion. Man sollte penibel darauf achten, dass es dort, wo der Schaft auf die Sektion geschraubt wird, keinesfalls leckt. Klassische Eyedropper besaßen an der Stelle noch keine O-Ring-Dichtungen, moderne dagegen zumeist schon. Dichtet der Vintage[1] Geselle nicht sauber ab, kann man ihn unter Umständen mit einem passenden Silikon-O-Ring nachrüsten. Man findet sie im Modellbau-Fachhandel, im Baumarkt oder im spezialisierten Schreibwarenladen. Die Gummidichtung wird einfach auf das Außengewinde am Fußende der Griffsektion aufgezogen und nach hinten auf das Gewindeende geschoben. Es gibt Leute, die schwören auf Silikonfett, welches sie zum Abdichten auf das Gewinde schmieren. Ein Dichtring ist zwar die bessere Wahl. Man kann jedoch auch in Kombination oder ausschließlich mit Silikonfett operieren. In diesem Fall sollte man achtgeben, eine nur minimale Menge auf der Gewindeverzahnung bzw. dem O-Ring zu verteilen. Außerdem ist unbedingt zu vermeiden, dass unnötig Dichtmittel mit der Schreibflüssigkeit im Schaftinneren in Berührung kommt. Fette und Tinten vertragen sich üblicherweise nicht. Die Tinte könnte kontaminiert werden, Partikel Leitungen verstopfen und beim Schreiben Ärger machen.

Bild 39: Spitz zulaufendes Ende eines speziell für Eyedropper entwickelten Tintenleiters, um 1900. Die charakteristische Form half Tinte zu sammeln und sorgte für reichlich Tintenfluss. Bei fast leerem Tank konnte es auch zu viel des Guten sein. Die Folgen: Tropfen, Nassschreiben oder Auslaufen.

---

[1]   Ursprünglich aus dem Englischen stammender Ausdruck, heute international bezeichnend für klassische sprich ältere Objekte, vornehmlich Sammlerstücke in Bereichen wie Automobile, Uhren, usw. bis hin zu Füllfederhaltern.

Noch ein Wort zum Klecksen. Die erwärmende Luft dehnt sich entsprechend der physikalischen Gesetzmäßigkeit aus. Das geschieht natürlich gleichermaßen im Füllfederhalter, wenn die Außentemperaturen steigen oder eine warme Hand den Schaft längere Zeit umschließt. Je mehr Luft im Füllhalterinneren vorhanden ist, desto ausgeprägter kommt dieser Effekt zum Tragen. Sowie aber der Druck (der Luft) im Füllertank steigt, wer bzw. was muss dann weichen? Es ist die Tinte, welche die Warmluft über den einzig offenen Weg, Tintenleiter und Feder, nach außen drückt. Als Ergebnis kleckst der Füller oder schreibt übermäßig nass und fettlinig. Dieses Phänomen tritt bei jedem Füllhalter auf, insbesondere auch beim Eyedropper. Und umso entleerter der Tintenschreiber wird, desto wahrscheinlicher und schlimmer wird es.

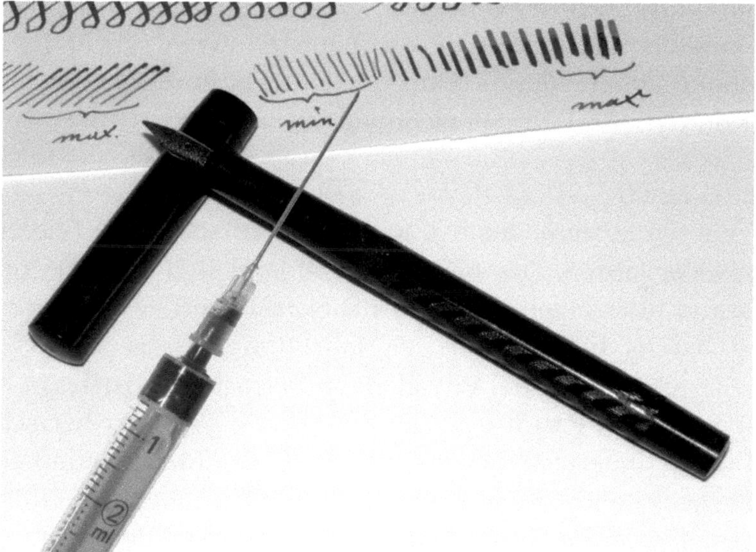

Bild 40: Eyedropper um 1900. Es ist keine Füllvorrichtung zu sehen. Denn die Tinte wird direkt ins Schaftinnere gefüllt und der Schaft fest auf die Sektion aufgeschraubt.

Zur Vermeidung des Negativeffektes kann man sich dadurch ein wenig behelfen, indem man den Füllfederhalter niemals vollends leer schreibt, sondern immer nach Möglichkeit frühzeitig wieder volltankt. Das gilt um so mehr, wenn er häufig unterwegs und mithin unterschiedlichen Temperaturen und Luftdruckschwankungen ausgesetzt ist. Ab etwa halber Tankfüllung sollte die symbolische Tanklampe im Hinterkopf zu brennen beginnen.

3.5 Drei außergewöhnliche Fülltechniken

Verbreitete Befüllungssysteme für Füllfederhalter wie das Kolbensystem, Hebelsystem und Aerometric-System zeichnen sich im Grunde durch eine intuitive Einfachheit aus. Damit keine Langeweile aufkommt, kann es daher spannend sein, über den Tellerrand zu schauen. Es gab im 20. Jahrhundert recht wenige Füllhalterhersteller, welche innovative Alternativen zu streng genommen narrensicheren Standardfüllmethoden suchten. Die vor allen Dingen in den Vereinigten Staaten von Amerika äußerst bekannte Manufaktur Sheaffer war solch ein Außenseiter und profilierte sich lange Jahre mit den ausgeklügeltsten Ideen[1]. Zwei der nachfolgenden außerordentlich ausgefallenen Füllpraktiken gehen auf das Konto dieser Füllhalterschmiede.

3.5.1 Vac-Fil

Das Vac-Fil System, auch Vacuum-Fil, entstand bei Sheaffer in den 1930er Jahren. Das Begriffskürzel lässt sich mit Vakuumfüllverfahren übersetzen. An unterdruckbasierenden Methoden tüftelten bereits Erfinder des 19. Jahrhunderts[2]. Es fehlte jedoch zumeist die Serienreife. Physikalisch betrachtet existiert in einem (fast) luftleeren Raum ein Vakuum. Das heißt, dort herrscht ein deutlich geringerer Druck als außerhalb. Die Idee war damals, die Kräfte, welche im Vakuum stecken, zum Betanken des Füllers zu nutzen. Denn wo Unterdruck ist, wirkt eine Bestrebung, den Druck per Herbeiholen von Masse auszugleichen. Das kann Luft sein, aber auch beispielsweise Tinte, die den Raum so durch Aus-

---

[1] Neben dem Hebelfüller gehen u.a. auch die erste Bicolor-Feder, der erste ergonomisch gestaltete Füller und sogar die erste moderne Füllhaltertinte („Skrip" ab 1922) auf Sheaffer's Konto.

[2] Siehe Kapitel 2.1 Ursprünge und Geschichte.

füllen verkleinert, dass praktisch Normaldruck[1] herrscht. Als geräumige Kammer bietet sich das Innere des Füllhalterschaftes an. Wenn man in dem abgeschlossenen Hohlraum ein Vakuum aufbaut und ihn nach vorne zur Feder hin öffnet, agiert dort in dem Moment eine saugende Kraft. Es ist die Reaktion auf die physikalische Gesetzmäßigkeit, den Druck im Schaftinneren auf den äußeren Normaldruck zu bringen, Druckausgleich genannt. Steckt die Füllerspitze in dem Augenblick in einer Flüssigkeit, wird diese in den Füller hineingezogen. Bleibt die Frage, wie man das Vakuum erzeugt. Beim Vac-Fil System geschieht das mit einer Art Kolben, der wie ein Pfropfen durch einen Dichtring zur Schaftwand abschließt. Er wird bedient mithilfe eines Knaufs, der über einen kurzen schmalen Führungsstab mit dem Stöpsel verbunden ist. Ein markantes Merkmal des Verfahrens ist, dass dort, wo das Führungsstäbchen in den Schaft gelangt, ebenfalls eine Dichtung sitzt. Sie umschließt das Stäbchen, dichtet solide ab und lässt nichts in den Schaftraum hinein und nichts hinaus. Ist der Führungsstab vollständig ausgezogen, befindet sich der Kolben am hinteren Schaftanschlag. Schiebt man jetzt den Stab nach vorn, so drückt der Stöpsel gleichsam die Luft aus dem Schaftinneren über das Vorderteil aus dem Füller heraus. Voilà. Ein Vakuum entsteht.

Berechtigterweise wirft die Praktik Fragen auf. Wie kann man den Kolben so einfach nach hinten ziehen? Im Schaft vorhandene Luft würde doch dermaßen verdichtet, dass dadurch der Überdruck unüberwindbar wäre. Bei aller Kraft ließe sich die Führungsstange nicht weiter zurückbefördern, weil der hohe Gegendruck komprimierter Luftmasse das Herausziehen hemmte. Die Lösung Sheaffer's liegt in der Konstruktion der Kolbendichtung. Sie ist konisch geformt montiert und in gewissem Rahmen zum Kopf hin biegsam. Der Überdruck beim Zurückziehen der Kolbenstange sorgt dafür, dass die gepresste Luft sich an der Dich-

---

[1] Es existiert geringfügig Unterdruck, dessen Kraft nicht mehr ausreicht, Flüssigkeit anzuziehen, aber gegen die Schwerkraft zu halten (Haltedruck).

tung vorbei die Schaftinnenwand entlang drückt und nach vorne über den Tintenleiter entweicht.

Eine weitere zentrale Frage ist, wie denn das Vakuum aufgehoben wird, damit der Betankungseffekt in Kraft tritt. Die Realisierung ist denkbar einfach. Im vorderen Bereich des Schaftraumes hinter dem Tintenzuführer, welcher aus der Griffsektion etwas herausragt, ist der Schaftinnendurchmesser abrupt geweitet. Wird der Kolben nach vorne geschoben, gleitet er mit der Kolbendichtung eng an der Innenwand anliegend im Schaftzylinder vorwärts. Bis er an die Stelle kommt, wo der Schaft sich weitet. Die Dichtung erreicht die Schaftwand nicht mehr. Sie ist frei. Der Schaftraum wird dort undicht. Das Vakuum in ihm bricht zusammen. Der schlagartige Druckausgleich saugt augenblicklich vorne am Füllfederhalter die Tinte an. So funktioniert das Vakuum-Füllsystem von Sheaffer, genannt Vac-Fil.

Bild 41: Skizziert das Innere eines Sheaffer Vac-Fil in (fast) geschlossenem Zustand. Beim zuvor erfolgten Hineindrücken des Kolbenstabs wurde im verjüngten Zylinderbereich ein Vakuum aufgebaut. Sobald der Kolbendichtring den Kontakt zur Schaftwand verliert, findet ein Druckausgleich statt. Üblicherweise wird nur so viel Flüssigkeit eingesaugt, dass sie im vorderen Schaftraum hinter der Sektion Platz findet.

Zu der Funktionsweise des Systems kursieren diverse, zum Teil etwas haarsträubende und irreführende Beschreibungen. Besonders bei einem Vac-Fil Füllhalter ist der vorgesehene, korrekte Ablauf der Betankung Grundvoraussetzung für ein langes Füllerleben. Dummerweise lässt es das Vac-Fil Verfahren zu, dass beim Zurückziehen der Zylinderdichtung Tinte hineingesaugt wird. Wer so mit dem Füllertypus umgeht, verschmutzt unnötig das

Füllhalterinnere, was Probleme bei der Reinigung und höheren Verschleiß nach sich zieht. Daher der eindringliche Hinweis, keine Tinte auf diese Weise „aufzuziehen". Der Bereich des Kolbenzylinders ist nur für Luft, Vakuum oder das Durchspülen mit klarem Wasser gedacht, falls sich dorthin einmal partiell Tinte verirren sollte.

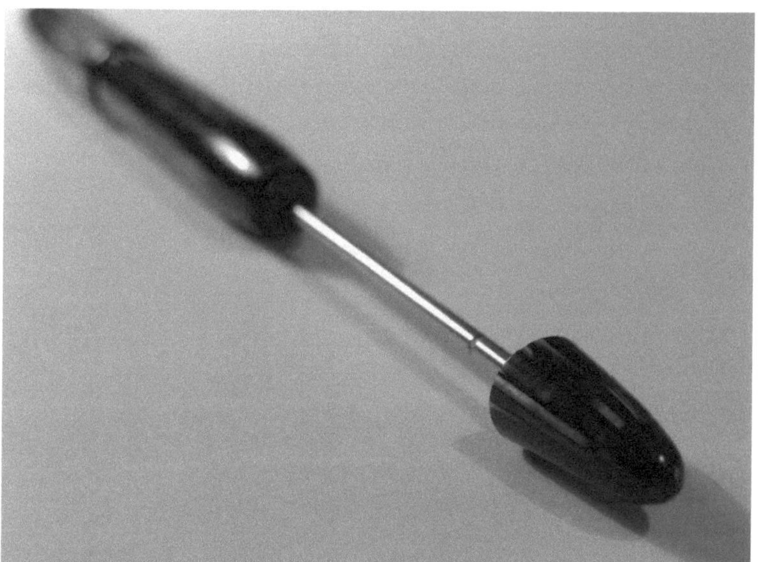

Bild 42: Klassischer Sheaffer Vac-Fil voll ausgezogen. Zu erkennen sind Dichtungsreste von der Schaftabschlussdichtung an der Kolbenstange, eine der Problemstellen. Es ist unwahrscheinlich, dass der Füllhalter noch ordentlich abdichtet und zu betanken ist.

Sheaffer überschüttete damals regelrecht den Markt mit einer enormen Menge an Füllhaltern mit dem Vac-Fil System. Zwar verzichtete man dabei auf jegliche Art von Tintensack im Gegensatz beispielsweise zum Konkurrenten Parker, der ein Vakuumsystem mit Diaphragma (siehe Unterkapitel 3.2) entwickelte. Trotz allem hielt sich die Füllmethode nicht besonders lange. Die Ursachen dafür sind an verschiedenen Problempunkten der Technik zu finden. Der Verschleiß in der relativ komplexen Konstruktion ist übermäßig hoch. Wenn die Schaftabschlussdichtung undicht wird, kann Luft dort entweichen und eindringen. Ein ausreichendes Vakuum ist so kaum mehr aufzubauen. Die Abnutzung der Kolbendichtung ist extraordinär. Sie ist nicht nur der Reibung im Schaft ausgesetzt, sondern erhält jedes Mal einen Schlag, wenn man sie vom weiter dimensionierten Schaftareal in den schmalen Schaftsektor zurückzieht. Ein zusätzliches Problem bei Vac-Fil ist, dass Tinte hinter den Kolben gelangen kann. Alte Tintenreste können sich im Schafthohlraum absetzen und sorgen für noch höhere Reibung an den Dichtungen, machen den Mechanismus schwergängig und erzeugen Probleme beim Generieren des Vakuums. Schreibflüssigkeit könnte auch am Schaftende austreten und eine böse Sudelei anstellen.

Bild 43: Einzelteile eines alten Vac-Fil Füllhalters von Sheaffer.

Aufgrund der Tatsache, dass damals so viele Vac-Fil Füllhalter produziert wurden, ist das Angebot an Vintage Exemplaren heute beträchtlich. Ich restaurierte bereits eine erhebliche Anzahl dieses Füllertyps und stellte dadurch eine zusätzliche Schwäche von Vac-Fil fest, nämlich die fehlende Wartungsfreundlichkeit. Schon nach wenigen Jahren der Nutzung sammelte sich derart viel

Dreck durch Überbleibsel alter Tinte an, dass zwecks Instandsetzung eine Demontage äußerst schwierig, wenn nicht sogar unmöglich ist. Lagen diese Füller Jahrzehnte irgendwo unbeachtet herum, sieht es mit einer Wiederbelebung, trotz hübschem Äußeren, übel aus. Es wundert daher keineswegs, dass dem Vac-Fil System keine Zukunft gegönnt war.

3.5.2 Snorkel/Touchdown

Was um alles in der Welt hat ein Schnorchel mit einem Füllfederhalter zu tun? Das fragen sich durchaus nicht nur Füllerneulinge, sondern auch Leute, die seit ihrer Schulzeit mit ihnen umzugehen pflegen. Bei tiefgründiger Überlegung erscheint der Gedanke keinesfalls abwegig. Ausgerechnet der wiederbefüllbare Permanent-tank-Füllhalter verfügt über einen deutlichen Nachteil. Bei jedem Eintauchen ins Tintenfass verschmutzt die Feder samt Tintenleiter. Und selbst wenn man den Füller vorne mit einem Tuch oder Papier ordentlich säubert. Mit der Zeit setzen sich ohne Vorsorge Tintenreste in allen Ecken und Rillen als widerspenstiger Belag fest. Besäße der Federfüller stattdessen einen Rüssel wie ein Elefant, so könnte er Flüssigkeit saugen, und „das Mundwerk" bliebe sauber und trocken. Möglicherweise dachte auch damals der Konstrukteur an das Rüsseltier, als er den Schnorchelfüller erfand. Beim Schnorchelsystem, vom US-Unternehmen Sheaffer auf Englisch „Snorkel" genannt, mit dem die Firma unterschiedliche Modelle von 1952 bis 1963 ausstattete, wird statt des kompletten Vorderteils nur ein Metallröhrchen in die Tinte getaucht. Über einen Drehmechanismus fährt man zuvor das Röhrchen aus dem Tintenleiter aus und nach dem Betanken wieder ein.

Der Schnorchel baut erweiternd auf Sheaffer's Touchdown[1]-System auf. Diese pneumatische Füllmethode wurde von der New Yorker Füllerschmiede Chilton, die es 1924 zur Marktreife brach-

---

[1] „Touchdown" aus dem Englischen bedeutet zu Deutsch „Aufsetzen". Gemeint ist der Augenblick der Bodenberührung beim Landen eines Flugzeugs. Der Terminus gehört auch zum Wortschatz der Mannschaftsfeldspiele American football und Rugby.

te, übernommen und bei Sheaffer ab 1949 in aktualisierter Fassung in zahlreichen Modellen verbaut. Die letzte Modelllinie, welche vorgenannte Befülltradition fortführte, ist die des legendären Legacy bis 1995. Seitdem stellt Sheaffer Legacys mit Patronen-/Konvertersystem her.

Beim Touchdown-Verfahren wird ein Latexsack eingesetzt, um Tinte aufzunehmen. Dazu muss er zusammengedrückt werden, um dann, wenn er zurück in die Ausgangsform kehrt, über den Tintenleiter anzusaugen. Das Komprimieren des Tintensacks geschieht jedoch keineswegs wie zum Beispiel im Hebel- und Aerometric-Füller via händischem Krafteinfluss, sondern pneumatisch[1]. Der Latexsack wird dabei also durch nichts und niemanden berührt außer von Luft. Montiert ist er hinten auf der Griffsektion, und zwar in einer Metallhülse, die ein paar Löcher besitzt. Über diese Innenhülse stülpt sich eine völlig abgedichtete metallene Außenhülse. Sie ist verbunden mit einem Schiebemechanismus, der in einen Bedienknauf am Schaftende mündet. Ist der Mechanismus komplett ausgezogen, liegt der Tintensack mit seiner Schutzhülse frei. Die Schubstange in ihrer Ausprägung als Außenhülse ist hierbei am hinteren Schaftteil ausgetreten und oberhalb dessen positioniert. Jetzt drückt man mit beherztem Schwung den Knauf hinunter. Touchdown! Rasch schiebt sich die äußere Hülse über die Innenhülse. Der dabei kurzzeitig entstehende erhöhte Druck im Hülseninneren sorgt für das Zusammenpressen des Latexsacks. Luft, Tinte, oder was auch immer in ihm weilt, wird durch den Tintenleiter aus dem Füller hinausbefördert. Schon ist der Überdruck vorbei und pendelt im Füllhalterinneren erneut auf den Normaldruck ein. Der Tintensack faltet sich wieder auf. Genau bei diesem Vorgang zieht er über die Füllerspitze das ein, was am Sektionsvorderteil anliegt, wie Luft, Wasser, oder Tinte, wenn man ihn augenblicklich ins Tintenfass hält.

---

[1] Pneumatik bezeichnet in technischer Betrachtung die Verwendung von Druckluft zur Verrichtung mechanischer Abläufe.

Bild 44: Die schnorchelähnliche Kanüle wird einfach ausgefahren, um den Kontakt und dadurch das Verschmutzen des Tintenleiters und der Feder beim Eintauchen in Tinte zu verhindern.

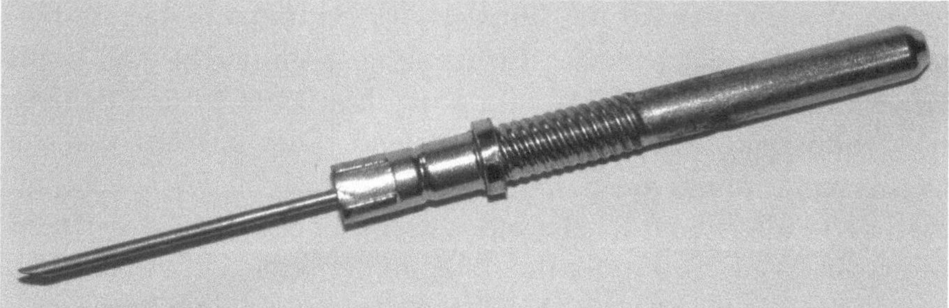

Bild 45: Der Schnorchel ist direkt mit dem Sheaffer Touchdown-Füllsystem, einer Hülse mit innenliegendem Tintensack, verbunden.

Auch ein Touchdown-Füller muss im Schaftraum luftdicht abschließen, damit dort ordentlich Überdruck aufgebaut werden kann, was ebenso hier eine Schaftabschlussdichtung übernimmt. Sie dichtet den Schaft zur Außenhülse ab und gilt als das vorrangige Verschleißteil des Touchdown-Systems. Ist das Füllverfahren mit einem Schnorchel kombiniert, gibt es auch eine Dichtung für das schnorchelartige Saugröhrchen in der Griffsektion, die ähnlich hoher Abnutzung ausgesetzt ist. Das Touchdown-/Schnorchelsystem ist weitaus einfacher instand zu halten als das Vac-Fil System. Und eine mechanische Belastung durch Materialkontakt erfährt der Tintensack bei pneumatischer Wirkungsweise nicht. Den Vorteil büßt die Methode allerdings wegen des Dichtungsverschleißes wieder ein. Dennoch, die hier vorgestellten Füllverfahren erweisen sich zwar als leistungsstark und clever, jedoch gleichwohl als vergleichsweise komplex, störanfällig und werden daher immer eine marginale Rolle spielen, dies aber durchaus im Edelsegment der Füllfederhalter.

3.5.3   Capillary[1] System

Das Erste auf der Capillary-Füllung basierte Modell eines Federfüllers brachte Parker im Jahr 1956 auf den Markt, gestützt auf das US-Patent Nr. 2462929. Noch einmal versuchte man damals, ein völlig neuartiges und originelles Tanksystem zu entwickeln, das keinerlei Füllmechanik benötigt. Das System sieht vor, das Auftanken einfach dadurch durchzuführen, indem man den Schaft abschraubt und das auf der Griffsektion aufsitzende Hinterteil, die Kapillarkammer, ins Tintenglas eintaucht. Die Kapillarwirkung sorgt anschließend dafür, dass Tinte in den Behälter fließt und das Füllniveau darin ansteigt. Dies passiert wie von Geisterhand ohne mechanische Einflüsse. Schließlich schraubt man den Füllerschaft wieder auf. Er schützt einerseits das Tintenreservoir. Weil die Kapillarkammer hinten eine Öffnung besitzt, könnte dort beispielsweise bei Erschütterungen Tinte herausspucken. Bei fest und luftdicht aufgeschraubtem Schaft steigt andererseits die Flüssigkeit in der Kammer nicht weiter. Ist der Federfüller wieder verschlossen, ist er sogleich einsatzbereit und gibt im Schreibbetrieb kontinuierlich Tinte aus der Kapillarkammer via Tintenzuführer und Feder aufs Papier ab. Soweit die Theorie.

Jetzt zur nackten Wahrheit über den Capillary-Füller. In der Realität offenbarte sich das Tankkonzept als Wunschdenken. Was um alles in der Welt muss den Menschen in Amerika geritten haben, morgens aufzustehen, um auf Teufel komm raus ein anderes Füllsystem erfinden zu wollen? Schließlich gab es bereits altbewährte Verfahren, die weder aufwendige Handhabungen noch Pflege notwendig machten. Das Capillary-System erlangte rasant einen schlechten Ruf und erntete statt Beifall die Wut vieler Füllhalter-

---

[1]   Siehe ebenso Seite 17.

benutzer mit hochroten Köpfen. Es bestand die Gefahr, das Image des Füllfederhalters allgemein dauerhaft zu ruinieren. Deswegen ist es erfreulich, dass bereits nach wenigen Jahren die Ära des Rohrkrepierers „Capillary-Filler" verflog. Mit dem System ausgerüstete Modelle wie den Parker 61, Waterman X-Pen und den auf Waterman basierenden Platignum 100 stellte man wieder auf gewöhnliche Patronen und Konverter um. Und was waren die Probleme?

Aufgrund dessen, dass man nicht aktiv durch mechanische Kraft tankte, lieferte man sich auf Gedeih und Verderb der Natur und Umwelt aus. Je nach Umgebungstemperatur, Luftdruck und -feuchte sowie Beschaffenheit der Tinte wie Dickflüssigkeit und Tintentemperatur geschah der Tankvorgang entweder träge (einige Minuten) bis hin zu sehr, sehr, sehr behäbig (Stunden). Per Capillary zu tanken grenzte für viele an Magie und Voodoo-Zauber. Dann ergab der Tintentank kein wirkliches Reservoir, wie man es von Patronen, Konvertern und Tintensäcken kennt. Die Kapillarkammer vermochte als systemtypisch äußerst feines Röhrchen kaum Flüssigkeit zu speichern. Benutzte man zu pigmentreiche Tinte oder ließ den Füller eintrocknen, verstopfte das Kapillarröhrchen und musste zeit- und arbeitsaufwendig gereinigt werden. Und schließlich spuckte der Kapillarbehälter furchtbar oft Schreibflüssigkeit aus seinem Endstück heraus, was ein versifftes Schaftinneres und fleckige Finger zur Folge haben konnte.

Jede Menge Gründe also, den Capillary-Füller wutschnaubend in die Ecke zu feuern und die Knochen des Erfinders zu verfluchen. Welch ein Glück, dass die Vita des Füllfederhalters diese teuflische Füllmethode ohne allzu tiefe Imageblessuren überstand. Das Capillary-System ist heute weitestgehend unehrenhaft entlassen, mit Absolution versehen, vergessen und verziehen. Das Bessere ist des Guten Feind, sagt man. Wenn sich das Gute jedoch als besser entpuppt, kann ein leichtsinniger Schuss aus übertriebenem Ehrgeiz nach hinten losgehen.

3.6   Sicherheitsfüller

3.6.1   Entstehung

Den Sicherheitsfüllfederhalter (engl. Safety Pen) stellte man von der Jahrhundertwende an bis etwa Mitte der 1930er Jahre in höheren Stückzahlen her. Er bestand grundsätzlich vollständig aus einer Ebonithülle (siehe auch Kapitel 4.4), die man bei besonders edlen Modellen noch an Schaft und Kappe mit goldgefülltem oder vergoldetem Blech umhüllte. Typisch für den Sicherheitsfüller ist, dass die Schreibfeder samt Tintenleiter ins Schaftinnere versenkbar ist und bei Bedarf wieder herausgedreht werden kann. Die Idee, die Feder verschwinden zu lassen, übernahm man vom Reisefederhalter (siehe Bild 7, Seite 21). Im Jahr 1908 begann die US-Manufaktur Waterman mit der Vermarktung des Sicherheitsfüllers, wie er technisch dann Jahrzehnte Bestand hatte und Verbreitung fand. Und gerne kursiert die Auffassung, dass bei diesem Unternehmen die Wiege des Füllertypus liegt. Jedoch gab es schon Ende des 19. Jahrhunderts verhältnismäßig unbekannte Kleinunternehmer, welche sich mit der Idee auseinandersetzten. Den Grundstein mit einem Patent auf einen Füllhalter mit ausfahrbarer Feder, das auch de facto zur Marktreife gelangte, legte im Jahr 1893 das US-amerikanische Trio Morris W. Moore, Joseph E. Chase und William D. Park. Produziert wurde der in gewissem Sinne Ur-Sicherheitsfederfüller dann von der späterhin enorm wachsenden Schreibgeräteschmiede Moore. Aber bloß weil in Übersee der Ursprung dieser Technik lag, lag dort mitnichten das Hauptverbreitungsgebiet. Der Funke schwappte nach Europa über und wurde hier prompt aufgegriffen. Sicherheitsfüller mit Federschiebemechanismus erfreuten sich insbesondere in Ländern wie Frankreich, Deutschland und Italien großer Beliebtheit. Und es verlagerten sich nicht nur Produktionsstätten auf den europäischen Kontinent bzw. fanden Importe statt, beispielhaft von Moore, Waterman, Swan, Caw, usw. aus den USA und von Cameron, Onoto De la Rue etc. pp. aus England. Es entstanden hier auch eigene Marken und Modelle. Im Deutschland bei

Montblanc, Regina und Fend, in Frankreich bei Paillard Semper, Valco und Unic und in Italien bei Aurora, Montegrappa, Columbus und Moncenisio, um nur ein paar wenige exemplarisch zu nennen. Hierbei baute man keineswegs bloß watermanähnliche Versionen, sondern wagte auch Eigenkreationen auf den Markt zu bringen. Bei dem Anfang der 1930er Jahre erhältlichen Modell „Pullman" der Stiftemanufaktur Meteore aus Paris konnte die Sektion mit der Feder aus dem Kopf der Verschlusskappe ausgefahren werden. Die Kappe blieb an Ort und Stelle. Nur ein Beispiel, dass gleichermaßen unter den französischen Gewerbetreibenden in Sachen Federfüller innovative Ideen der Praxistauglichkeit Flügel verliehen. Sicherheitsfüllhalter traten durch die Bank als hochwertige Schreibgeräte auf mit stabilem Korpus und in aller Regel bemerkenswert leistungsstarken Schreibfedern.

Allerdings ist „Safety Pen" weder ein geschützter Name, noch ist die Definition eindeutig. Viel mehr ist „Sicherheit" ein Merkmal, das die Überzeugung der Füllhalterproduzenten früherer Jahre symbolisierte oder potenzielle Kunden beeindrucken sollte. So nannte die damals bereits namhafte Marke Parker ihren 1912 patentierten Druckknopffüller mit Tintensacktank „Jack-Knife Safety (Pen)". Und die Manufaktur Swan bezeichnete einen gewöhnlichen Eyedropper mit „Safety Screw Cap", also ein Füller mit Sicherheitsdrehverschluss. Chicago titulierte ihre in den 1920-ern in den USA gebauten Hebelfüller als „Safety Lever Filler", die New Yorker Füllerschmiede Rex nannte ihren Kandidaten im gleichen Zeitraum „Safety Self-Filler". Parker brachte 1917 ihre „Safety-Sealed" Füllhalter heraus. Dies sind Beispiele dafür, wie bedeutungsvoll es den Zeitgenossen der ersten Hälfte des 20. Jahrhunderts erschien, Füllfederhalter mit „Sicher" zu assoziieren. Das lässt vermuten, dass es damals viele schwarze Schafe gab, Federfüller, die ausliefen und ihre Umgebung sprichwörtlich versauten. Den Safety Pen, den wir hier allerdings genauer unter die Lupe nehmen, kennzeichnen besondere Spezifika, die ihn von allem anderen unterscheiden. Sie sind durchaus in einer Definition in Form eines einzigen Satzes zusammenzufassen:

Der Sicherheitsfüller ist ein über den Schaftmund zu befüllender Eyedropper mit inwendiger Schiebemechanik für die Federeinheit, hinterem Drehknauf und Schraubverschluss.

Typische Exemplare dieser Machart kamen aus der frühen Ideal-Modellreihe der Marke Waterman unter US-Patent, wie auch von der aus dem amerikanischen Janesville nach Turin in Italien gewanderten Produktionsstätte der Williamsons. Außerdem zählte der nahezu baugleiche Fendograph aus Italien dazu, einer Schwesterfirma der ehemaligen deutschen Manufaktur Fend aus dem baden-württembergischen Pforzheim. Doch das sind nur ein paar Beispiele von vielen. Dieser Typus Federfüller verlangte gewisse Umgangsformen. Und die gleich anschließend beschriebenen Zeremonien galten als übliche Handhabungen, die man sich tunlichst aneignen sollte, um Ärger aus dem Weg zu gehen.

Die globalen Produktionsstückzahlen sämtlicher Füllfederhalter betrachtend, erreichte das im Grunde überflüssige, verkomplizierende, verteuernde und für die Schreibfunktion irrelevante Gimmick des Sicherheitsfüllers nie eine nennenswerte Verbreitung. Dennoch starb die interessante Spielerei der schiebbaren Federeinheit keineswegs völlig aus, obwohl es um sie nach dem Zweiten Weltkrieg still wurde. Einen wahrhaften Safety Pen erhält man seitdem nur noch auf dem Gebrauchtmarkt. Schon in der zweiten Hälfte des 20. Jahrhunderts kamen manche Produzenten auf die Schiebefeder zurück, darunter ab den 1960ern der „Capless" von Pilot und Lamys Version „Dialog 3" in 2009. Selbst im Billigsegment der 10 Dollar Plastikfüller entstanden ab den 1990ern entsprechende Modelle, wie den „Up" Patronenfüller von Stypen bzw. BIC. Dies alles hat allerdings nichts mehr mit dem klassischen Sicherheitsfüller zu tun. Beim „Up" beispielsweise fragt man sich, wieso überhaupt eine Schiebetechnik verbaut wurde. Einzig die im zusammengesetzten Zustand etwas kürzere Objektlänge und eine damit einhergehende leichtere Verstaubarkeit kann Sinn machen. Zudem ist der Hokuspokus mit der Drehmechanik ausgerechnet bei der jüngeren Bevölkerung womöglich ein heutiges Verkaufsargument.

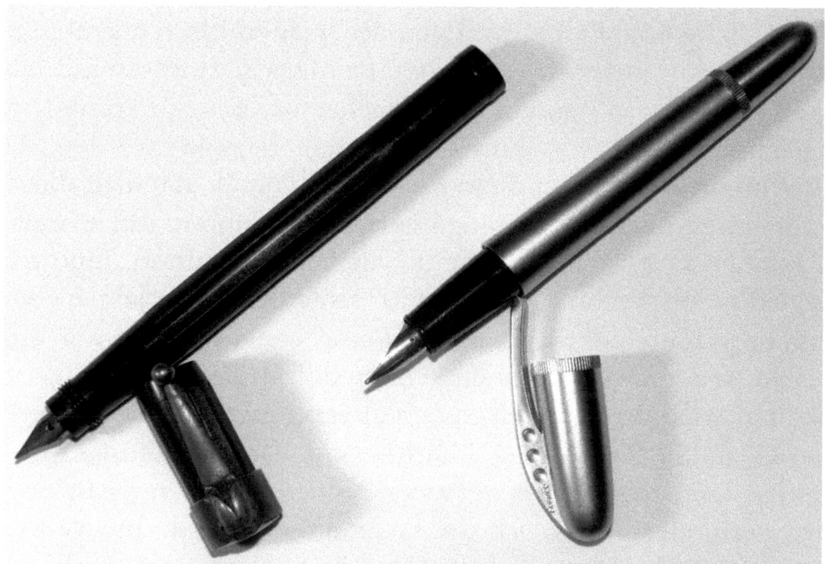

Bild 46: Links ein echter, klassischer Safety Pen von Unic / Paris mit 14K Superflex Schreibfeder und handgeschmiedetem Steckclip mit einem Käfer als Zierde. Rechts ein Patronenfüller von BIC / Stypen mit ausfahrbarer Stahlfeder. An beiden Exemplaren ist die Federeinheit halb ausgefahren.

Bild 47: Ein Eyedropper der New Yorker Füllhalterwerkstatt Salz Brothers aus Anfang der 1920er Jahre mit einem Teleskopschaft. Gleichermaßen ein Versuch, die Länge des Schreibgeräts variieren zu lassen.

3.6.2 Funktionsprinzip / Handhabung

Der Safety Pen gehört zur Kategorie der Eyedropper (siehe Kapitel 3.4, Seite 64). Er besitzt demnach keinen Mechanismus, um Tinte halb automatisch zu tanken. Er muss stattdessen mit einer Pipette oder, was heutzutage einfacher ist, per Spritze ggf. mit abgelängter stumpfer Kanüle manuell betankt werden. Das Schaftinnere beherbergt dennoch eine Mechanik, nämlich die, die Federeinheit über ein Gestänge vorne auszufahren, um schreiben zu können und sie anschließend wieder einzufahren. Eine recht ausgeklügelte Technik. Feder und Tintenleiter stecken in einer Halterung mit einer Schubstange. Diese steckt wiederum in einer Spirale, in der sie durch einen kleinen Bolzen bzw. Sicherungsstift gehalten wird. In der inneren Schaftwand gibt es an zwei gegenüberliegenden Seiten eine Führungsnut. Der Sicherungsstift ist exakt so lang, dass er von der einen Nut zur anderen reicht. Somit wird verhindert, dass sich die Federeinheit mit dreht, wenn sie nach vorne oder hinten schiebt. Durch Drehung der Spirale wird die Vor- bzw. Rückwärtsbewegung umgesetzt. Und um die Drehspirale zu bewegen, ist sie über einen Zapfen mit einem Drehknauf verbunden, der am Schaftende des Füllers sitzt.

Der Innenraum des Korpus dient als Tintenlager. Die Tinte umgibt die inneren Bauteile. Und in betanktem Zustand schwimmt quasi der Mechanismus bauartbedingt in der Tintenbrühe. Doch keine Sorge. Die technischen Komponenten arbeiten so simpel und solide ineinander, dass die Flüssigkeit sie nicht beeinträchtigt. Aber wie gelangt Tinte hinein?
Betankt werden kann der Sicherheitsfüller nur und genau dann, wenn die Feder eingefahren ist. In dieser Position gibt es einen Spielraum zwischen der Schaftinnenwand und der Fassung der Federeinheit. Flüssigkeit gelingt es hierbei, über den Schaftmund hinein die Komponente zu passieren ins Innere und umgekehrt. Sobald die Schreibfeder vollständig ausgefahren ist, blockiert die die Feder-Haltevorrichtung jedoch den Durchlass und staut die Tinte im hinteren Sektor. In dieser Lage steht kein Zwischenraum

zur Schaftwand bereit. Den einzigen Weg, welchen der Tankinhalt nach außen jetzt noch nehmen kann, ist durch die Kapillare des Tintenleiters. Eine in der Tat pfiffige Erfindung, die zugleich einen besonderen Umgang mit dem Schreibgerät notwendig macht. Zunächst muss man sich einer Tatsache bewusst sein: Ist der Sicherheitsfüller verschlossen, so ist es der Tintentank nicht. Das ist nach vorangegangener Beschreibung des Funktionsprinzips logisch. Mit eingefahrener Federeinheit und aufgeschraubter Kappe kann Tinte vom Tank an bzw. in die Verschlusskappe fließen und andersherum. Der Verschluss dieses Füllers lässt sich auch nur anbringen, sofern die Feder versenkt ist. Und es ist einleuchtend, warum alle Sicherheitsfüller ausschließlich Schraubverschlüsse haben. Denn Gewinde sind besser dichtzuhalten als Steckverbindungen. Außerdem erzeugen Schraubgewinde den notwendigen Anpressdruck, wenn das Kappeninnere nicht als erweiterter Tankraum fungiert, sondern in der Innenkappe die Funktion eines Verschlussstopfens bzw. -deckels für den Schaftmund innewohnt. Nachdem wir uns dessen bewusst sind, sind gewiss die nachfolgend zu beherzigenden Hinweise im Umgang mit dem Safety Pen um so verständlicher.

- *Oberste Regel*
Öffnen (Kappe abschrauben) und Schließen (Kappe aufschrauben) sowie Feder aus- und einfahren immer in senkrechter Schafthaltung mit Vorderteil nach oben.

- *Tanken / Spülen*
Zum Betanken ziehe man auf eine Spritze etwas Tinte auf, so ca. 2ml und halte sie parat. Man greift den Safety Pen senkrecht mit der Kappe nach oben, schraubt den Verschluss ab und legt diesen beiseite. Man fährt die Feder nicht aus, sondern belässt sie komplett eingefahren im Schaftinneren. Mit der freien Hand nimmt man die Spritze und träufelt vorsichtig Tinte in die Schaftöffnung hinein, bis man den Tintenstand am Schaftmund erkennen kann. Dann legt man das Injektionswerkzeug weg und dreht - den Halter weiterhin senkrecht - die Feder im Uhrzeigersinn heraus und

anschließend wieder ein. Der Füllstand wird jetzt etwas niedriger sein, weil sich die Flüssigkeit im Inneren verteilte. Daher gibt man mit der Spritze nochmals soweit als möglich Tinte in die Schaftöffnung. Die Betankung ist damit abgeschlossen. Bevor man die senkrechte Haltung des Korpus verlässt, ist entweder zum Weglegen die Verschlusskappe aufzuschrauben oder zum Schreibbetrieb die Feder vollständig auszufahren.

Fürs Durchspülen geht man ähnlich vor wie beim Tanken, am besten an einem Waschbecken. Am Wasserhahn bzw. per Spritze gibt man klares Wasser ins Füllerinnere, schraubt die Kappe auf und schwenkt das Schreibgerät mehrmals. Daraufhin nimmt man den Verschluss ab, belässt die Federeinheit eingefahren und schüttelt nunmehr die Flüssigkeit wieder aus der Schaftöffnung heraus ins Waschbecken. Das Herausschütteln muss mitunter recht energisch sein, um den im Inneren herrschenden Unterdruck zu überwinden und das Schmutzwasser auszustoßen. Den Spülvorgang wiederholt man solange, bis das abgelassene Wasser klar bleibt.

- *Vor dem Einsatz*

Will man den verschlossenen Sicherheitsfüller verwenden, wartet man mit ihm - senkrecht vor sich gehalten - ein Weilchen, damit etwaige Tinte aus Kappe und Schaftmund in die hintere Schafthülle zurückfließen kann. Ein paar Sekunden genügen. Erst dann entfernt man den Verschluss.

- *Der Drehknauf*

Ihnen kommt der Drehknauf schwergängig vor? Genau so muss es sein! Eine leichtgängige Drehmechanik ist ein Indiz für einen Safety Pen mit verschlissenen Bauteilen, der sehr wahrscheinlich (demnächst) zu lecken beginnt und dessen Feder beim Schreiben ständig nervt, weil sie wackelt und ungewollt selbstständig einfährt. So ist eine zentrale Funktion beeinträchtigt oder vollständig flöten gegangen. Warum muss diese Mechanik schwergängig sein? Der Widerstand, sobald man mit der Schreibfeder auf einer Schreibunterlage mit gewissem Druck arbeitet, wird hauptsächlich durch die Korkdichtung im Zapfenkanal aufgebracht. Eine eher zu vernachlässigende Hemmung ist die, welche entsteht, wenn sich der Block der Federeinheit beim Vorwärtsdrehen in den verengten vorderen Schaftkanal presst. Letztlich hängt alles von der Beschaffenheit der hinteren Drehmechanik ab. Die Korkdichtung regelt gemeinsam mit dem Drehzapfen die Gegenkraft, ohne die das Schreiben, besonders mit Druckvariationen, überhaupt nicht praktiziert werden kann. Hält der Kork den Zapfen nicht mehr genügend fest umschlossen, bewegt sich die Mechanik zum Ein- und Ausfahren der Federeinheit schon bei geringstem Krafteinfluss, sobald man die Federspitze aufs Papier aufsetzt bzw. -drückt. Zweites Problem ist dann, dass die Korkdichtung höchstwahrscheinlich nicht weiter in der Lage ist, gänzlich die Tinte aus dem Schaftinneren zurückzuhalten. Als Resultat tritt Schreibflüssigkeit am Drehknauf aus. Man holt sich fleckige Finger, wenn nicht noch ein schlimmeres Malheur passiert.

Demzufolge gilt der Umkehrschluss, beim intakten Safety Pen ist die Drehmechanik stets schwergängig.

3.6.3   Sicherheit?

Das Merkmal „Sicherheit" bezog sich beim Safety Pen mutmaßlich auf den Auslaufschutz. Doch kommen ebenfalls die Verletzungssicherheit und Funktionssicherheit als Motive für die Namensgebung in Betracht. Schauen wir uns die drei unterschiedlichen Sicherheitsmerkmale einmal näher an.

- *Funktionssicherheit*

Schreibfeder und Tintenleiter ausgenommen, so sind es die verschlissene Mechanik und bei der Konstruktion bzw. Produktion eingebettete Unzulänglichkeiten, die früher oder später die Funktion des Füllers beeinträchtigen. Beim Sicherheitsfüller sparte manch Hersteller auch mal an der Materialstärke, so wie auf Bild 48 beispielhaft verglichen. Trotz wertvollem Äußeren ist die Schubspirale des linken Bauteils erheblich dünner und damit schwächer fabriziert als die des Nachbarn. Die Bruchgefahr ist folglich signifikant höher.

Bild 48: Schubspiralen von zwei Sicherheitsfüllhaltern. Die Perspektive täuscht. Beide sind gleich lang und werden in Schäften mit identischem Innendurchmesser betrieben.

Ungeachtet dessen, ob man weiß, welche Güte die Schubspirale des Sicherheitsfüllhalters besitzt, den man sein Eigen nennt, sollte man auf die Maximalstellung achten. Im Grunde ist die Spirale das einzige Bauteil, das bei dem Gerät kaputt zu bedienen ist, und zwar in der vorderen und hinteren Endposition der Federeinheit. Dreht man sie an der Schaftöffnung vollständig heraus und noch ein Stückchen weiter, kann die Schubspirale brechen. Zieht man die Schreibfeder in den Schaft bis zum Anschlag ein und dann ein bisschen darüber hinaus, ist es genauso.

Dennoch, auch wenn es bei dünnwandigen Schubspiralen häufig zu Brüchen und Rissen bei unachtsamer Bedienung kam, ist ein höher Verschleiß bei sachgemäßem Umgang hier nicht zu verzeichnen. Anders sieht es bei Dichtungen aus. Die Korkdichtung in der Drehzapfenbuchse benötigt eine regelmäßige Wartung, damit sie dauerhaft standhält. Dann kann der Safety Pen die Nutzungsdauer eines fast wartungsfreien Hebelfüllers, bei dem eines Tages ein frischer Tintensack fällig ist, mit Leichtigkeit übertreffen. Über kurz oder lang, bei mangelhafter Pflege ereilt es den

Besitzer flotter, als es ihm lieb ist, ist die Verschleißgrenze der Korkdichtung überschritten. Sie ist der einzige Flaschenhals des Sicherheitsfüllers. Wird der Innendurchmesser des Hohlraums im Kork zu weit, dreht der Zapfen darin zu leicht. Ist die Schreibfeder ausgefahren und setzt man diese zum Schreiben aufs Papier, genügt bereits zartes Aufdrücken, und sie schiebt sich analog einer ängstlichen Schnecke ins Gehäuse zurück, wobei der Drehknauf wie von Geisterhand mitrotiert.

- *Auslaufsicherheit*

Ebenfalls ist bei einer geweiteten und womöglich ausgehärteten Korkröhre die Dichtheit mehr als fraglich. Im Schaft vorhandenes Schreibliquid könnte sich allmählich hinten an der Dichtung vorbeischaffen und Hände, Papier, Kleidung, etc. beflecken. Am Füllerende käme Luft ins Innere, wodurch die Tinte viel zu fett an die Feder gelangte oder gar herauskleckste.

Je nach Marke und Modell ist aber auch am vorderen Ende des Sicherheitsfüllhalters der Auslaufschutz unter Umständen alles andere als sicher. Wie wir bereits konstatierten, ist ein Grundprinzip des Füllertyps, dass im verschlossenen Zustand das Verschlussinnere als Abdichtstopfen, bei manchen Bauarten der Kappenhohlraum selbst als Tintenreservoir herhalten muss. Einen auslaufsicheren Sicherheitsfüller müsste demnach auszeichnen, dass bei ihm nichts hinein und nichts hinaus gelangte. Egal, wo man ihn hintäte, in welcher Position man ihn transportierte, er dürfte keine Spur klecksen. Die Umgebung bliebe von Tintenflecken verschont. Soweit die Idee. Eine zentrale Rolle spielt dabei der Verschluss. Er lässt sich via Schraubgewinde dicht festdrehen. Das ist allen Modellen gleich, ungeachtet des Herstellers. Manche bauten für ihre Exemplare Verschlusskappen ohne Luftaustauschlöcher und auch bar anderer undichter Stellen wie zum Beispiel einem eingelassenen Clip. Die Kappe kann infolgedessen als Auffang- bzw. Ausgleichsbehälter genutzt werden, wenn über das vordere Ende des Füllers Tinte entweicht. Sie dient verschlossen als eine Erweiterung des Tintentanks. Besitzt sie eine Innenkappe mit der Aufgabe, als Verschlussdeckel in aufgeschraubtem

Zustand den Schaftmund abzudichten, bietet sich doppelter Schutz. Der Tankflüssigkeit stellen sich zwei Hürden in den Weg, nach Außen ins Freie zu gelangen, nämlich die Abdichtung an der Schaftöffnung und das Kappengewinde. Eine beachtenswert effektive Verschlussmethodik.

Bild 49: Kappe eines Safety Pen. Die beiden Komponenten bestehen aus Ebonit.

Bild 50: Mit beiseitegelegter Kappenhülle wird angedeutet, wie die Innenkappe den Schaftmund abdichtet.

Bild 49 zeigt die Verschlusskappe eines Sicherheitsfüllhalters, dessen Kopfende abzuschrauben ist. Das ist leider nur bei den wenigsten der Fall. Das ausgebaute Kopfstück enthüllt, was bei vielen Kappen schlecht oder nicht erkennbar verborgen bleibt. Eine Art Stopfen drückt sich bei gänzlich aufgeschraubtem Verschluss auf den Schaftmund. Das sorgt für eine halbwegs realistische Dichtheit. Wenn aber etwas ins Kappeninnere gelangt, wird es tragisch. Denn die Außenhülle besitzt Druckausgleichslöcher.

Die cliplose Verschlusskomponente war und ist natürlich zeittypisch mit einem Aufsteckclip ausrüstbar. Da Sicherheitsfüller ohne Druckausgleichsmöglichkeit andere Gefahren bergen, führten mancherlei Produzenten geschwind geeignete Öffnungen an den Verschlusskappen ein. Geschickterweise geschah dies zusammen mit der Konstruktion einer Innenkappe, die sich beim Aufstecken um die Schaftöffnung schmiegt, um Tropfen abzufangen. Zum Ende ihrer Epoche gab es Sicherheitsfüller mit vormontierten Clips. Sie waren entweder auf einem flachen Ring angeschweißt oder mit einer Kopfschraube luftdicht an der Kappe befestigt. Häufig ließ man sie bereits in die Außenhülle ein, wenn eine Innenkappe für (relativen) Auslaufschutz sorgte.

Man sollte kein maßloses Vertrauen in die Auslaufsicherheit des Safety Pen haben. Er ist ein fantastisches Artefakt, ein solides, robustes, klassisches Schreibgerät und ein prima Schreibtischfüller. Aber ich würde ihn an Ihrer Stelle in betanktem Zustand nicht in die Jackentasche stecken und damit Weltreisen unternehmen. Nehmen wir an, die Verschlusskappe besäße keinerlei Öffnungen. Ein ansteigender Luftdruck im Inneren könnte beispielsweise dazu führen, dass Tinte an der hinteren Dichtung entweicht, insbesondere dann, wenn diese nicht mehr so ganz astrein ist. Auslaufsicher ist das Schreibgerät nur solange, wie alle seine Komponenten absolut intakt sind. Es reagiert äußerst sensibel auf Wetterwechsel bzw. Schwankungen im Luftdruck und der Temperatur, ob lokal oder bei Fernreisen. Betrachten wir als Gegenbeispiel eine nicht wasserdichte Kappe, obwohl es prinzipiell widersinnig ist, derartiges ausgerechnet für einen Safety Pen herzustellen.

Auch wenn sich nur kleinste Druckausgleichsöffnungen in der Außenhülle hinter einer Innenkappe verstecken. Ist der verschlossene Füller Bewegungen und Erschütterungen ausgesetzt, leckt die Kappe irgendwann. Dahingehend schwant einjedem, der Wortstamm „Sicher" kann nicht wirklich ernsthaft auf den Auslaufschutz bezogen werden.

Bild 51: Italienischer Aurora Simplex aus den 1930ern. Die goldgefüllte Außenkappe mit eingelassenem Clip, Luftausgleichslöchern und Hartgummi-Innenkappe ist nicht luft- und wasserdicht.

Bild 52: Deutsch-Italienischer Fendograph von Fend um 1930. Die Ebonitkappe hat außer dem gewindebestückten Kappenmund keinerlei Öffnung, ist also luft- und wasserdicht.

- *Verletzungssicherheit*

Inwieweit birgt der Safety Pen ein geringeres Verletzungsrisiko als andere Füllfederhalter seiner Epoche? Das einzig denkbare Betankungssystem mit einer Gefahr, sich wehzutun, ist das des Hebelfüllers. An ihm kann man sich die Fingernägel abbrechen. Die scharfe Kante des Hebelendes könnte auch in die Fingerkuppe unter dem Nagel schneiden. Drehknopf-, Druckknopf- und Press-Systeme sind dagegen nahezu ungefährlich und narrensicher. Bei Eyedroppern hingegen, die mit Pipette oder Spritze betankt werden müssen, drohen Verletzungen, wenn man sich ungeschickt anstellt. Doch zu dieser Kategorie gehört ausgerechnet der Sicherheitsfüller. Gibt es noch andere Veranlassungen, ihn als nicht verletzungssicher zu entlarven?

Bild 53: Zu erkennen eine der beiden Führungsnuten im Schaftinneren des Aurora. Seinen Ebonitschaft als Kernstück umgibt ein goldgefülltes Blechkleid. Die Nuten ermöglichen das Vor- und Zurückschrauben der Federeinheit und halten diese in der Drehachse auf Kurs, damit die Schreibfeder nicht mitrotiert.

Die Bedienung der Drehmechanik des Safety Pen ist bezüglich der Gefahr, sich Blessuren zu holen, im Grunde genauso belanglos wie die Handhabung der Füllsysteme bei Druck- und Drehknopffüllern. Der maßgebliche Unterschied ist, dass seine Feder freigängig ist, diejenige besagter Artgenossen aber nicht. Ein Füllhalter mit starrer Schreibfeder ist möglicherweise als Stechwerkzeug zu gebrauchen. Doch wie sieht es beim Sicherheitsfüllhalter aus? Kann man damit nicht stechen und gestochen werden? Die Antwort liefert das bereits vorgestellte Funktionsprinzip selbst. Für den Widerstand, der verhindert, dass die Feder ungewollt wie der Kopf einer Schildkröte ins Gehäuse untertaucht, sorgt alleinig die Trägheit des Drehzapfens in der Korkdichtung, dem Zapfenkanal. Der Drehknauf muss schwergängig sein, sodass mit dem Schreibgerät vernünftig zu arbeiten ist. Folglich ist beim Sicherheitsfüller die Stechgefahr bzw. generell das Verletzungsrisiko nicht vom Tisch. Nach Betrachtung der Fakten kann der Safety Pen nicht mehr und nicht minder als verletzungssicher gelten wie andere Füllfederhalter, die nicht zum gleichen Baustil zählen.

Die Bezeichnung Sicherheitsfüllfederhalter ist nicht wörtlich zu nehmen. Es war eher Wunschdenken. Er ist ein in jeder Hinsicht besonderer Typus aus der Geschichte, ein wunderbarer Repräsentant in der Entwicklung des Federfüllers. Jedoch sicherer als andere ist er nicht und ist er nie gewesen. Originale aus einem längst vergangenen Zeitalter sind gewiss erhaltenswerte Objekte. Daher geht es im Unterkapitel 6.3 ab Seite 241 um die Instandhaltung dieses Füllertyps.

Wenn ich etwas sage, verliert es sofort und endgültig die Wichtigkeit; wenn ich es aufschreibe, verliert es sie auch immer, gewinnt aber manchmal eine neue.

Franz Kafka

4.   Anschaffung, Pflege, Lagerung

4.1   Spezialbegriffe

In Bezug auf klassische und moderne Füllhalter sind Fachbegriffe meist englischen Ursprungs und kommen vor allem aus der Sammlerszene.

- *Italic, Oblique, Stub, Soft, K, EF, F, M, B, BB, BBB*

Der Schreibwarenhändler und das Internet erklären die Bezeichnungen ausreichend anschaulich. Der Vollständigkeit wegen seien sie hier jedoch kurz und bündig und einprägsam dargestellt. Bei der Spitze der Feder zählt: Italic als geradliniger Schliff, linker und rechter Oblique als schräger Schliff, Stub als Italic mit mehr oder weniger ausgeprägtem Iridiumkorn (dünner und flacher als übliche rundliche Körner), EF=extrafein (manchmal sieht man stattdessen XF), F=fein, M=medium/mittel, B=breit, BB=be-

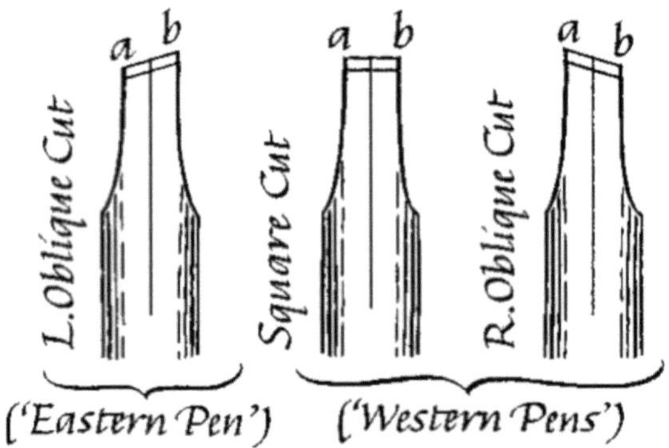

Bild 54: Aus „Formal penmanship and other papers"
von Edward Johnston, 1977

sonders breit, BBB =ganz besonders breit. Soft bzw. S-Feder (auch Spezialfeder, siehe Seite 222f) unterstreicht das Federmerkmal „weich", wobei Soft nicht bedeutet, dass sie flexibel ist, sondern einfach eine sanft gleitende Linienführung ermöglicht. Kombinationen sind ebenfalls möglich, wie OBB=besonders breiter

Oblique, OM=medium Oblique, MK=mittlere Kugelfeder (siehe Seite 221f), SF=Soft fein, usw.

- *B(C)HR / R(R)HR*

Auch diese Kürzel aus der englischsprachigen Welt fassten in der Sammlerszene Fuß. „Black (Chased) Hard Rubber", also B(C)HR, definieren einen Füllhalter als aus schwarzem, plastisch verformten Hartgummi gefertigt. Genauer handelt es sich hierbei um ein Ur-Ebonit, ein mit den ersten Formeln angemischter natürlicher Kunststoff. Er hatte grundsätzlich eine tiefschwarze Farbe. Im weiteren Verlauf der Zeit gab es Verfeinerungen und Abwandlungen in der Herstellung. So bekamen Hartgummifüllhalter häufig Marmorierungen oder holzähnliche Maserungen. Und es entstanden Kürzel wie „Red (Ripple) Hard Rubber", also rot geriffeltes Ebonit R(R)HR. Details zu dem Werkstoff finden Sie im Kapitel 5.2.4 Hartgummi / Ebonit ab Seite 160.

- *Demonstrator*

Der Demonstrator eines Füllermodells soll dem Betrachter die Innereien desselben anschaulich machen. Er ist eine transparente Sonderedition eines bestehenden Modells. Nicht immer präsentiert er sich komplett durchsichtig. Außer der Schreibfeder existieren oftmals blickdichte Kunststoffbauteile wie der Tintenleiter, Dichtungen, Drehspindel, usw. Demonstratoren als Ausstellungsstücke und Vorführgeräte gab und gibt es insbesondere für Ladenlokale, in der Regel mit im Vergleich zum Normalmodell geringfügiger Auflage. Um so verständlicher ist, dass heutzutage Klassiker schwierig und kostspielig zu erhaschen sind. Wer einen besitzt, wird ihn kaum im Alltag nutzen, sondern ihn sammeln wollen und muss sich gut um ihn kümmern, damit er keinesfalls unnötig altert. Ein feuchtes Lagern, weder mit Tinte noch mit bloßem Wasser, ist absolut nicht zu empfehlen. Demonstratoren neigen dazu, durch Verdunstung und erneute Kondensation sowie

Wanderung der Feuchtigkeit im Inneren überall fleckig zu werden. Dieser Belag ist ohne Komplettzerlegung bis ins kleinste Kleinteil kaum mehr wegzukriegen. Und so etwas ist aufwendig und birgt immer das Risiko der Beschädigung.

- *gold plated, gold filled, rolled gold, solid gold*

Ohne jetzt detailverliebt technische Abläufe aufzutischen, die hinter den Vokabeln stecken, ist es in der Regel doch völlig ausreichend, die Bedeutungen zu klären und die Arten einander gegenüberzustellen. Das englische „gold-filled" bzw. „filled gold", häufig abgekürzt mit „GF", bedeutet schlicht und einfach goldgefüllt. Dem gegenüber steht Massivgold (engl. „solid gold", beispielsweise 14 Karat, 18K, usw.). Und es gibt im Englischen „gold-plated", Kurzform „GP", für vergoldet. Sie alle sind verschieden.

Bei der Vergoldung bringt man bloß eine hauchdünne Goldschicht auf ein Trägermaterial auf. Wenn man so was ein paarmal poliert, geht die karge Goldspur sukzessive flöten. Die Stellen werden immer heller, bis letzten Endes die Farbe des Trägerwerkstoffes zum Vorschein kommt. Bei der Goldfüllung hingegen wird eine „ordentliche Portion" einer Goldlegierung (z.B. 22 Karat, entspricht 916,66 von 1000 Anteilen Feingold) dauerhaft mit dem Trägermaterialkern (oft Messing oder Kupfer) verschmolzen. Hinter der ordentlichen Portion steckt eine bis zu 100 Mal dickere Goldschicht als bei einer herkömmlichen Vergoldung. Dadurch ist die Goldfüllung nicht nur aufwendiger und höherwertiger. Sie ist fernerhin viel eindrucksvoller, pflegeleichter und fast schon vergleichbar mit Massivgoldlegierungen. Polieren, Kratzer entfernen, usw. stellen weder bei massivem Gold, noch bei goldgefüllten Metallen ein Problem dar. Das engl. „rolled gold", zu Deutsch gewalztes Gold, auch Double-Gold und (mechanische) Gold-Plattierung genannt, ist in Analogie zur Goldfüllung zu sehen, wobei allerdings die Dicke der gerollten Goldschicht dünner ausfällt. Um alle aufgezählten Verwendungsarten von Gold einmal qualitativ zu ordnen:

Platz 1: Massivgold, „solid gold"

Platz 2: goldgefülltes Metall, „gold-filled"

Platz 3: Walzgold, „rolled gold"

Schlusslicht: Vergoldung, „gold-plated"

Bei Schreibfedern aus massivem Gold spielte schon immer klassisches 14- und 18-karätiges Gelbgold die Hauptrolle. 14 Karat bedeutet eine Reinheit des Goldes von rund 58% bzw. 585 von 1000 Anteilen, bei 18 Karat sind es 75% bzw. 750 von 1000 Anteilen. Den Rest bilden Silber und Kupfer. Neben den Klassikern haben sich vor allem im Schmuckbereich auch andere Massivgoldlegierungen verbreitet. Hier sind Weißgold (Gold mit Palladium oder mit Nickel und Zink), Grüngold (Gold mit Silber und Kadmium), Rotgold und Roségold (Gold mit Kupfer) und sogar Blaugold (Gold mit Eisen) zu nennen. Ein Feingehalt von 100% bzw. 1000/1000 Anteilen wurde bis dato nie erreicht. Der Reinheitsrekord steht bei 999,999 von 1000 Anteilen. Feingold, also 24-karätiges Gold, nennt man daher auch 999er Gold.

Übrigens gibt es ein Einstiegslimit, ab dem eine Legierung als solides Gold bzw. Massivgold benannt werden darf. In Deutschland zum Beispiel liegt dieses bei 333 von 1000 Feingoldanteilen, in England hingegen bei 375 von 1000 Anteilen. Darunter spricht man vom insbesondere um die Jahrhundertwende äußerst beliebten Normgold bzw. Normmetall (u.a. 250er Gold).

- *Rhodinieren / Palladinieren / Platinieren*

Metallteile aus massivem Gold und Silber überzieht man mitunter chemisch bzw. galvanisch mit einer Metallschicht aus der Gruppe der Platinmetalle, wozu außer Platin auch Palladium und Rhodium zählen. Der silbrig helle und kühle Farbton setzt nicht nur ebenmäßige glänzende Farbakzente. Der Überzug erhöht die Widerstandsfähigkeit, Kratzbeständigkeit und sorgt für Stabilität und Haltbarkeit. Im Schmuckbereich werden meistens Silber und Weißgold mit einer Schutzschicht belegt. Auf dem Silber wirkt sie zusätzlich gegen die Oxidation, also als Anlaufschutz. Beim Weißgold spielt hingegen die Gefahr der Verfärbung keine Rolle, wohl aber der Abriebschutz und der etwas hellere Farbton.

Bei edlen Füllfederhaltern findet man heute mehr denn je rhodinierte Schreibfedern aus solidem Gold. Und Füllhalterschmieden wie Sheaffer produzierten schon in der ersten Hälfte des 20. Jahrhunderts wunderschöne Gold-Palladium-Federn. Auch wenn die Auflage hauchdünn ist, sind in der Regel beschichtete Füllhalterfedern selten flexibel oder gar der hochflexiblen Kategorie zuzuordnen.

- *Flexible Feder, Flex, Flex-Modus*

Von einer flexiblen Schreibfeder spricht man dann, wenn sich mit gewissem Druck die Federschenkel spreizen lassen und sukzessive ihre Ursprungsposition vollends wieder einnehmen, sobald der Krafteinfluss reduziert wird und endet. Dabei darf sich die Beschaffenheit der Feder nicht derart verändern, dass der Tintenfilm abreist.

Es gibt zwar Ausnahmen. In der Regel zählen Stahlfedern jedoch nicht zu denjenigen mit besonders flexiblen Eigenschaften. Entweder sind sie zu hart. Oder die Stahleigenschaften lassen es nicht zu, dass beim Nachlassen des Schreibdrucks die Federschenkel wieder haargenau ihre Normalstellung einnehmen. Flexibilität findet man daher meistens bei Goldschreibfedern. Aber auch hier gibt es steife Kandidaten ohne jede Nachgiebigkeit. Mit „Flex" tituliert man umgangssprachlich die Biegsamkeit der Federzinken bzw. das flexible Verhalten einer Schreibfeder. Der „Flex-Modus" (das „Flexen") ist die Vorgehensweise, bei der man flexibel schreibt, also die Zeiträume, in denen man mit Schreibdruck Strichvarianten zu Papier bringt. Inwieweit das zu verwirklichen ist, hängt nicht nur vom Biegeverhalten ab. Die Beschaffenheit des Federmaterials, seine Stärke bzw. Dicke, der Schliff und die Ausrichtung des Kapillarschlitzes und der Federspitze mit ggf. dem Schreibkorn, die Zusammensetzung und Eigenschaften der Tinte, und nicht zuletzt das Papier. All dies sind für die Strichvarianz ausschlaggebende Faktoren. Und einer davon wird das Zünglein an der Waage sein, wenn der Tintenfilm abreißt. Genau dann setzt der ggf. verbreitete Strich plötzlich aus, oder, was häufig vorkommt, es entstehen zwei feine Strichlein von den beiden Zinken mit einer tintenfreien Lücke dazwischen. Im englischsprachigen Raum spricht man in diesem Zusammenhang von „railroading". Man hinterlässt eine schienenähnliche Spur auf Papier, die an eine Eisenbahn erinnert. Auch flexibles Schreiben ist einem Limit unterworfen. Das Überschreiten der Grenze signalisiert der Eisenbahnstrich. Der Grenzpunkt kann je nach verwendeter Papiersorte und eingesetzter Tinte, obendrein unter Einfluss von Umgebungstemperatur und -feuchte, immer etwas vor- oder zurückverlagert sein. Das Mantra ist, je höher das Vermögen einer Schreibfeder in Sachen Flexibilität, desto mehr Übung und Erfahrung wird vom Federführer verlangt.

Federseitiges Potenzial unterteilt man in 4 vage Kategorien.

- *Unflexibel*

  Starres bzw. rigides Material ohne nennenswerte flexible Eigenschaften. Für Vielschreiber und Leute mit Problemen, konsequent und peinlich genau eine tadellose Haltung des Schreibgeräts beizubehalten die erste Wahl.

- *Semi-Flex*

  Halb bzw. mäßig flexible Federn mit mittlerer Strichvarianz. Sie können nur mit deutlichem Schreibdruck im Flex-Modus geführt werden. Besonders empfehlenswert für Leute, die im Alltag ohnehin mit mehr Gewicht auf dem Füllhalter Schreibarbeiten erledigen.

- *Vollflex*
  Überaus flexible Federn, die mit mäßigem Schreibdruck im Flex-Modus mit ausgeprägter Strichvarianz zu führen sind. Sie gelten immer noch als alltagstauglich, bedürfen jedoch schon einer erfahrenen Hand.

- *Superflex*
  Hochflexible Federn, die bereits bei minimalen Drucknuancen Strichvariationen zaubern und bis zum Extrem arbeiten. Nicht selten liegt ihr Spielraum bei Strichstärken zwischen extrafein und besonders breit und darüber hinaus. Die Gefahr zu verkanten ist hoch. Für Schreibarbeiten im Alltag sind sie nur für trainierte Leute mit entsprechender Erfahrung praktikabel. Man nimmt sie gerne für mengenmäßig beschränktes Schriftgut wie Einladungen, Grußkarten, persönliche Briefe, usw.

Zuweilen warten flexible Schreibfedern, außer mit variabler Strichbreite, ebenfalls mit veränderbarem Tintenkontrast auf, der auf die Steuerung der Fließgeschwindigkeit zurückzuführen ist. Grundsätzlich muss sich bei jeder Flexfeder der Tintenfluss im Flex-Modus erhöhen, da sonst die Ursache für einen Tintenfilmriss schon geschaffen ist. Aber manche Exemplare schaffen das derart vortrefflich feinfühlig, dass sie eine besondere Auszeichnung verdienten. In einem Schwung ist hierdurch eine zarte blasse Linie in einen fetten dunklen Balken überführbar und umgekehrt. Superflex mit Kontrastvarianz ist das Nonplusultra im Reich der Füllfederhalter.

- *Limited Edition, Special Edition*

Weltwelt werden für Sammlerstücke aller Art diese aus dem Englischen übernommenen Titulierungen verwendet. Nicht anders ist es beim Füllfederhalter. Ersteres bezeichnet eine stückzahlbegrenzte Auflage eines Füllermodells. Letzteres meint eine Sonderausgabe von einem womöglich als Basisversion bereits existenten Exemplar.

- *NOS, (near) mint, boxed, Papers*

Die Terminologien sollen bei der Klassifizierung des Zustandes und der Ausstattung eines Sammlerstücks helfen. Sie gelten daher international als gerne verwendete Benennungen der Szene.

„NOS" ist die Abkürzung für die englische Phrase „new, old stock", was im Sinnzusammenhang etwa „Neuteil, jedoch aus altem Lagerbestand" heißt. Besonders für Einsteiger ist diese Aussage ohne detaillierte Erläuterungen zum Füllerzustand oft irreführend, weil sie davon ausgehen, der Füller müsse wie neu sein. Muss er aber nicht. Einen Stift, der seit Jahrzehnten in einem Lager sein Dasein fristet, darf man durchaus als „NOS" bezeichnen, auch wenn er Lagerspuren aufweist. Derlei Spuren zeigen sich in Form von Rost, Schimmel, Flecken und Verfärbungen usw. Bei Füllerenthusiasten ist heute strittig, ob der Ausdruck „NOS" einen neuwertigen Zustand impliziert. Die einen sagen „Ja, der Vintage Füller muss im Neuzustand sein wie fabrikneu bzw. frisch vom Lager, gleichwohl bei altem Lagerbestand". Die anderen meinen „Nein, neu bedeutet nur, dass er nie zu einem Kunden gelangte, also völlig unberührt und jungfräulich vorliegt, und der Rest des Satzes sagt einfach aus, dass er aus alten Lagerbeständen stamme". Auf jeden Fall sah ein „NOS" Füllfederhalter niemals zuvor Tinte, weder an der Feder noch im Tank. Der Sammlerneuling und der Neueinsteiger in die Füllerszene sollten sich grundsätzlich merken, dem Kürzel „NOS" ohne Details nicht frei von Misstrauen zu begegnen und besser nachzufragen, wenn keine weiteren Angaben zum Erhaltungszustand des Schreibgerätes existieren.

Die englische Bezeichnung „mint" bedeutet „unbenutzt" und wird in der Füllerszene gerne als „wie frisch vom Ladentisch" interpretiert. Anders ausgedrückt, der Füller im Zustand „mint" ist makellos wie von der Ladentheke. Ein Füllfederhalter in der Einstufung „NOS", der beispielsweise Lagerspuren aufweist, ist womöglich zu „mint" aufarbeitbar. „mint" ist der beste Erhaltungszustand, den ein (Vintage) Füllhalter zu erreichen imstande ist, gewissermaßen 1A. „NOS" und „mint" können, müssen aber nicht gleichzeitig auftreten, denn während das eine unmissverständlich einen älteren Füller kennzeichnet, ist das andere zeitlich unabhängig. „NOS" setzt keine Funktionsfähigkeit voraus, „mint" dagegen schon.

Substanziell scheiden sich die Geister jedoch bereits daran, ob „mint" den Zustand oder den Werdegang des Schreibgerätes bezeichnet. Ist ein gebrauchter Füllhalter zu „mint" restaurierbar, indem man Gebrauchsspuren entfernt und verschlissene und defekte Komponenten durch modellspezifisch identische „NOS"/„mint" Bauteile ersetzt? Muss ein „mint" Füllfederhalter völlig jungfräulich sein oder durfte er bereits zu einer Schriftprobe, womöglich nicht betankt, sondern gedippt, herangezogen werden? Die einen sagen, „mint" bedeute klipp und klar, dass er niemals (im Alltag) benutzt, ferner nie zur Restauration Hand angelegt wurde. Die anderen vertreten die Auffassung, dass „mint" ein Qualitätsmerkmal ist, zu dem ein Füller aufsteigen kann, wenn man gewisse Regeln anerkennt wie Originalersatzteile im ungebrauchten bzw. Neuzustand. Über vieles ließe sich streiten, weswegen es ratsam ist, im Zweifelsfall auf nachfolgende Erhaltungskennzeichnung auszuweichen.

Die Erklärung zum engl. „near mint" liegt dann auf der Hand. Der Füllhalter präsentiert sich als nahezu unbenutzt. Technisch darf man davon ausgehen, dass er „mint" ist, wie im vorangegangenen Absatz beschrieben. Bloß oberflächlich gesteht man ihm minimale Spuren in Form von Mikrokratzern zu, und er durfte kurz ausprobiert werden. Als typische Geräte in solcher Beschaffenheit zählen Vorführstifte und Ausstellungsstücke. Bis auf wenige Schriftproben nicht beansprucht, erst recht nie im Alltagsgebrauch, nahmen Interessenten die guten Stücke nur zum Bestaunen und Begutachten in die Hand.

Daneben gibt es die Zustandskennzeichnungen „exzellent", „sehr gut", „gut", „mittelmäßig" und „schlecht"[1]. Sie sagen nichts dar-

---

[1] Im Englischen „excellent, very good, good, fair, poor".

über aus, ob und wie intensiv der Stift genutzt wurde. Ist er repariert oder restauriert? Ist es ein Dachbodenfund oder ein heruntergekommenes Stück aus der Schublade? Ist es ein durchgerittener Billigschreiber oder ein vergessener Schatz? Häufig nehmen Anbieter geradewegs nach Gutdünken die Benotungen vor. Dass „exzellent" dem „mint" und „sehr gut" dem „near mint" entspricht, ist dabei eher Hoffnung als Gewissheit. Bei einem Fernkauf ist daher oft Glück vonnöten. Besser ist, man kennt den Verkäufer und darf begründet Vertrauen schenken.

Bild 55: Deformierte Griffsektion eines Parker 45 cornet „neu aus altem Lagerbestand" als Extrembeispiel. Die Kappe mit ihren inwendigen metallenen Haltebügeln hinterließ über die Jahrzehnte Druckstellen und Eindellungen, womöglich begünstigt durch zu hohe Temperaturen im Lagerraum. Die Reparatur des Schadens ist nicht trivial.

Engl. „boxed" bedeutet, dass der Füllfederhalter eine Umverpackung besitzt. Prinzipiell ist dabei von der Originalverpackung bzw. werkseitig dazugehörigen Aufbewahrungsschachtel die Rede. Leider hält sich nicht jeder Sammler und Verkäufer an die Leitlinie, wenn er ein Schreibgerät samt Aufbewahrungsbox anbietet. Doch kann es durchaus sein, dass ein Sammlerstück mit der falschen Verpackung keinen Deut kostbarer ist, als fehlte diese gänzlich. Wer auf Authentizität Wert legt bzw. wegen der Schachtel einen höheren Preis zahlen soll, muss sich unbedingt vergewissern, dass sie das authentische Artefakt ist.

Mit „Papers" sind, klarer Fall, Papiere gemeint, welche zum Schreibgerät gehören. Sofern die Original Bedienungsanleitung dem Schreiber beiliegt, ist das schon gut. Ist überdies die Garantiebestätigung vorhanden, auch wenn die Garantien keine Gültigkeit mehr besitzen, ist das noch besser. Fehlt selbst der (historische) Kaufbeleg nicht, ist das genial und erhöht in summa den Wert eines Füllfederhalters, erst recht eines Sammlerstückes, beträchtlich.

* *oversized*

Zu Deutsch „überdimensioniert". Übergrößen gibt es nicht nur in der Modewelt, sondern auch unter der Vielzahl von Füllhaltermodellen. In der Vergangenheit kamen die Hersteller ab und an auf die Idee, von gewissen Versionen ihrer Füllfederhalter eine überdimensionale Variante herzustellen. Als denkbares Motiv beflügelten womöglich vielversprechende Verkaufszahlen dazu, eine fülligere Ausführung für große Hände als rentabel zu erachten. Dennoch ist davon auszugehen, dass die Stückzahlen der „oversized" Varianten deutlich unter denen der Normalversionen lagen. Wie kann es sonst zu erklären sein, dass heutzutage Vintage „oversized" Füllhalter in der Sammlerszene mit Gold aufgewogen werden. Sie sind schlichtweg weltweit rare Ware. An dieser Stelle gehört betont, dass die Kennzeichnung explizit als Modellvariante gemeint ist. Es gibt demnach das gleiche Modell in der „normal" dimensionierten Fassung. Manche Anbieter benutzen das Wort „oversized" gerne auch nur für „große Füller", was seinen Wert dadurch in keiner Weise anhebt. Daher aufpassen! Wer jedoch im Besitz einer (klassischen) Ausgabe in überdimensionierter Fasson ist, dem ist zu raten, das Schätzchen zu hüten wie den eigenen Augapfel.

- *Combo*

Im Zusammenhang mit dem Füller bezeichnet das Wort „Combo" eine Bauart, bei der an beiden Enden des Schaftes ein Schreibgerät sitzt. Auf der einen Seite ist dies die Schreibfeder des Füllhalters, auf der gegenüberliegenden Seite die Schraubspitze eines Bleiminenschreibers. Combos florierten bis über die Mitte des 20. Jahrhunderts in der Blütezeit des Füllfederhalters. In jener Epoche waren sie angesichts ihrer Nützlichkeit durchaus beliebte Kombinierer. Leider ist diese Stiftform in den darauffolgenden Jahrzehnten verschwunden. Man gab getrennt hergestellten Schreibwerkzeugen, dem Füller zum einen, dem Bleiminenstift zum anderen, im Set den Vorzug. Das ist überaus schade, denn ein Combo-Schreiber ist in jeder Hinsicht ein vollwertiges Schreibutensil mit einem unermesslichen Vorteil. Geht die Tinte oder die Bleimine zur Neige, dreht man ihn um und schreibt weiter. Bei separaten Stiften muss der Ersatzstift auch griffbereit sein. Hat man ihn unter Umständen verlegt, hält die Suche zumindest auf. Es ist denkbar, dass die Combos wieder zurück ins Blickfeld kehren, wie es bereits so mancher Modeerscheinung gelang. Man denke nur einmal an Hut und Mütze. Auf alle Fälle ist der Combo als Klassiker nicht nur ein häufig bildhübsches Sammlerstück, sondern auch als Schreiber für tagein, tagaus eine absolute Kaufempfehlung.

Bild 56: Vorübergehender Kassenschlager das kombinierte Schreibgerät aus Füllfederhalter auf der einen Seite und Drehbleistift auf der anderen, hier ein zigarrengroßer US-amerikanischer SOUTHERN aus den 1930ern.

THE FOUNCIL.

The latest product of the pen makers' art is the Founcil, a combination pen and pencil. As the illustration shows, it has a rubber barrel like a fountain pen, with a complete fountain pen in one end and a

clutch pencil in the other. The pen is a perfect working writing instrument and any grade or style desired can be supplied.

A special feature of the pencil is the clamp which enables the use of any size lead, and no matter what the size it will always be firm.

At all times, no matter where one may be, it is ready for instant use, either the pen or the pencil. The cap fits either end, covering either the pen or pencil as desired. The retail price is $2.50 and the American News Company will supply the trade.

EAGLE PENCIL ERASER.

Among the attractive, new goods bought out by the Eagle Pencil Company, the Eagle pencil eraser assortment No. 1,057 is certain to prove extremely popular. The assortment consists of three dozen of the company's finest quality and most salable styles of ink and pencil rubber erasers, which will erase any sort of lines without leaving marks or smirches which will discolor the paper.

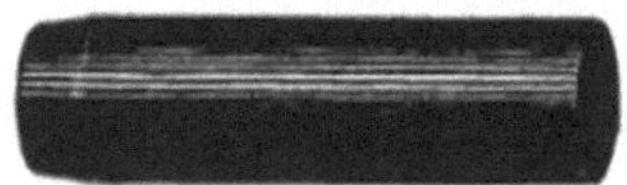

The box contains four No. 1,058 Mikado, white and red; six No. 1,061 Cardinal, red; four No. 1,062 Cobalt, blue; four No. 1,063 Myrtle, green; six No. 1,064, ensign, red, white and blue; six No. 1,066 typewriter.

Bild 57: Der Zeitungsartikel aus dem Jahr 1908 zeigt einen Combo mit höchstwahrscheinlich einem Eyedropper Füllsystem.

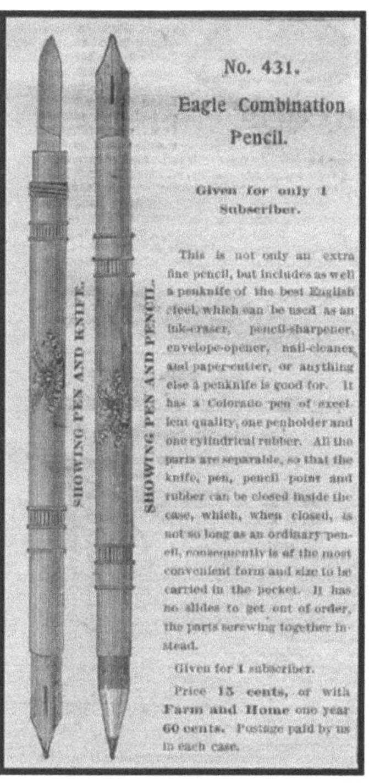

THE AMERICAN STATIONER

September 25, 1909

Attractive show cards and trays will accompany all orders. It might be mentioned that the same standard of quality which has made the Esterbrook steel pens famous will be maintained by Mr. Esterbrook in the Duograph, and all other specialties they may put out hereafter. Exchanges may be made on all pens unsatisfactory if returned in good condition. Only one size holder will be made but points will vary from fine to stub as may be desired. A temporary office is in the Bennett Building, 97 Nassau street, New York.

Bild 58: Zeitungsartikel von 1909 eines ESTERBROOK Duograph Combos.

No. 431.

Eagle Combination Pencil.

Given for only 1 Subscriber.

This is not only an extra fine pencil, but includes as well a penknife of the best English steel, which can be used as an ink-eraser, pencil-sharpener, envelope-opener, nail-cleaner, and paper-cutter, or anything else a penknife is good for. It has a Colorado pen of excellent quality, one penholder and one cylindrical rubber. All the parts are separable, so that the knife, pen, pencil-point and rubber can be closed inside the case, which, when closed, is not so long as an ordinary pencil, consequently is of the most convenient form and size to be carried in the pocket. It has no slides to get out of order, the parts screwing together instead.

Given for 1 subscriber.

Price 15 cents, or with Farm and Home one year 60 cents. Postage paid by us in each case.

SHOWING PEN AND KNIFE.

SHOWING PEN AND PENCIL.

Bild 59:
Ältester mir bekannter Combo-Schreiber ist ein Eagle Combination Pencil, hier in einer Zeitungsanzeige von 1892. Auf der einen Seite des Federhalters sitzt ein Bleistift, auf der anderen eine Dippfeder. Rechts ist ein Combo-Halter um 1900 (Fabrikat unbekannt) zu sehen, der identische Merkmale hat.
Es beweist, bereits in der zweiten Hälfte des 19. Jahrhunderts waren Combos nachgefragte Schreibgeräte.

- *hooded*

Oder auch „hooded nib", stammt aus dem Englischen („hood"=Kapuze, Hut, Haube, „nib"=Feder). Gemeint ist die bei gewissen Füllhaltermodellen abgedeckte Schreibfeder. Die Bedeckung erstreckt sich aber niemals komplett über das Metall. Die Feder ist also keineswegs völlig unter der Haube, weil dies beim Schreiben nur hinderlich wäre. Die Federspitze und zumindest ein kleiner Teil der Federschenkel schauen heraus. Dennoch spricht man von der (fast) vollständig abgedeckten Füllhalterfeder im Gegensatz zur teilabgedeckten, im Englischen als „semi-hooded" bezeichnet. Bei ihr verschwindet ein Großteil, so etwa ab der Mitte, im Vorderteil der Griffsektion des Füllers. Oder es ist nur das Federdach zu sehen, und die Seiten umschließt das Griffstück beinahe bis zur Spitze. Je nach Hersteller, Modell und innen verbautem System fällt die Formgebung der Sektion anders aus. Der Korpus legt auf diese Art und Weise der Ummantelung die Form der Schreibfeder fest. Zum Beispiel kann die Sektionsstirnseite die Gestalt einer Hutkrempe erkennen lassen, welche das Federdach überspannt, wobei die Seiten offenbleiben. Oder die Feder ist beidseitig umschlossen, während die Mitte offenbleibt. Jedenfalls ragt sozusagen ein Stück der Sektion vornüber, und das oft nicht, um die Füllerfeder konstruktionsbedingt festzuhalten, sondern häufig nur aus dekorativen bzw. gestalterischen Gründen. Es gibt entscheidende Unterschiede zum „normalen" Füllhalter. Standardisierte Normalfedern variieren bezüglich der Montagemöglichkeiten in wenigen Eckdaten wie Länge, Breite und Wölbung. Sie können demzufolge mit Sektionen und Tintenleitern zahlloser Standardfüllhalter kombiniert werden. Bei abgedeckten und teilabgedeckten Exemplaren passen diese seltenst auf andere Modelle. Man kann auch sagen, solche Schreibfedern sind in der Regel modellspezifisch, was gegebenenfalls die Krux bei der Ersatzteilsuche ist. Die Griffsektion eines Standardfüllers fasst im Gegensatz zum behüteten Kollegen zweckgebunden nur so viel Feder, wie notwendig ist, um selbige sicher zu fixieren, damit sie beim Schreiben nicht wackelt. Der überwiegende Teil bis zur Spitze schaut auf dem Tintenleiter aufliegend heraus.

Ob abgedeckte, teilabgedeckte oder nackte Schreibfeder ist letztendlich Geschmacksache, wobei man die Ersatzteilfrage immer im Hinterkopf behalten muss.

Bild 60: Bildmitte und rechte Seite zeigen teilabgedeckte Federn. Auf der linken Seite ist eine (voll) abgedeckte Feder zu sehen, bei der nur die beiden Federflügelspitzen als Zinken herausschauen.

- *Kalligrafie*

Kalligrafie ist die künstlerische Gestaltung von Formelementen einer Schrift. Das mit Kalligrafie geschaffene ist daher weitestgehend lesbar, was stets zur Prämisse zählt. Das Hauptaugenmerk liegt dennoch auf der kreativen Kunst. Sie ist im eigentlichen Sinne keine Handschrift, bei der die zentrale Rolle der Gedanke spielt, den es zu notieren gilt. Für beides, Kalligrafie und Handschrift, wird häufig ein Füllhalter oder überhaupt ein Federschreiber hergenommen. Denn er eignet sich in besonderem Maße, um eine spezielle Note hinzuzufügen, bei der Handschrift die persönliche, bei der Kalligrafie die künstlerische. Der Terminus „ars scribendi" (lat. für „die Kunst des Schreibens") kann für die Schreibtätigkeit und das Geschriebene zutreffen.

4.2   Vor dem Kauf

In der Wahl der individuell passenden Federstärke und Füllhaltergröße zu beraten, dürfte ein schwieriges, wenn nicht unmögliches Unterfangen sein. Federstriche beschwören eine bipolare Subjektivität herauf. Die Entscheider in den Abteilungen der Unternehmen besaßen zu allen Zeiten eigensinnige Vorstellungen von der Einstufung ihrer Füllhalterfedern in Strichstärken. Fertigungstoleranzen gaben früher noch mehr als heute ebenfalls Abweichungsimpulse. Es ist keine Seltenheit, dass die vom Endabnehmer subjektiv empfundene Strichbreite bis zu zwei Grade von der Kennzeichnung des Federproduzenten abweicht. Auf der anderen Seite gibt es persönliche Vorlieben, die sich genauso nicht festlegen lassen. Beispielhaft greift ein Federführer auf eine semiflexible, kontrastreich schreibende feine Feder zurück, obwohl er mit steifen Federversionen sonst bei mindestens mittlerer Stärke liegt. Spätestens jetzt wird klar, dass die Beratung nur dahin gehend erfolgen kann, auszuprobieren. Man könnte sich durch die unter Kapitel 4.1, (Seite 94ff) vorgestellten Federtypen durchexperimentieren, indem man entsprechende Füllhalter kauft und bei Nichtgefallen wieder verkauft.

Eine wenigstens kleine Richtschnur gibt es dennoch. Wer den Schwerpunkt auf viel schnelles Schreiben setzt, sollte Füller mit fehlertoleranten Kugelfedern nehmen[1]. Wer weniger und/oder langsamer schreibt und das Hauptaugenmerk auf das Schriftbild legt, dem empfehlen sich Italic, Oblique und flexible Federtypen. Hierbei gibt es allerdings ungemeine Unterschiede und Anforde-

---

[1]   Siehe dazu Seite 221/222.

rungen an den Federführer, sodass man zumindest als Einsteiger in die Materie ums häufige Probieren nicht herumkommt.

Die idealen Dimensionen seines Füllfederhalters zu finden ist natürlich erst recht eine „Gefühlsfrage", wobei Maße wie die der Hand schon eine Rolle spielen. Als Anhaltspunkt kann man durchaus sagen, größere Schreibgeräte lassen sich ermüdungsärmer führen. Gemeint ist hauptsächlich der Durchmesser, also der Umfang des Halters. Kleinere Schreibzeuge können dagegen einfacher verstaut werden, was für die Mobilität spricht. Viel relevanter ist noch das Gewicht und wie der Füller in der Querachse ausbalanciert ist. Ist er arg kopflastig, bedeutet das, man muss die Feder beim Schreiben permanent mit deutlichem Druck unten halten. Das fortwährende Nicken[1] ist kraftraubend. Auf längere Zeit wird man so keinen Spaß haben. Je nach Design und Konstruktionskonzept gibt es Füllfederhalter, die nur bei fehlender hinten aufgesteckter Kappe nicht zur Kopflastigkeit tendieren. Ist es jemand gewohnt, dass die Schutzkappe hinterwärts platz nimmt, gerät ein derartiger Füller aus der Balance. Andererseits existieren Federfüller, die ohne rückwärtige Füllerkappe wie Blei auf der Schreibunterlage aufsitzen. Erst „posted[2]" sind sie vernünftig nutzbar und gesund austariert.

Die persönlich optimale Ausgewogenheit des Füllfederhalters in Ausmaß, Gewicht und Federeigenschaften ist etwas, was letztlich jeder Interessent selbst herausfinden muss. Sofern es Angaben zur Federstärke, Schwerpunktverteilung, usw. von Herstellern und Händlern gibt, sollte man sich als Endverbraucher nicht unbedingt darauf verlassen.

Bei einem gebrauchten Füllhalter wie generell beim historischen Schreibgerät durchdenkt man idealerweise vor der Anschaffung einige Punkte, möchte man dauerhaft Freude statt Leid. Und wer

---

[1] Als „Nicken" bezeichnet man auch die Bewegungen um die Querachse bei Flugzeugen.

[2] Mit im Englischen „posted" ist das rückwärtige Aufstecken der Füllhalterschutzkappe gekennzeichnet.

akzeptiert schon gerne zu Hause einen Schreibtisch-Tyrannen. Will man sammeln oder damit schreiben? Ist der Füller dann sofort und auch für die kommenden Jahre einsatzbereit? Oder bedarf es einer Instandsetzung? Lässt es sich mit technischen Mängeln und optischen Makeln leben? Oder ist eine Reparatur, Restauration bzw. Aufbereitung erforderlich bzw. gewünscht? Und nicht zuletzt: Kann man die anstehenden Arbeiten selbst erledigen oder müsste man das gute Stück nach dem Erwerb erst einmal in die Hände eines Fachmannes geben? Jedoch sollte man sich zunächst ehrlich fragen, ob man den Zustand des ins Auge gefassten Schätzchens überhaupt im Alleingang an Ort und Stelle ausreichend einzuschätzen imstande ist. Das gilt im Übrigen auch für nagelneue Füllhalter, wo es heißt, die Blender von den Könnern zu unterscheiden. Damit der Griff nach einem der vermeintlich tollen „ollen" Füllfederhalter nicht zum Albtraum wird, hier eine Reihe hilfreicher Tipps, die sich hauptsächlich auf gebrauchte und/oder antike Schreibgeräte beziehen.

Nehmen Sie zur Schreibgeräteausstellung, zum Flohmarkt, in den Antiquitätenladen, zur Messe, usw. immer eine Lupe mit. Es gibt handliche Exemplare, die in jede Jackentasche passen. Empfehlenswert sind beispielsweise sogenannte Uhrmacherlupen. Man erhält sie bereits als spottbillige Plastikvarianten, die ihren Zweck erfüllen.

Prüfen Sie zuerst Füllerkappe und Füllerschaft auf Brüche und Haarrisse. Solch schadhafte Regionen im Schaftkörper sind nicht immer leicht zu erkennen und könnten insbesondere beim Kolbenfüller schon die Funktionsfähigkeit infrage stellen, vielleicht sogar zunichtemachen. In der Kappe dagegen ist so etwas im Grunde nur optisch unschön.

Der nächste Blick ist auf einen der bedeutsamsten Sektoren des Füllers zu werfen, die Schreibfeder. Ein verbogenes Exemplar ist noch kein Beinbruch. Eine gebrochene Feder hingegen ist an und für sich Schrott. Auch Haarrisse und abgeplatzte Iridiumkörner an der Federspitze treten häufiger als vermutet auf und stellen enorm schwierig zu behebende Schäden dar, die, wenn überhaupt, nur von einem Spezialisten behoben oder ausgebessert werden können.

Dann ist das Betankungssystem in Augenschein zu nehmen. Abhängig vom System ist zuvor zu prüfen, ob der Füller demontierbar ist, insbesondere was die Trennung von Sektion und Schaft angeht. Alte Füllfederhalter sitzen an ihren gesteckten oder geschraubten Verbindungsstellen häufig bombenfest. Ein Auseinanderbauen ist aufgrund dessen oft an Ort und Stelle ohne geeignete Hilfsmittel überhaupt nicht machbar. Das ist grundsätzlich kein schlechtes Zeichen. Ganz im Gegenteil darf dies sogar getrost als äußerst positiv gedeutet werden, ist es doch ein Hinweis auf einen unangetasteten Originalzustand. Und das ist allemal besser als verbastelte Exemplare. Ein unberührter Erhaltungszustand lässt wiederum darauf schließen, dass der Füllhalter innen vollständig erhalten ist, dass also keine Teile fehlen. Man muss sich jedoch darüber im Klaren sein, dass man bei einem ungeöffneten Füllfederhalter die Katze im Sack kauft. Vorgenannte Indizien sind allerdings erfahrungsgemäß recht stichfest und verlässlich.

Bei Kolbenfüllern, bei denen der Kolben außerordentlich leicht oder besonders schwer bzw. unmöglich zu bewegen ist, ist Umsicht geboten. Grundsätzlich verbietet es sich, bei Füllfederhaltern Gewalt anzuwenden, wenn irgendetwas mit moderater Handkraft nicht drehbar und schiebbar ist. Läuft der Kolben eines altertümlichen Füllers mit Leichtigkeit und widerstandslos, ist das ein etwaiger Hinweis, dass der alte Naturkork eingetrocknet und demzufolge geschrumpft ist. Er könnte aber auch völlig zerbröselt sein. Verfügt der Füllhalter über ein (womöglich verschmutztes) Sichtfenster und man nahm eine kleine Taschenlampe von Zuhause mit, so kann man versuchen, einen Blick ins Innere und überdies auf den Kolben zu werfen. Ist der Naturkorkkolben nur eingetrocknet, gibt es die Chance, dass er durch Wässerung wieder aufquillt. Ob er aber letztlich noch nicht zu verschlissen ist und weiterhin zur Schaftwand dicht abschließt, ist die entscheidende Frage, die sich in so einem Fall jedem vor Ort stellt. Ist Wasser, beispielsweise auf einer nahe gelegenen Toilette, verfügbar, kann man die Sache unter Umständen mit etwas Geduld und einem toleranten Verkäufer klären.

Wie Sie im Unterkapitel 3.6 Sicherheitsfüller erfuhren, gibt es eine einzige Bauart, bei der Schwergängigkeit ein essenziell positives Merkmal ist. Beim Kolbenfüller hingegen geben festsitzende und schwergängige Kolbendichtungen einen Hinweis auf starke Verschmutzungen. Trocken sollte man solche Kolben ohnedies nicht durch Bewegungszwang malträtieren. Das wird höchstwahrscheinlich seinen Zustand noch verschlimmern oder den Füller vollständig ruinieren. Weil auch Verkäufer hier an ihre Duldungsgrenze stoßen, muss man sich meist auf konstatierbare Anzeichen und Indizien verlassen und entsprechende Rückschlüsse ziehen. Lässt sich der Drehknauf des Kolbenfüllers bewegen, aber der Kolben selbst rührt sich nicht? Finger weg! Entweder ist etwas im Inneren gebrochen, weil ein Vorbesitzer mit rabiatem Zwang versuchte, die festsitzende Kolbenmechanik in Gang zu bringen. Oder die Drehspindel bzw. deren Führungsgehäuse ist heruntergeschliffen. Derartiges geschieht mit der Zeit ebenfalls durch harsche Schraubaktionen an einem schwergängigen Kolbenmechanismus. Und die Ursache liegt meist an arg verschmutzten inneren Schaftzylindern, festklebenden Kolbendichtungen und mangelnder Wartung und Schmierung der Bauteile. Insgesamt ist vom Kauf abzuraten, wenn man so etwas nicht reparieren kann oder will.

Bei Füllfederhaltern mit Tanksystemen wie Hebel, Druckknopf, Drehknopf, etc. ist eine festsitzende Tankmechanik ein Indiz für einen alten, ausgehärteten Tintensack. Hier gilt das Gleiche wie bei einem Füller, der sich gegen das Öffnen sträubt. Nicht als etwas Schlechtes, sondern als erfreuliches Zeichen darf man zurecht darauf hoffen, dass das Innenleben mit dem Tankaggregat im vollständigen und unverbastelten Urzustand vorliegt.

Absolute Gewissheit kann man jedoch auch hier nur erhalten, sobald der Füller komplett demontiert vor einem liegt.

Kurz vor Ende der Füllerinspizierung ist gegebenenfalls nochmals ein Auge auf die Eigenschaften der Feder zu werfen. Oft zeigen sich alte Füllerfedern verdreckt, verklebt und nicht eben in der Verfassung, eine Schriftprobe zu absolvieren. Abgesehen davon, ob der Verkäufer dies überhaupt duldete und Schreibutensilien zur Verfügung stünden, der Schreibversuch besäße wenig Aussagekraft. Aber zumindest ein scharfer Blick auf das Schlüsselelement Füllhalterfeder sollte drin sein. Mit der Uhrmacherlupe in der Augenhöhle klemmend hat man beide Hände frei, um mit dem Füller in der einen, die Feder auf den Fingernagel des Daumens der anderen Hand zu setzen. Durch leichtes, behutsames Drücken lässt sich so die Flexibilität und Verwindungssymmetrie der Füllerfeder unter dem Vergrößerungsglas anschauen. Ist eine Schriftprobe machbar, kann man das Potenzial einer Schreibfeder besser einschätzen, wenn man ihr Verhalten in verschiedenen Extrempositionen beobachtet. Es schadet nichts, grundsätzlich zu Verkaufsveranstaltungen ein Pröbchen Tinte und Papier mitzunehmen, um für einen Schreibtest gewappnet zu sein. Der zu testende Federfüller wird zumindest damit gedippt. Kippen Sie das Schreibgerät äußerst links auf die Kante des Federschenkels. Wenn Sie jetzt über das Papier fahren, wird vermutlich keine Schreibflüssigkeit kommen, was in dieser Haltung durchaus normal ist. Nun rollen Sie, während die Feder waagerecht das Papier streicht, den Füllhalter bzw. dessen Schreibfeder langsam ab, und zwar vom linken Federzinken auf das Zentrum der Federspitze hin zur Außenkante des rechten Federschenkels. Der Bereich, in welchem die Feder Tinte zu Papier bringen vermochte, ist ein Toleranzfenster. In diesen Kippwinkeln um die Längsachse bietet die Füllerfeder dem Federführer Schreibleistung, auch bei Haltungsfehlern bzw. Unregelmäßigkeiten.

Nun prüfen Sie einmal nach, wie es mit der Haltungstoleranz um die Querachse bestellt ist. Es gilt die Frage zu klären, wie flach *muss* der Federfüller gehalten, wie steil *darf* er geführt werden, bis er Sperenzchen macht. Beginnen Sie in fast waagrechter Haltung und zeichnen Sie kontinuierlich Halbmonde auf ein Stück Papier, zickzack, dabei weder absetzen noch anheben, immer hin und her. Langsam lassen Sie währenddessen das Schreibgerät aufrechter wandern, bis Sie ihn nahezu senkrecht über die Schreibunterlage bewegen. Kratzt er? Verkantet er? Oder ist und bleibt er butterweich? Wie sieht es aus, wenn Sie mit dem Füllfederhalter um 180° gedreht quasi auf dem Kopf schreiben? Probieren Sie es aus!

Abschließend betrachte man nochmals das Gesamtbild des Füllers und überlege, Modellkenntnisse vorausgesetzt, ob sämtliche Teile des Schreibgerätes sinnig zusammengehören. Denn mit Absicht oder bloßem Unwissen werden mitunter zusammengeschusterte Füllhalter, zum Beispiel mit falscher Kappe und modelluntypischer Feder, angeboten.

Ist das in die engere Wahl geschlossene Schreibutensil reparaturbzw. restaurationsbedürftig, muss man sich vor der Inbesitznahme über eines klar sein. Je heller der zu behandelnde Werkstoff, um so schwieriger ist die Reparaturstelle - ohne Einfärbung - unsichtbar zu machen. Bei Materialfarben wie Weiß, Gelb und Hellgrün beispielsweise ist das schier unmöglich, bei Schwarz hingegen verhältnismäßig einfach. Erwägt man das Kolorieren, muss man mit Auge und feinfühliger Hand schon höllisch aufpassen, den Farbton zu erwischen, damit es hinterher nicht auffällt. Schließlich steht hier, im Gegensatz z.B. zum modernen Automobillack, kein Farbcode zur Verfügung, den man ablesen kann, um eine Farbe exakt nachzumischen bzw. anfertigen zu lassen.

Wer all die vorgenannten Punkte vor dem Kauf eines „neuen Alten" abklopft, fährt wesentlich entspannter und mit reinem Gewissen wieder nach Hause, mit oder ohne den alten Knaben. Und selbst beim Erwerb eines nagelneuen Schätzchens dürfte vieles hiervon nützlich sein.

4.3   Pflege zwischendurch

Eine artgerechte Haltung ist auch für unseren treuen Schreibkameraden das A und O.

Tintensackfüller dürfen niemals völlig unter Wasser gebracht werden. Der Tintensack ist, wenn er fachmännisch verbaut wurde, getalkt. Der Talk wird durch das „Vollbad" weggespült oder verklumpt bzw. wird krümelig. Dadurch kann er verkleben, sowohl mit sich selbst als auch mit der Schaftwand und den Metallteilen der Füllmechanik.

Generell muss man sich vor dem Tauchgang eines unzerlegten Füllhalters Gedanken machen, ob man damit nicht andere böse Geister herbeiruft. Viele Drehknopf- und Druckknopffüller sind an der Drehmechanik zwecks Schmierung gefettet. Ohne Gleitmittel kann die Bedienbarkeit deutlich leiden, bedarf also einer Nacharbeit. Oder es gelangt Wasser über das womöglich nicht 100% dichte Abschlussstück in einen Kolbenfüller hinein und setzt sich hinter dem Kolben fest, dort, wo es strikt nicht hingehört. Als Folgen drohen Schwergängigkeit, hakelige Mechanik, Korrosion und Verfärbungen.

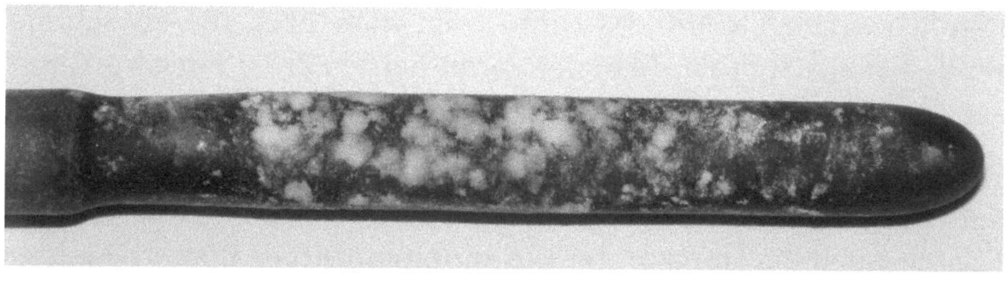

Bild 61: Oben ein Tintensack, der bereits nass wurde, zu erkennen an den klumpigen Talkflecken. Zusammen mit der metallenen Druckschiene des Hebelfüllers verursachte dies nach einiger Zeit schwere Abnutzungsspuren auf dem Tintensack (Bild unten).

Mikrofasertücher reichen im Grunde genommen zur äußeren Pflege vollkommen aus, für den kompletten Füllerhalter inklusive der Schreibfeder. Dabei sollte man jedoch stets bei der Feder ein anderes Tuch verwenden als beim Rest der Füllfederhalteroberflächen.

Pures Wasser ist für die Reinigung im Normalfall die geeignetste Flüssigkeit. Es kann kalt, bei etwas hartnäckiger Verschmutzung auch gerne bis zu handwarm sein. Aber man darf keinesfalls das Wasser zu heiß wählen. Zum einen lösen sich bei zu viel Hitze Schellack-Klebestellen. Zum anderen gibt es vor allem in früheren Jahren verwendete Kunststoffe und Zelluloid, welche bei hohen Temperaturen beginnen, weich zu werden. Das kann den Füller verformen, Gewinde unbrauchbar machen und letztlich das Schreibgerät total zerstören.

Wenn es um die Trockenschmierung geht, gibt es ein nettes Hausmittelchen, das in viele Werkstätten vom Uhrmacher bis zum Kfz-Mechaniker Einzug hielt. Bei Füllhaltern ist der Einsatzort denkbar bei Tintensacksystemen, Gewinden und dem Zusammenstecken einer widerborstigen Griffsektion in den Schaft, um nur drei Vorschläge zu nennen. Das Mittelchen hat einjeder zu Hause, nämlich einen Bleistift. Mit ihm reibt man über die zu schmierende Fläche. Sein Grafit bleibt daran haften. Es ist ein ganz famoser Trocken-Schmierstoff.

4.4   Werkstoff Ebonit

Ebonit, auch als Hartgummi bekannt, wurde vor über 100 Jahren entdeckt. Der Name soll auf das Ebenholz (engl. Ebony) hinweisen, dem es in Farbe und Härte ähnelt. Hartgummi wird auf Basis von Naturkautschuk, Leinöl und Schwefel produziert. Die Zusammensetzung der Rezeptur änderte sich im Laufe der Jahrzehnte ständig. Üblicherweise stellte man mit ihm z.B. Mundstücke für Tabakpfeifen und Blasmusikinstrumente her, Klaviertasten und Kämme, wie auch Anfang des 20. Jahrhunderts in hohem Maße Tintenleiter und Korpusse von Füllfederhaltern. Bei länger außer Acht gelassenen Füllern aus Ebonit ist meist zu bemerken, dass sich auf diesen eine hartnäckige Patina entwickelte. Der Werkstoff ist zwar ein Kunststoff, jedoch auf Grundlage nachwachsender, natürlicher Rohstoffe. Übrigens erfüllt Hartgummi damit problemlos die aktuellen lebensmittelrechtlichen Bestimmungen unter anderem in den USA und der EU.

Metallische Kupferoberflächen oxidieren in der Atmosphäre zunächst zu Kupferoxid und werden vom Kohlendioxid der Umgebungsluft weiter zu grünem Kupferkarbonat gewandelt. Das Kupfer kriegt einen grünlichen Belag. Ähnliches geschieht bei unseren Ebonitfüllern, wobei bei ihnen die Patina in der Regel noch Kupfersalze der Schwefelsäure enthält, also Kupfersulfat. Der Schwefelanteil im Ebonit beträgt immerhin zwischen 20% und 80%. Für die Ablagerungen verwendet der Mensch auch gerne die Vokabel „Grünspan". Allerdings ist das nicht restlos zutreffend. Denn der Grünspan ist ein Kupfersalz der Essigsäure, sprich Kupferacetat. Einen zusätzlichen Einfluss auf das Hartgummi kann die mikrobielle Zersetzung bzw. der Abbau des Kautschuks und Leinöls nehmen, eine Form der Fäulnis, bei der Buttersäure und eben Essigsäure entstehen. Zwar wirkt Schwefel in gewisser Weise antibakteriell. Doch die per se beschränkte Eigenschaft lässt zudem nach.

Der Kautschuk im Hartgummi reagiert mit der Zeit auf UV-Licht, wenn er nur lange genug diesem ausgesetzt wurde. Ebenfalls Gift für Ebonit-Federfüller ist anhaltend hohe Wärmeeinwirkung, erst recht Hitze. Verschlimmert wird das noch in feuchter Umgebung. Nach und nach treibt dann der Schwefel durch die Poren des Hartgummis an die Materialoberfläche und bildet dort einen pelzigen Plaque. Je länger der Werkstoff diesem ausgesetzt ist, um so deutlicher das Phänomen. Ebonit benötigt allerdings den Schwefel, um nicht spröde zu werden. Ein Austreiben der Substanz wirkt sich demzufolge schädlich auf die Materialeigenschaften aus.

Bitte schrecken Sie durch die möglicherweise unappetitlich klingenden Erläuterungen nicht zurück. Sie sollen Ihnen nur klarmachen, warum sich Ihre Gegenstände aus Ebonit ständig verändern, bewegen, leben. Unterm Strich ist Hartgummi ein vorzüglicher Werkstoff, auch und im Besonderen für unsere Füllfederhalter. Und seine Charakteristika bleiben unerreichbar für Plastik & Co. Modernes Ebonit ist bereits viel unempfindlicher als das aus Rezepturen der allerersten Tage. Das besagt jedoch nicht, dass es besser ist.

Um Ärger, aufgrund unangenehmer Umwandlungsprozesse, aus dem Weg zu gehen, kann man Vorsichtsmaßnahmen ergreifen und Pflegeregeln etablieren.

- *Die (dauerhaftere) Einlagerung/Ausstellung von Füllern aus Hartgummi erfolgt idealerweise luftdicht.*

- *Den Füllhalter nicht offen liegenlassen, sondern dunkel aufbewahren. Falls man ihn sichtbar präsentieren möchte (z.B. Vitrine), darauf achten, UV-beständiges Glas zu verwenden.*

- *Den Ebonit-Federfüller keinesfalls immenser Wärmeeinwirkung, z.B. durch Sonne, längere Zeit aussetzen. Sehen Sie von Warmwasserbäder ab.*

- *Nach Gebrauch sollte man den Handschweiß abwischen.*

- *Ab und an nebelt man handelsübliches Desinfektionsspray bzw. reinen Alkohol dünn auf ein Mikrofaser- oder Kosmetiktuch auf und wischt anschließend über alle Ebonit-Bestandteile.*

- *Einmal im Monat reibt man mit dem Finger einen hauchdünnen Ölfilm (zu empfehlen ist Nelkenöl, siehe Seite 122) auf das gesamte Äußere inklusive der Kappe und der Metallteile. Daraufhin lässt man das gute Stück über Nacht zum Einwirken offen liegen. Erst dann werden Rückstände vom Schreibgerät mit einem Hygienetuch entfernt und gegebenenfalls mit einem Mikrofasertuch oder Baumwollhandschuhen zart nachgewischt.*

Ergriff bereits ein Belag von dem Ebonit Besitz, zu erkennen an matten Stellen, Flecken und grünstichigen Farbveränderungen, ist dieser in der Regel nicht so ganz einfach wieder wegzubekommen. Doch mit Besonnenheit und angemessener Methodik kann es gelingen, das Hartgummi so zu bearbeiten, als käme der Federfüller geradewegs frisch aus dem Werk. Dennoch, je weiter die Zersetzungs- und Umwandlungsprozesse in den Bestandteilen des Hartgummis fortschritten, desto heikler das Unterfangen, sie aufzuhalten. Solche Dinge gehören allerdings in den Wartungs- und Reparaturbereich, siehe hierzu Kapitel 5.2.4 ab Seite 160.

4.5 Längeres Ablegen

Es ist bei der langfristigen Lagerung zuträglich, alle Metallteile des Füllers wie auch den Schaft, einschließlich der Sektion, mit einem dünnen Film Nelkenöl zu konservieren. Die Schreibfeder ist davon in der Regel ausgenommen, weil das Öl bei Wiederinbetriebnahme des Federschreibers Störungen verursachen könnte. Besteht jedoch die Feder aus einem nicht rost- und säurebeständigen Metall, ist die Situation anders zu beurteilen. Wird solch ein Gerät beispielsweise in einer Sammlung dauerhaft eingelagert, sollte auch die Metallfeder mit dem Öl konserviert werden. Man bedenke, der Füller ist dadurch nicht schreibbereit. Um ihn zum Schreiben zu reaktivieren, muss man den Ölfilm wieder entfernen. Dazu stelle man den Füllerhalter mit der Spitze bis zur Sektion mehrere Stunden in einen Becher oder ein Glas gefüllt mit lauwarmem Wasser und einem Tropfen Spülmittel. Das Füllervorderteil ab und an in der Flüssigkeit etwas schütteln. Nach einem Tag spült man die Feder unter klarem Wasser ab. Alsdann ist sie normalerweise wieder fit fürs Schreiben.

Füller lagert man begründeterweise gefüllt, und zwar grundsätzlich mit Wasser. Die Flüssigkeit muss spätestens jedes Vierteljahr nachgesehen und erneuert werden. Ein sichereres Intervall wäre 1 Monat und weniger. Dabei ist es keineswegs zwingend notwendig, auf destilliertes Wasser zurückzugreifen. Auch normales Leitungswasser tut's, sofern nicht von einem exorbitanten Kalkgehalt belastet. Egal, ob destilliert oder aus der Leitung. Wer sichergehen will und Füllhalter mit Korkkolben besitzt, muss in der Tat das Wasser, mit dem er diese Füller betankt, vorher abkochen, um die Gefahr des Bakterien- und Pilzbefalls zu minimieren. Selbstverständlich lässt man das abgekochte Wasser vor dem Betanken auf Handwärme abkühlen. Niemals sollte man mit Tinte befüllte Füllfederhalter längere Zeit (3-4 Wochen und mehr) beiseitelegen, gleich welche Bauart und Befüllungstechnik.

Bild 62: Japanisches Nelkenöl ist zum Konservieren von Metallteilen an Gewehren, Pistolen, Schwertern, Messern usw. unter anderem bei Waffenbesitzernrecht beliebt.

Die Meinungen, ob man Füllhalter besser nass oder trocken dauerhaft einlagert, spaltet die Fangemeinde. Ich halte die aus der Nasslagerung resultierenden Risiken wie Keimbefall von Naturkork-Füllern für geringer bzw. abwendbarer als die potenziellen Schäden durch Trockenlagerung. Jedenfalls ist das bei Klassikern so. Moderne Schreibgesellen sind dagegen in vielen Fällen ungefüllt lagerfähig. Auch eine Rolle spielt der psychologische Aspekt. Bei einem nass gelagerten Federfüller kümmert man sich zumindest vierteljährlich um das lieb gewonnene Stück. Trocken aufbewahrte Stifte vergisst man aufgrund des fehlenden Nachprüfintervalls womöglich auf ewig, bis das Kind in den Brunnen gefallen ist, wie man so schön sagt.

Bei Kolbenfüllern[1] ist die Einlagerung mit gefetteter Kolbendichtung eminent wichtig, damit sie nicht in der Aufbewahrungszeit festkleben. Vorgenanntes impliziert, dass es sich um jüngere Modelle handeln muss. Denn ältere Kolbensysteme besitzen Naturkork und Hartgummi als Material rund um den Kolben und keinen Silikon-O-Ring. Auch diese vertragen eine Behandlung mit Silikonfett, könnten jedoch erfahrungsgemäß ebenso durch Wässerung wieder reaktiviert werden. Insofern der Kolbenfüllhalter nicht so einfach demontierbar ist, kann man statt Silikonfett sogenanntes Silikonöl nehmen, welches mit einer Spritze über die Kanüle aufgesogen und vorne die Griffsektion hindurch am Schaftrand aufgebracht wird. Voraussetzung ist natürlich, dass sich zumindest Feder und Tintenleiter entfernen lassen oder die Injektionsnadel dort einführbar ist. Etwas Fingerspitzengefühl ist beim Aufziehen gefragt, da zäh fließendes Silikonöl mehr Zeit verlangt als wässrige Flüssigkeiten.

4.6   Gängige Füllhalter betanken

Schilderungen zum Befüllen von Spezialgeräten wie dem Eyedropper und Sicherheitsfüller bekamen in vorangegangenen Kapiteln bereits ihren Platz. Beim Patronenfüller ist der Vorgang selbsterklärend und trivial. Was bleibt, sind Verfahren mit Tintensack und Kolben, zu denen viele Konverter ebenfalls dazuzählen.

4.6.1   Tintensackfüller

Das Prinzip, bei einem mit Tintensack ausgestatteten Füllfederhalter Tinte aufzunehmen, ist bei allen Techniken gleich. Ein meist aus Latex bzw. Silikon bestehendes schlauchförmiges Säckchen wird zusammengedrückt, woraufhin es wieder in seine

---

[1]   Siehe auch Kapitel 3.1 Kolbensysteme.

Ursprungsform zurückkehrt. Genau dabei saugt das wie ein einseitig verschlossenes Röhrchen geformte Tintensäckchen über die offene Seite, die auf der Sektion montiert ist, Tinte an und ein. Für das Zusammenquetschen des Gummisacks entwickelten Erfinder und Ingenieure verschiedene Techniken. Es gibt zum Beispiel in historischen Füllern mancher Hersteller einen Mechanismus, der den Tintensack mithilfe eines Metallstiftes um die eigene Achse windet und dabei auswringt. Die Wringmechanik ist übrigens ein äußerst störanfälliges System, bei dem die hoch beanspruchten Tintenschläuche bloß wenige Jahre der Belastung standhalten. Es gibt auch wie schon beschrieben[1] diejenigen Techniken, welche das Komprimieren nicht durch Kontakt eines Gegenstandes mit dem Gummisack bewerkstelligen, sondern per Luft. Die Fa. Sheaffer ist bekannt für viele Füllhaltermodelle, die nach dem Überdruckprinzip arbeiten. Eine weitverbreitete Bauform ist das Aerometric-System[2]. Hier schraubt man den Schaft von der Sektion, um Zugang zur Aerometric zu erhalten, die hinten auf der Griffsektion sitzt. Man drückt mit dem Finger auf ein Metallplättchen, welches den in einer Hülse steckenden Tintensack zusammenpresst. Ein simples und in aller Regel störungsfreies System.

Gleichermaßen ausgesprochen beliebt, eroberten über viele Jahrzehnte sogenannte Hebelfüller die Schreibstuben, ebenfalls ein einfaches, sauberes Tanksystem, und zwar ohne Demontageaufwand. Dabei wird durch einen im Schaft eingelassenen Hebel eine Metallschiene betätigt, welche in aufgestellter Position den im Schaftinneren steckenden Tintensack presst. In angelegter Stellung verweilt sie am Schaftrand. Üblicherweise hob man das Hebelchen mit dem Fingernagel von hinten, also von der zum Schaftende liegenden Seite aus, an. Vermutlich aus patentrechtlichen Gründen versuchte die Manufaktur Moore/USA Anfang des 20. Jahrhunderts im Alleingang, es andersherum zu bewerkstelligen (siehe Bild 63). Doch die Griffrichtung setzte sich nicht durch. Über das populäre Hebelsystem suchten viele Füllhalterprodu-

---

[1]   Siehe auch Kapitel 3.5.2 Snorkel/Touchdown.
[2]   Siehe auch Kapitel 3.3 Patronensysteme und Konverter.

zenten Abgrenzungsmöglichkeiten zur Konkurrenz. Eine Anekdote ist die von Mister Kraker aus Kansas City/USA, der als Ex-Mitarbeiter der Firma Sheaffer 1914 seine eigene Füllhaltermanufaktur aufmachte. Er entwickelte ein Zugstäbchen, um den Tankhebel zurückzustellen. Mit ihm schnellte der angehobene Hebel nach dem Tankvorgang blitzartig wieder in die Flachstellung. Nur wenige Jahre, und Kraker wurde von der Konkurrenz durch Patentklagen vom Markt gefegt.

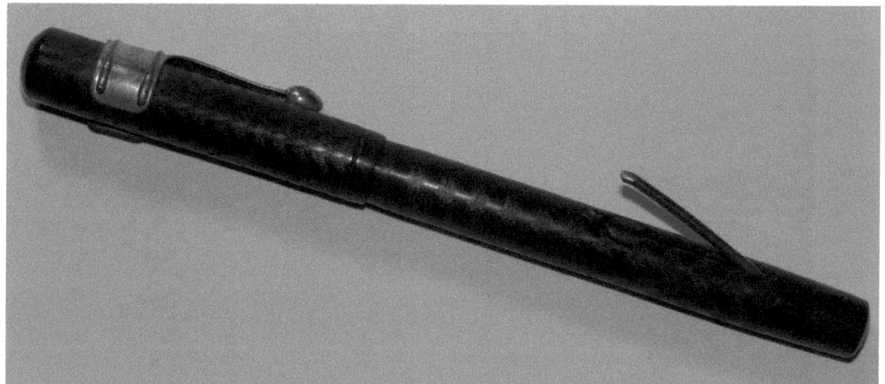

Bild 63: Ungewöhnlicher „umgekehrter" Hebelfüller, hergestellt von Moore/USA um 1910 unter dem Markennamen Servo.

In den 1950ern brachte in Frankreich Jif-Waterman das „JIFMATIC" Befüllungssystem heraus. Es ist vom Funktionsprinzip eine Mischung aus Aerometric- und Hebelsystem. Eine Metallhülse, in der ein Tintensack steckt, verfügt im hinteren Bereich über ein Türchen. Öffnet man dieses, presst bzw. umklammert eine Metallschiene den Gummitank, nimmt ihn gewissermaßen in den „Schwitzkasten" und drückt ihn aus. Schließt man es, wird der Tank freigegeben und saugt augenblicklich an. Leider muss man dafür den Schaft immer noch abschrauben, um an die Hülse zu gelangen. Insofern bedeutet „JIFMATIC" keine Vereinfachung der Handgriffe gegenüber Hebelfüllern oder Aerometric-Füllern. Und es wundert nicht, dass das Füllverfahren außerhalb Frankreichs kaum bekannt wurde.

Bild 64: Ins leere „JIFMATIC" hineingeschaut. Ein halbiertes Metallröhrchen schnitt man so zurecht, dass ein Türchen stehenblieb (rechts). Der Rest war Druckplatte für den Tintensack.

Wie man den einzelnen Beschreibungen entnehmen kann, ist die Vorgehensweise der Betankung immer gleichartig. Der schlauchähnliche Tintentank saugt genau dann Flüssigkeit durch die Öffnung, wenn er vom zusammengedrückten Zustand wieder in seine Ursprungsform zurückspringt.

Machen Sie sich zuerst mit Ihrem Füllfederhalter ordentlich vertraut und gönnen Sie sich und dem Schreibgerät Zeit zum Experimentieren, bevor Sie ihn notwendigerweise tagein, tagaus beanspruchen. Manche Füllhalter nehmen nicht nur über die Rille des Tintenleiters unterhalb der Feder Tinte auf. Zuweilen besitzen die Zuführer weitere, speziell fürs Ansaugen bzw. Ablassen und zur

Belüftung konstruierte, Öffnungen. Tropft beim Entleeren, außer von der Federspitze, noch woanders Flüssigkeit heraus, ist dies hierbei kein Makel. Anders bei einem Füllerhalter, der unsauber abgedichtet ist und durch einen klitzekleinen Spalt zwischen Tintenleiterkörper und Sektionsinnenwand Tinte (und Luft) durchlässt und ausspuckt. Am besten beobachtet man das Verhalten seines Füllers erst einmal in einem Glas Wasser. Dazu entleert man den Gummitank und sorgt dafür, dass er inhaltslos ist (Luft tanken). Dann den Füllfederhalter bis zur Sektionsunterkante ins Wasserglas halten und beim Zusammendrücken des Tintensacks mit den Augen verfolgen, wo überall Luftbläschen austreten.

Während der Betankung sollte man den Nachsaugeffekt, der faktisch ein eigendynamischer Nachlaufeffekt[1] ist und mit der Kohäsionskraft[2] in Zusammenhang steht, beachten. Im Grunde geht es darum, in dem Augenblick, wenn das Zusammenpressen des Tintensäckchens endet und dieses bei Rückkehr in die Röhrenform saugt, nicht sofort das Vorderteil des Füllers aus der Tinte zu nehmen. Belassen Sie die Spitze noch 5-10 Sekunden in der Flüssigkeit. Der Tipp steht zwar im Unterkapitel für Tintensackfüller, ist aber bei der Betankung mit jedweder Technik zu beherzigen.

Beim Hebelfüller taucht bisweilen die Frage auf, wie weit man das Hebelchen anheben darf bzw. muss. Eine generelle Antwort kann man nicht geben. Es gibt Modelle, die eine senkrechte Position (90°) problemlos aushalten. Andere Typen könnten dann schon auseinanderfliegen. Voluminöse Tintensäcke verfügen über mehr Fassungsvolumen, leisten aber der Tankmechanik auch üblicherweise einen höheren Widerstand. Genau gegenteilig ist es bei schmalen Tintensäckchen. Es gibt zahlreiche beeinflussende

---

[1] Zusätzlich kommen die Konstruktionsart des Sammlers am Tintenleiter (siehe Kapitel 5.4), die Trägheit der Flüssigkeit und die Verzögerungszeit bis zur Vollendung des Druckausgleichs („Ansaugen") zum Tragen, weil verhältnismäßig viel Masse durch verhältnismäßig enge Kanäle muss. Dieser Prozess dauert. Indem man Wasser mit einer Spritze rasant aufzieht, lässt sich der Effekt anschaulich nachstellen und nachfühlen.

[2] Siehe Kapitel 2.1 Ursprünge und Geschichte.

Faktoren, wie empfindlich die Einzelteile der Hebelmechanik und die Werkstoffperipherie auf Beanspruchung reagieren. Als Praxistipp bewährte sich, den Tankhebel auf 45° bis maximal 60° aufzurichten. Dann ist der Tintensack von der Druckschiene komplett zusammengepresst. Und ein weiteres Aufstellen brächte kein Mehr an Tankvolumen, sondern erhöhte die Bruchgefahr.

4.6.2 Kolbenfüllhalter

Der Nachsaugeffekt wie im vorangegangenen Unterkapitel geschildert gilt in vergleichbarer Weise für den Kolbenfüller, weswegen ein Blick in den Text lohnt. Der nachfolgende Tipp beschäftigt sich insbesondere mit dem Hinterteil des per Kolben betankten Füllhalters. Dort sitzt je nach Ausführung der Drehknauf bzw. Pumpknauf, wobei hier der Drehknauf als Problemstelle eine Rolle spielt. In diesem Areal entstehen nicht selten Schäden. Die Ursache ist neben spröden, billigen und zu dünnen Plastikmaterialien, welche auf die Kappe vieler Hersteller gehen, die zulasten der Haltbarkeit Produktionskosten senken wollten, eine etwas unbedachte Bedienung des Schreibgeräts. Schadhaftigkeiten am Knauf in Form von Rissen und Brüchen können sowohl während des Zudrehens wie auch beim Aufdrehen entstehen. Ich musste bislang schon zahllose Kolbenfüllhalter selbst namhafter deutscher Hersteller mit dem Vertrauensvorschuss vermeintlich höherer Qualität dennoch wegen gebrochener Drehknöpfe reparieren. Das lässt erahnen, dass derlei Mangel keine Frage der Marke ist.

Wird zu fest zugedreht, übt die Oberkante des Schaftendes viel Druck auf den Rand des Drehknaufs aus. Das Material des Knaufs ist normalerweise dünnwandiger als das des Schaftes. Und weil in diesem Fall nicht der Dümmere, wohl aber der Dünnere nachgibt, macht es dann „Knack", und der Kolbendrehknauf ist gerissen. Die umgekehrte Drehrichtung kann noch problematischer werden. Beim Herausdrehen wird über eine Welle bzw. Drehspindel, die bei solchen Kandidaten allzu oft aus Plastik besteht, der Kolben im Schaftinneren nach vorne bewegt. Der natürliche Kolbenanschlag ist das vordere Schaftende, unmittelbar hinter der Sektion, in der die Feder steckt. Trifft der Kolben während des Vorschiebens dort auf Widerstand, muss man sofort mit dem Drehen aufhören. Dreht man weiter, wird die Drehenergie über die Spindel nicht mehr auf den Kolbenvorschub, sondern umgekehrt vom Kolben zurück auf Drehknauf und Schaftinnengewinde wirken. Ein enormer Druck entsteht auf die Bauteile. Jetzt könnte die Drehspindel bzw. der Wellentunnel zu Bruch gehen oder zumindest die Spindel im Gehäuse versetzt werden. Weil das Innengewinde des Schaftendes seine Schwachstelle ist, kann dieses reißen. Das passiert dann, wenn es dem Plastik an Elastizität fehlt und daher die Verzahnung des Gewindes nicht dem Druck ausweicht, indem sie über die Gewindenut springt.

Wegen falscher Bedienung des Kolbenfüllerknaufs ist also jede Menge kaputtzumachen und so dem Füllerschätzchen womöglich ein Totalschaden zu verpassen. Im günstigsten Fall ist durch die unsachgemäße Handhabung die Gewindeverzahnung einige Kerben nach hinten gesprungen, ohne dass etwas brach. Dann stimmt aber die Justierung zwischen der Gewindeposition des Knaufs, der Welle und der Kolbenstellung nicht mehr. Das Gewinde muss folglich wieder in die korrekte Lage umgesetzt werden, wobei dabei unter ungünstigen Umständen Bruchgefahr besteht. Es ist auf alle Fälle besser, falsche, unbedachte Handgriffe und ebendaher den Verdruss zu vermeiden. Aber wie ist denn die richtige Vorgehensweise zur Bedienung des Füllerknaufs am Kolbenfüllfederhalter?

Beim Zudrehen (Tanken) heißt's, wenn der Knaufrand am Schaftende aufsetzt und Widerstand spürbar ist, Stopp! Das ist einfach. Dagegen schwieriger da feinfühliger wird es mit dem Herausdrehen (Entleeren). Es sollte unbedingt vorsichtig geschehen, vor allem, was den Krafteinsatz angeht. Während der Herausdrehbewegung übt man fortwährend eine leichte Kraft nach vorne in Richtung Feder aus. Die Drückrichtung (abwärts) verläuft also entgegen dem Knopfschub (aufwärts). Als kleine Regel kann man sich einprägen: *Herausdrehen stets mit sanftem Druck, niemals Zug.* Stößt man mit dem Knauf derweil auf deutlichen Widerstand, sofort das Drehen und Drücken beenden.

Bei vernünftiger Behandlung des Kolbenfüllers bestehen gute Aussichten, dass das erlesene Schreibgerät ohne Läsuren davonkommt und ein Leben lang hält.

4.6.3 Eigenbau eines Press-Konverters

Angesichts der Tatsache, dass ein Konverter gleichartiger Funktionalität als „Chinakracher" aus Fernost zwischen 2 und 9 Euro kostet. Warum dann selber bauen? Zunächst müsste man in Erfahrung bringen, wo genau Brauchbares aufzutreiben ist. Des Weiteren lohnt es sich oft nicht, bloß wegen eines Kleinteils ein Mehrfaches an Versandkosten zu berappen. Und letztlich kann der Kauf eines niemals geben, nämlich das Glücksgefühl, mit eigenen Händen etwas Nützliches geschaffen zu haben und gegebenenfalls an die persönlichen Bedürfnisse anzupassen. Ein zusätzlich essenzielles Motiv entdeckt noch kommender Absatz.

Bei dem Bauvorhaben lassen wir auch einmal fünfe gerade sein und ziehen gleichwohl handelsübliche Klebstoffe in Erwägung, zum Beispiel aus dem Modellbau. Der im hiesigen Buch vorgestellte Schellack (siehe Unterkapitel 5.2.2) ist natürlich gleichermaßen für diese Belange einsetzbar. Beim Aufbau des Konverters wird von einer Standardgröße ausgegangen. Die Tintenpatrone weist die üblichen bzw. gängigen Maße auf und passt in viele Füller verschiedener Hersteller. Beispielsweise, wer kennt sie nicht, fertigt solche Patronen die Firma Pelikan mit „4001" Königsblau gefüllt. Insbesondere für unübliche Patronengrößen ist der Eigenbau eines Konverters keineswegs nur verlockend, sondern womöglich absolut notwendig, weil es den Verbrauchsgegenstand Tintenpatrone nicht mehr zum Nachkaufen gibt. Ist die Herstellung eines ungemein speziellen Patronentyps erst einmal eingestellt, würde ein dazugehöriges Füllhaltermodell unweigerlich unbrauchbar. Sein Schicksal als reines Sammlerstück wäre besiegelt. Einige klassische Kandidaten zählen bereits dazu. Um dem Problem entgegenzutreten, machen wir aus der Not eine Tugend und konstruieren uns einen wiederverwendbaren Press-Konverter. Die Maße und Abmessungen aus der Beschreibung müssen bei Sondergrößen jeweils auf das spezifische Format umgewandelt werden.

Das Ziel ist schnell abgesteckt. Wir nehmen eine leergeschriebene Tintenpatrone und kürzen das bislang verschlossene Hinterteil ab, wodurch sie hinten offenliegt. Dort stülpen und/oder kleben wir einen passenden Tintensack auf. Fertig ist unser Press-Konverter. Heureka!

Kommen wir zu den einzelnen Arbeitsschritten. Bereitzuhaltende Werkzeuge und Materialien:

- *Leerpatrone*
- *Tintensack, idealerweise einer aus Silikon/PVC*
- *Scharfes Messer/gute Schere, evtl. zusätzlich Feinsäge*
- *Klebstoff (Modellbaukleber, Schellack, etc.), falls nötig*

Der Tintensack darf nicht überdimensioniert gewählt werden, das heißt, sein Diameter liegt höchstens bei dem der Patronenhülse, eher darunter. Für Standardpatronen ist die Sackgröße ideal zwischen 18 und 20 (siehe Seite 187). Kleiner ginge es notfalls auch. Entscheidend für die spätere Gesamtlänge des Konverters ist das verfügbare Platzangebot in Griffsektion und Schaft.

An der Patrone schneidet/sägt man die hintere Hälfte ab, sodass die vordere Hälfte erhalten bleibt. Man kann mehr wegschneiden, wenn mangelnder Schaftraum dies erfordert. Jedoch sollte stets so viel Vorbau übrig bleiben, dass dort bequem zwei Finger zupacken können, um den Konverter am Füller einzusetzen bzw. herauszuziehen. Beim Zusammenbau darf der Schaft keinesfalls den Konvertersack quetschen, sonst drohen Tintenkleckse. Aus der geöffneten Tintenpatrone nimmt man noch, sofern vorhanden, das Kügelchen heraus, welches ursprünglich den Patronenmund verschloss. Der Tintensack soll mindestens 5 Millimeter weit auf dem Patronenhinterteil aufliegen. Der zu montierende Tintentank bzw. das abzuschneidende Sackstück richtet sich nach diesem Maß sowie der verfügbaren Schafttiefe. Anzuraten ist daher ein genaues Maßnehmen oder alternativ mehrmaliges Ausprobieren mit dem aufgestülpten, noch nicht verklebten Sack. Denn kürzen kann man immer, wieder ansetzen nimmer.

Sind Patronenhülse und Tintensack aufs rechte Maß gebracht, ist beides zu verkleben. Sitzt der Gummisack jedoch knalleng über die Patrone gestülpt, ist das Kleben überflüssig[1] und die Bauteile durch den Verzicht künftig flott demontierbar, zum Beispiel zum gründlichen Reinigen oder für spätere Änderungen. Ansonsten bringt man auf die Außenhülle am beschnittenen Ende der Tintenpatrone rundum sparsam Klebstoff auf und schiebt das Tintensackmaul innerhalb des Verarbeitungszeitfensters darüber.

Beim Überstülpen entsteht ein Wulst. Führt er dazu, dass sich der Selbstbaukonverter nicht mehr in den Schaft schieben lässt, ist eine Strategieänderung angesagt. Dann muss halt der Tintensack ins Patroneninnere verlegt werden. Jetzt ist es um so entscheidender, dass er einen leicht geringeren Durchmesser wie der Patronenkörper besitzt. Der Sackdurmesser ist so zu wählen, dass er geradeso an der Patroneninnenwand hineinrutscht. Eine Stülpverbindung ist gewiss stabiler als eine ineinandergeschobene Zusammenfügung. Um dieses Manko auszugleichen, muss man hierfür ein hervorragend klebendes und dichtendes Mittel hernehmen. Man gibt es auf die Außenseite des Gummisacks und lässt ihn sogleich hinten in die Patrone hineingleiten. Bitte die Maße und die Trocknungszeit beachten.

---

[1]   Man kann auch hauchdünnes, transparentes Klebeband um die Verbindungsstelle wickeln. Das hält zusammen, hilft abzudichten und ist leicht wieder wegzukriegen.

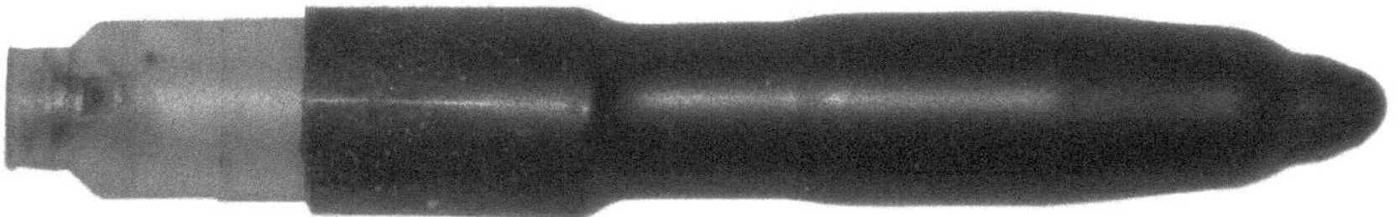

Bild 65: Im Handumdrehen hergestellt, ein Press-Konverter, in diesem Fall ausgerüstet mit einem Diaphragma.

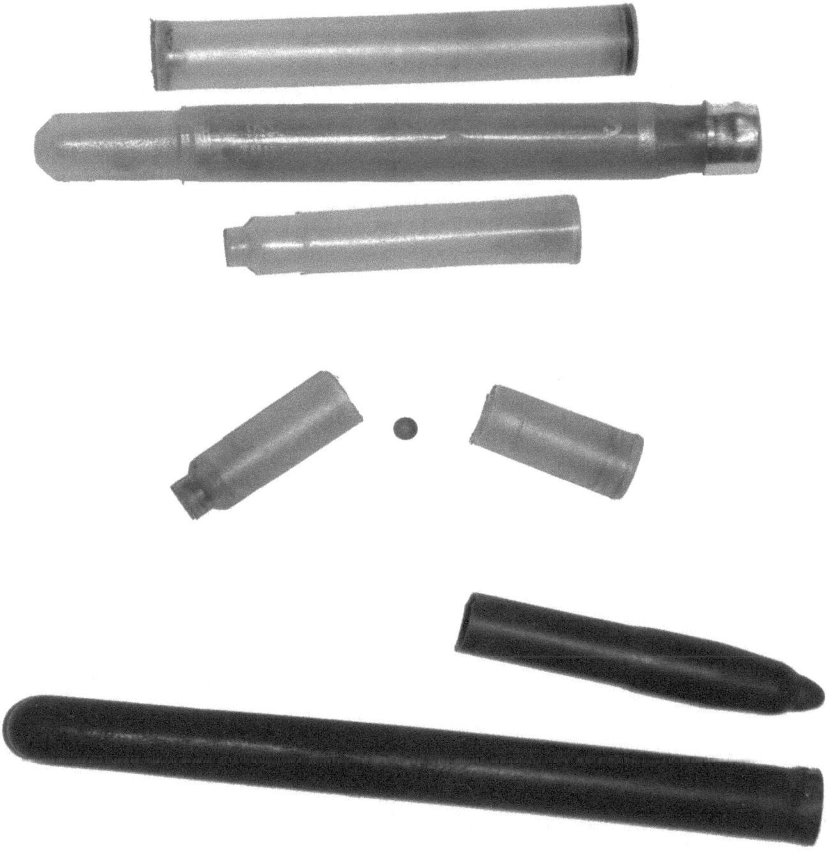

Bild 66 - Oben: Spezialpatronen von Sheaffer und Waterman. Darunter Standardpatronen von MontBlanc und Pelikan, zerschnitten mit Kügelchen. Unten: Tintensack Größe 20, Diaphgragma Größe medium.

Wenn deine Schrift dem Kenner nicht gefällt, so ist es schon ein böses Zeichen; doch wenn sie sogar des Narren Lob erhält, so ist es Zeit, sie auszustreichen.

Christian Fürchtegott Gellert

5. Wartung und Reparatur für den Hausgebrauch

Bleistifte verbraucht man und wirft die Reste weg. Billigkugelschreiber, Tintenroller und Faserstifte befördert man gleichfalls in die Tonne, wenn sie versagen. Gewiss baute und baut man heutigentags fortwährend sogenannte Wegwerf-Füller. Man produziert die dürftige Massenware maschinell zu dermaßen niedrigen Kosten, dass sich bei einer Funktionsstörung keine Mühe lohnt. Sie werden weggeschmissen und durch Neuware ersetzt. Jedoch Füllfederhalter im hochpreisigen Segment gibt es gegenwärtig mehr denn je. Das können moderne Schreibgeräte namhafter Edelhersteller sein. Aber auch hochwertige, angesichts von Besonderheiten sich auszeichnende Klassiker aus der Kategorie „Vintage" gehören dazu. Und hier ist es wie bei einem Automobil. Wird der Füller benutzt, tritt als Folge dessen ein gemeinhin von der Intensität abhängiger, rascher und ausgeprägter Verschleiß auf. Hat man ihn nicht in Gebrauch, weil er lediglich in einer Schublade oder Sammlervitrine sein Dasein fristet, altert er doch zumindest. Irgendwanneinmal kommt der Tag, an dem ein Federfüller, wie das Kraftfahrzeug, einer Inspektion bzw. Wartung bedarf.

Das Buch wendet sich gewiss nicht an ausgebildete Restauratoren und Feinmechaniker aus dem Schreibwarensektor, also Fachleute. Es geht vielmehr darum, dem „Normalbürger", unsereins, der dem Hobby Füllfederhalter frönt, hilfreich zur Seite zu stehen. Egal ob Sammler oder Leute, die im Alltag dieses wunderbare Schreibgerät einsetzen. Jeder kann an und mit seinem pflegebedürftigen Schreibkameraden weitaus mehr machen, als er zuerst denkt und jemals für möglich hält. Hiesige Informationen sind deswegen auch so ausgelegt, dass sie großteils mit Mitteln aus dem Haushalt oder mit leicht zu beschaffendem und günstigem Equipment aus dem Laden um die Ecke bewerkstelligt werden können. Bei einigen Tätigkeiten ist die Verwendung einer Atemschutzmaske dringend anzuraten. Hierzu zählt das Werkeln mit

Handsäge, Fräse und Bohrer, Feilen, Schleifen, Polieren und Reiben, unter Umständen in Verbindung mit Pasten, Klebern und Harzen. Überall, wo Späne, Flusen und Staub fliegen und auch dort, wo ungesunde Dämpfe entstehen können wie beispielsweise bei Acrylaten, sollte man eine Maske tragen. Gegebenenfalls muss man ebenso darüber nachdenken, bestimmte Handarbeiten nur mit Schutzbrille anzugehen. Doch keine Angst. Überwiegend geht das Werkeln harmlos über die Bühne, und Sie brauchen sich nicht als Astronauten zu verkleiden.

5.1 Nützliche Hilfsmittel

Auch Profis müssen inzwischen improvisieren, weil traditionelle Spezialwerkzeuge für Füllhalterarbeiten kaum mehr zu bekommen sind. In solchen Fällen bleibt nur, entweder das Werkzeug nachzubauen oder eine Alternative zu finden. Im vorliegenden Buch ist jedermann angesprochen. Demzufolge lassen sich die meisten Hilfsmittel im Haushalt auftreiben. Hätten Sie gedacht, dass eine hölzerne Wäscheklammer für das Hantieren mit dem Füller Gold wert ist? Denn auf eine Schraubzwinge zurückzugreifen ist bei so einem Sensibelchen wie unserem geliebten Freund „Klecksi" womöglich nicht so prickelnd. Ausgerechnet eine Wäscheklammer dagegen eignet sich häufig vorzüglich, um Füllerteile zu fixieren. Sie ist preisgünstig, leicht zu besorgen und hinterlässt keinerlei Kratzer.

Bild 67:
Die Wäscheklammer
wird etwas
zweckentfremdet.

Neben Haushaltsgegenständen bedienen wir uns gewissem Handwerkszeug aus den Bereichen Musikinstrumente, Uhrmacherei, Waffenpflege, Hörgeräteakustik, Kfz- und allgemeine Feinmechanik. Das alles klingt erst einmal verrückt, wird aber den pragmatischen Beweis nicht schuldig bleiben. Ziel ist es schließlich auch und im Besonderen, mit dem geringsten Aufwand den größtmöglichen Erfolg zu erringen. Und wie bei einer Reise soll der Weg dahin Spaß machen.

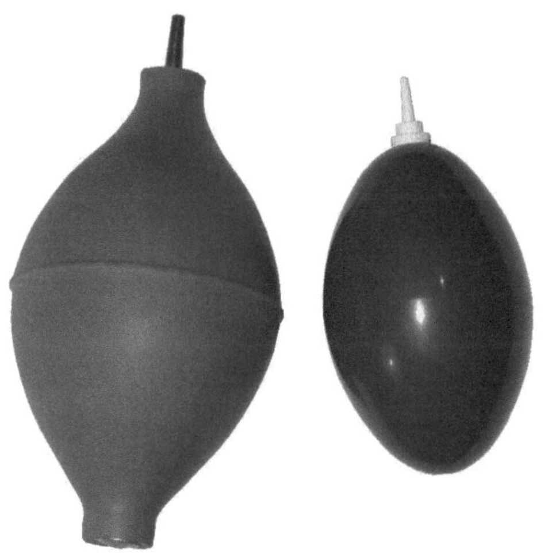

Bild 68:
Blasebälge

In der Abbildung Bild 68 ist links ein Blasebalg aus dem Werkzeugbestand eines Uhrmachers zu sehen, rechts ein identisch arbeitendes Utensil vom Hörgeräteakustiker. Dank Internet sind derlei Gegenstände für jeden leicht im Fachhandel oder bei Zubehörmärkten für Hobbyisten zu ergattern. Mit dem Luftstrahl lassen sich bequem schwer zugängliche Stellen von losen Partikeln befreien, wie in der Füllerkappe, an Gewinden, an der und um die Schreibfeder, in der und durch die Sektion, usw. Wer Solches weder besitzt noch kaufen möchte, dem bleibt zumindest die eigene Puste. Beim Durchblasen der Griffsektion mit dem Mund zart vorgehen und zwecks Schadensprävention keinesfalls pressen. Der Einsatz von Hochdruck-Pressluftgeräten verbietet sich bei Füllfederhaltern von selbst.

5.1.1 Diverse Kleinteile

Ich hörte hi und da von Füllerenthusiasten vermeintliche Tipps an ihre Kameradinnen und Kameraden, nimm doch ein Teppichmesser und schneide hier, schlitze da. Leider bekam ich häufig auch mit, wie diese nach dem angewendeten Tipp das Füllerchen als Totalschaden abschreiben mussten. Gleich zu Messern, Klingen und Metallen zu greifen ist nicht selten ein Schießen mit Kanonen auf Spatzen. Außerdem sind solche Eingriffe aufgrund ihrer Unwiderruflichkeit und dem schmalen Grat zwischen gelungen und misslungen beim Laien keinesfalls in erster Instanz empfehlenswert. Vielmehr soll sich jeder Füllerliebhaber ein Beispiel an den Freunden der Uhrmacherei nehmen. Deren Hilfsmittel sind in vielen Fällen auch für die Arbeiten an Füllfederhaltern bestens geeignet.

Mit „Hardware" auf „Software" loszugehen ist also im Vorfeld reiflich zu überlegen. Vielleicht versucht man es zunächst besser mit Holz. Als Stufe Zwei käme dann Kunststoff in Betracht. Denn die Wirkungsweise von Plastik auf Plastik ist allemal harmloser als die von Metall auf Plastik. Man macht einfach weniger schnell weniger viel kaputt. Doch zurück zum Holz.

Auf Abbildung Bild 69 ist unten ein Bündel Weichholzstäbchen

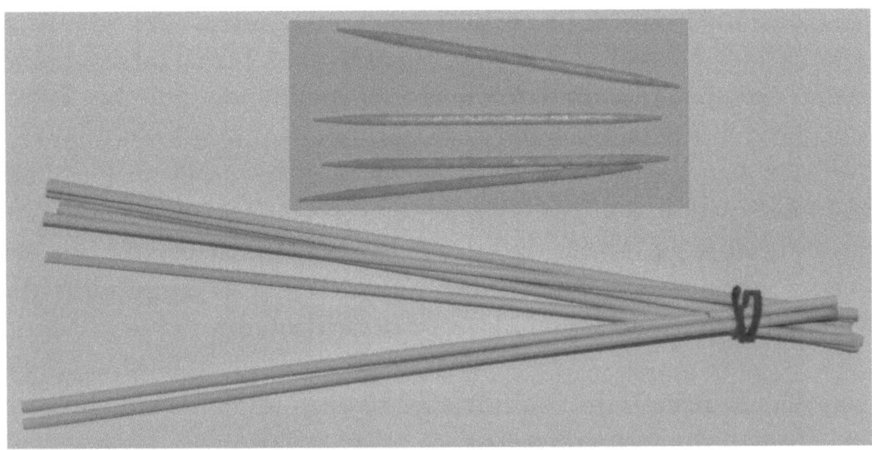

Bild 69: Hölzerne Hilfswerkzeuge

zu sehen, wie sie traditionell in der Uhrmacherwerkstatt zur Arbeit am Uhrwerk eingesetzt werden. Diese Hölzer sind recht teuer, auch wenn sie nicht so aussehen. Sie lassen sich nach Bedarf kürzen und anspitzen. Für unseren Gebrauch am Füller tun es aber genauso die preiswerten Zahnstocher aus dem Discountermarkt (oben im Bild) oder hölzerne Essstäbchen aus dem Chinarestaurant. Egal, welche Holzstäbchen man verwendet. Es können damit wunderbar zähe Verschmutzungen an Federn, Tintenleitern sowie an und in Schraubgewinden am Füllhalter beseitigt werden. Das Holz zerkratzt bei sorgsamer Handhabung weder Hartgummi noch Zelluloid, Kunstharze oder Metalle.

Um zu prüfen, ob bei dem geliebten Schreibgerät etwas unstimmig ist und was genau das ist, reicht unser Auge oftmals einfach nicht mehr aus. Man denke an einen feinen Kratzer auf der Schaftoberfläche, kristallisierte Tintenrückstände in der Tintenleitrinne oder Verschmutzungen im Schraubgewinde. Auch hier hilft ein Blick zu den Uhrmachern. Sie verwenden meist kleine Lupen, die man sich in die Augenhöhle klemmt. Sie sind mühelos und günstig zu beschaffen, haben aber den Nachteil, dass man dadurch, dass sie eingeklemmt werden, nicht mehr blinzeln kann. Trägt man solche Uhrmacherlupen länger, beginnt das Auge auszutrocknen, zu brennen und zu schmerzen. Uhrmacher benutzen diese Lupen daher meist montiert an einem drahtigen Kopfband, wobei das Okular, anstatt in der Augenhöhle zu stecken, frei vor den Augapfel positioniert wird. Es gibt auch Kopfhalterungen mit vorgebautem Linsensystem.

Bei der Grundreinigung und fürs Aufpolieren des Füllfederhalters sind, wie bereits erwähnt, haushaltsübliche Mikrofasertücher hervorragend geeignet[1]. Zu ihnen greift man bei ansonsten schon relativ sauberen und trockenen Oberflächen. Kräftigere Verschmutzungen wie Tintenkleckse, Fettfinger, usw. entfernt man unter Umständen angefeuchtet zuvor am besten mit einem speziellen Papiertuch. Das Papier von der Küchenrolle wie auch Toi-

---

[1] Siehe auch Kapitel 4.3 Pflege zwischendurch.

lettenpapier ist dabei oft zu rau und hinterließe feine Kratzer. Zweckdienlich erweisen sich dagegen Hygienetücher, wie man sie als Packung mit praktischem Spender im Supermarkt, Discounter oder Drogeriemarkt kaufen kann. Sie sind günstig und nicht nur zum Abwischen von Kosmetika hilfreich, sondern selbst für das Fülleräußere. Des Weiteren ist solch ein Tuch eine fabelhafte Umkleidung des Füllers für den Transport.

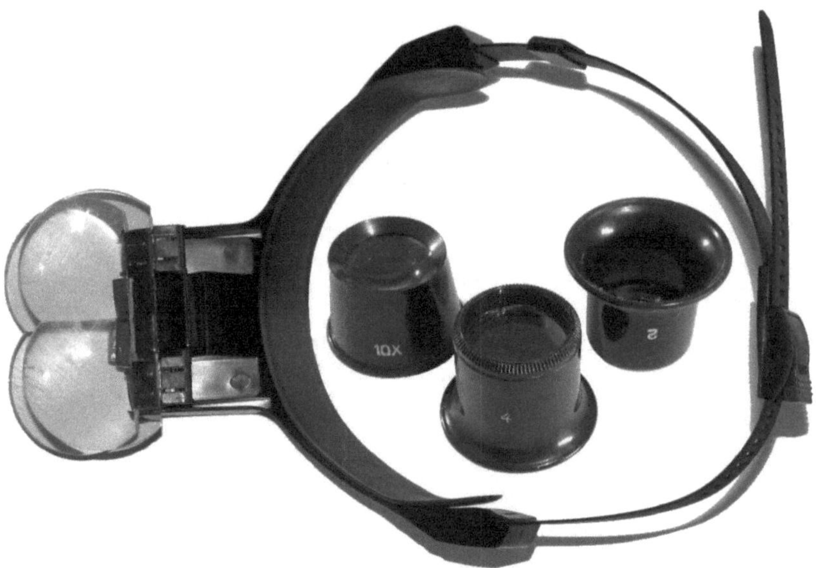

Bild 70: Ob Uhrmacherlupen, die in der Augenhöhle gehalten werden, oder Linsen am Stirmband. Alles ist brauchbar.

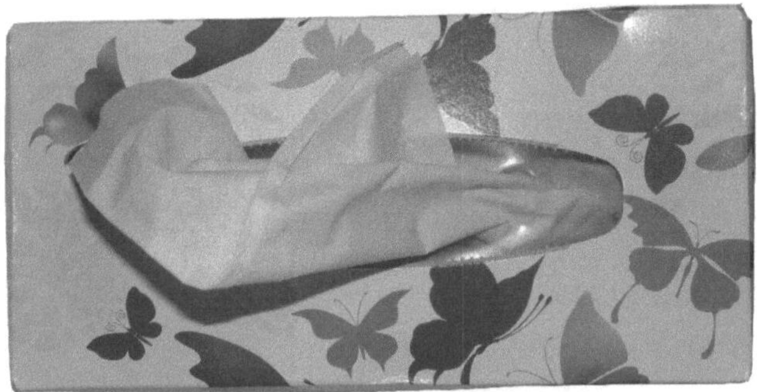

Bild 71: Zumindest in jedem Frauenhaushalt ist die Box mit Kosmetiktüchern zu finden. Für den Füllerfreund einfach beschafft, große Wirkung.

Zur Grundausstattung eines jeden Füllfederhalterbesitzers ist eine gewöhnliche, manuelle Zahnbürste absolut ratsam. Es geht hier jedoch mitnichten ums Zähneputzen, sondern ums Schreibgerät. Die Bürste darf gebraucht sein und erfährt so ihre zweite Bestimmung, was die Rentabilität noch erhöht. Die Kunststoffborsten können der Feder und dem Tintenzuführer nichts anhaben. Bei dosiertem Druck zerstören sie nicht, sie reinigen nur. Daher genügen in der Regel eine Zahnbürste und etwas lauwarmes Wasser, um diese Teile wieder auf Vordermann zu bringen. Wem das Zutrauen fehlt oder es einfach misslingt, Füllerfeder und Tintenleiter auszubauen, kann über die montierten Bauteile sanft drüber bürsten. Dabei lässt sich der Zuführer auch von unten und der Seite bearbeiten. Es muss darauf achtgegeben werden, dass keine der kleinen Borsten abreißt und irgendwo stecken bleibt. Denn das könnte den Tintenfluss behindern. Daher überprüft man im Anschluss an die Putzarbeit das Schreibgerät, wobei die eben vorgestellte Lupe nützlich ist. Ausgebaut bürstet man den Tintenleiter idealerweise entlang der mittig verlaufenden Tintenleitrinnen, einerseits nach vorne zur Spitze hin, daraufhin umgedreht hintenheraus. Sind die Verschmutzungen und Verkrustungen so arg verklebt, dass einzig die Zahnbürste mit Wasser die Reinigung nicht schafft, dann und erst dann muss man zu härteren Mitteln greifen.

Man kann sich ein Holzstäbchen bzw. einen Zahnstocher mit dem Messer so zurecht spitzen, sodass die hauchdünn geschnitzte Kante durch die Tintenrinne durchziehbar ist. Nur wenn auch das weiche Holz das erwartete Arbeitsergebnis schuldig bleibt, sollte man auf harte Kunststoffe und Metalle zurückgreifen. Aber Vorsicht mit Messern und Rasierklingen. Besonders der Laie macht hier ruckzuck reichlich viel zunichte, als dass er instand setzt. Ein Sortiment an hochwertigen Schlitzschraubendrehern für Feinmechaniker ist dagegen äußerst zweckmäßig. Man nehme den Feinsten unter ihnen, höchstens in der Größenordnung von 0,6 mm bis 0,8 mm. Er ist behutsam mit der Kante längs durch die Tintenleitrinne zu führen. Dabei wenig Druck aufwenden und lie-

ber mehrmals den Vorgang wiederholen, als infolge von Unge-
duld die Rille zu überdehnen oder abzurutschen und die Rillen-
wand zu beschädigen. Die Spitze einer geeigneten Pinzette kann
ähnlich effektiv sein. Den Abschluss einer Reinigung unter Zuhilfenahme von Holz, Plastik und Metall bildet immer die Nachrei-
nigung mithilfe der Zahnbürste und Wasser.

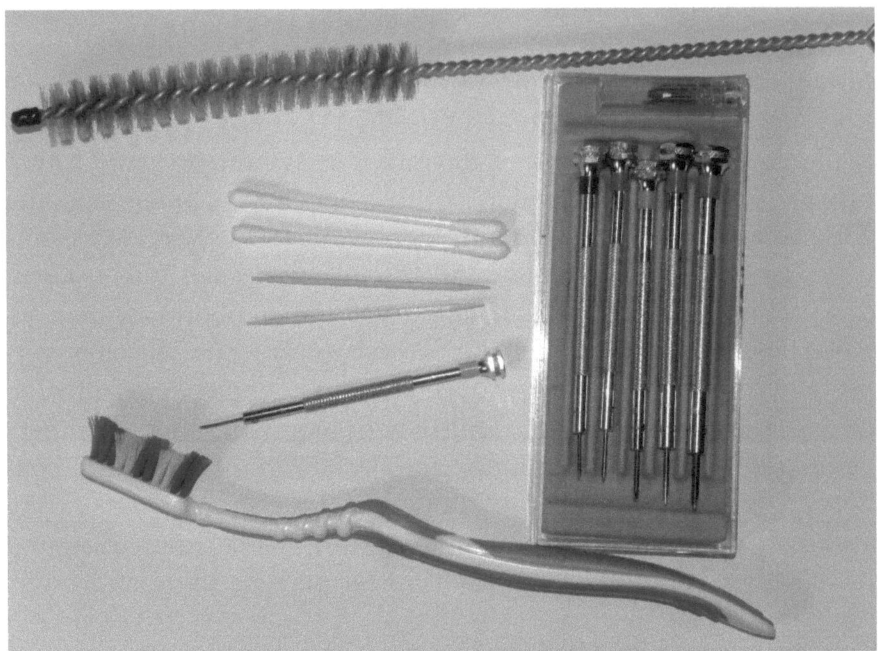

Bild 72: Alte Zahnbürste, Feinmechaniker-Schraubendreher, Zahnstocher,
Wattestäbchen, Blockflötenbürste.

Wo wir uns gegenwärtig im Badezimmer aufhalten. Wattestäbchen bzw. sogenannte Ohrenstäbchen eigenen sich vorzüglich
zum Reinigen und Polieren gewisser, mitunter schwer zugängli-
cher Stellen des Federhalters, wie Außengewinden am Schaft,
Innengewinden in der Kappe und unter dem Kappenclip. Man
muss aber überaus aufpassen, dass keine Wattereste zurück- bzw.
hängenbleiben.

Abgeschnittene Tintensackreste – wo die herkommen, dazu später mehr – wirft man nicht alle weg, sondern hebt einige Exem-

plare als Hilfswerkzeuge auf. Denn mit ihnen kriegt man ausgezeichnet beharrlich festsitzende Gewinde auf, weil das hautdünne Silikon und Latex den Fingern einen festen Halt bietet.

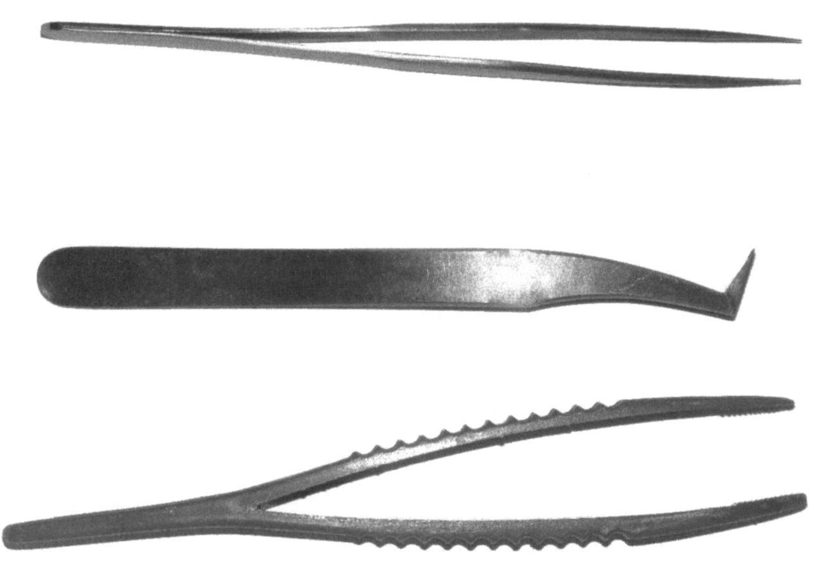

Bild 73: Diverse Pinzetten aus Kunststoff und Edelstahl, beispielsweise aus dem Uhrmacherbedarf, erweisen sich bei der filigranen Arbeit an Füllhaltern als sinnvolle Werkzeuge.

5.1.2 Geheimwaffe Haarföhn?

Wurde der Haarföhn einmal als Werkzeug für den Füllhalter entdeckt, ist es denkbar, dass er kaum noch im Badezimmer vorzufinden ist und demzufolge heftige Familienstreitereien ausbrechen. Wozu aber kann ein Föhn nützlich sein? Verbindungsstellen werden bei Füllern traditionell keineswegs mit Sekundenkleber oder ähnlichem Unfug, sondern mit Schellack verklebt. Und Schellack weicht bei höheren Temperaturen auf, sodass sich eine Verbindung lösen lässt. Alter Schellack, der schon Jahrzehnte an Ort und Stelle weilt, wird zwar nicht mehr flüssig, dafür aber spröde und bricht bzw. zerbröselt bei Erwärmung und gleichzeitiger Krafteinwirkung. So können Füllerbestandteile, die vermeintlich bombenfest sitzen, dennoch wieder getrennt werden. Leider wird zu selten vor den Gefahren gewarnt. Deswegen landen viele im Grunde gut erhaltene und meist alte Exemplare des Öfteren im Müll. Die Kunst im Umgang mit dem Haarföhn am Füller ist es zu wissen, wo man erhitzt, mit welcher Hitze man agiert (Abstand) und schließlich, wie lange man aufheizt. Stimmen diese Parameter nicht, kann es passieren, dass beispielsweise ein Material wie Zelluloid viel zu heiß wird, wodurch es sich verformt. Wirkt jetzt noch Handkraft ein, wird die Form meist unwiederbringlich zerstört. Denkbar ist auch, dass das Objekt die Farbe oder Oberflächenbeschaffenheit verändert. Manch ein Füllerfan bereute bereits den Gebrauch eines Haarföhns und hatte durch falsche Zuneigung schlaflose Nächte. Es sei daher hier eindringlich appelliert zur Vorsicht im Umgang mit dem Heißluftföhn an Füllhalterteilen. Wenn Sie einen solchen an einem Füllhalter zum Einsatz bringen wollen, tasten Sie sich langsam heran. Das bedeutet, operieren Sie mit heißer Luft nicht zu lange an einer Stelle. Und erhitzen Sie etappenweise, womöglich in mehreren Versuchen, bis eine Verbindung nachgiebig wird. Unerlässlich scheint dennoch nachfolgender Hinweis. Spätestens, wenn Sie unsicher werden oder alle Bemühungen erfolglos blieben, brechen Sie die Selbstbehandlung ab, und ziehen Sie einen Fachmann zurate, bevor das schöne Stück ruiniert ist.

5.1.3   Ultraschallgerät

Ob der Ultraschallreiniger zum Fluch oder Segen wird, zeigt sich in der Art der Verwendung. Darauf kommen wir im übernächsten Unterkapitel zurück.

5.2   Bearbeitung von Oberflächen

5.2.1   Schleifen und Polieren

Bei manch einem mögen Zweifel aufkommen, ob derartige Bearbeitungsarten hierhin gehören. Mit Bedacht angewandt ist aber das Schleifen und Polieren mit weniger Gefahren verbunden als völlig falsche Liebe mit Haarföhn und Ultraschallgerät. Mehr noch kann jeder mit den passenden Mitteln hier wunderbare Ergebnisse erzielen. Damit die Handarbeit nicht zum Frust, sondern zum optischen Genuss führt, widmet sich hiesiges Unterkapitel detailliert diesem Thema. Die Tipps sind gerichtet an den „normalen" Füllhalterbesitzer und keineswegs an Restauratoren und Fachwerkstätten, für die andere Maßstäbe gelten.

Jedes mit einer Granulatschicht versehene Schleif- und Polierpapier besitzt zur Orientierung eine die Körnungsgröße einstufende Nummer. Je höher die Zahl, desto feiner die Körnung. Und je niedriger diese Nummer, um so gröber die Körnung. Das Schleifkorn sorgt beim Arbeitsvorgang für den Abtrag der behandelten Oberfläche. Ein großes (schrofferes) Korn „reißt" bzw. „kratzt" mehr Material aus einem zu schleifenden Werkstück als ein klitzekleines Körnchen, welches eher glättet, also poliert. Schlagen Sie sich Körnungen niedriger als 1500 gleich aus dem Kopf. Wer solche Körnungsgrade für Füllerkandidaten, bei denen hart zur Sache gegangen werden muss, braucht, sollte Restaurator sein. Noch bei Körnungsgrößen von 1500 bis 2400 ist ebenfalls allergrößte Vorsicht geboten. Mit ihnen lassen sich tiefere Kratzer angehen und Grate abtragen. Am besten übt man aber zuvor an irgendwelchen unwichtigen Metall- und Plastikgegenständen. Idealerweise beginnt man dann mit der faktischen Arbeit auch keinesfalls am edelsten seiner Füllfederhalter, sondern an einem minderwertigeren Exemplar, an dem man, im Falle des Misslingens ohne anschließende Wehmut, werkeln kann. Ab einer Körnung von 6000 bis zu 12000 spricht man vom Polieren und nicht mehr vom Schleifen. Bei der Kornstärke lässt sich selbst für den Gelegenheitsrestaurateur an seinen Tintenschreibern kaum noch etwas falsch machen. Die Vorstufe zur Politur, Korn 4000, gilt weiterhin als leichtes Anschleifen, bei der also Materialabtragung erfolgt, wenn auch dezent. Das ist ein prima Einstieg, um allerfeinste Kratzerchen, sogenannte Mikrokratzer und Wischspuren, zu entfernen, bevor man zum Polieren übergeht.

Als Maxime im Umgang mit Schleif- und Polierpapieren zählt, sie unbedingt stets in angemessener Reihenfolge nacheinander anzuwenden. Das bedeutet beispielhaft, mit Korn 1500 zu beginnen, um anschließend mit Korn 6000 weiterzumachen, ist tabu. Stattdessen arbeitet man sich schrittweise hoch, beispielsweise in den Körnungsstufen 1500, 1800, 2400, 3200, 4000, 6000, 8000 und 12000. Eine kleine Herausforderung ist dabei, korrekt einzuschätzen, mit welcher Körnung man beginnt (z.B. 2400) und womit man aufhört (z.B. 12000). Im Gedächtnis behalten muss man außerdem die Tatsache, dass Polieren mit den Papieren stets Hochglanz bedeutet und keineswegs nur glätten und säubern. Jedoch ist es unter Umständen überhaupt nicht gewünscht, dass Teile des Füllers strahlen, weil das Schreibgerät im Originalzustand sich einst matt präsentierte. Die folgerichtige Faustregel ist daher, je früher man vor der allerhöchsten Körnung aufhört, umso matter die Oberfläche. So kann man leicht den Mattheitsgrad bestimmen, mit dem man die Bestandteile des Füllfederhalters versieht. Hier muss jeder selbst nach seinen Vorstellungen und womöglich der Oberflächenbeschaffenheit einer Originalvorlage entscheiden, wo bzw. wann das Schleifen und Polieren beginnen und enden soll.

Zur raschen Orientierung fassen wir nochmals zusammen: Körnungen unter 4000 bedeuten Schleifen. Eine Körnung ab 6000 heißt Polieren. Dazwischen, etwa die Körnung 4000, könnte man als Mattieren titulieren.

Eine maßgebliche Frage muss endlich geklärt werden. Soll man feucht oder trocken schleifen? Die Antwort ist eindeutig: nass! An unseren werten Füllhaltermaterialien bitte weder den Schleifvorgang und erst recht nicht den Poliervorgang mit furztrockenem Papier vornehmen. Das Schleifpapier am besten triefend nass machen und stets ordentlich durchtränkt halten. Das bedeutet, man muss zwischendurch nachwässern und Schleifrückstände vom Papier und der bearbeiteten Oberfläche immer wieder abwaschen. Bewerkstelligt man die Wässerung ökologisch über ein

Behältnis (z.B. Becher), darf man nicht vergessen, das Wasser darin zwischenzeitig zu wechseln. Je gröber das Korn, desto häufiger ist das Schmutzwasser durch frisches zu ersetzen. Das Werkstück des Öfteren trocken abreiben, um optisch die Qualität der Arbeit zu prüfen. Denn es ist wie beim Autolack im Regen. Man sieht am regennassen Auto keine Schrammen.
Bei Tintensackfüllern ist außerdem darauf zu achten, dass sie im Innenraum keinesfalls feucht werden, da ansonsten ein Öffnen, Trocknen, Ölen und Nachtalken des Tintensacks erforderlich ist.

Schleif- und Polierpapiere gibt es in Hülle und Fülle und dazu jede Menge Normen und Preiskategorien. Die Empfehlung für das Hantieren an sensiblen Füllfederhalterteilen ist zweifelsohne sogenanntes Mikro-Mesh-Gewebe. Es gilt als ausgesprochen anwendungsfreundlich für das händige Arbeiten und hält wahrlich lange. Auf dem Stoffträger des Mikro-Mesh wurde, bevor die Kornschicht kommt, eine Latexschicht dazwischen gesetzt. Das Ergebnis ist dadurch weniger ein Schleifpapier als ein Schleif- bzw. Polierlappen. Er ist in feuchtem Zustand wunderbar geschmeidig, liegt sicher zwischen den Fingern, und der Verschleiß ist gering. Das rechtfertigt den höheren Preis von ein paar Euro pro Blatt gegenüber den Billigschleifpapieren aus dem Baumarkt, die im Cent-Bereich liegen.

Geschliffen und poliert werden Teile des Füllers, wie der Schaft, entweder längs, quer oder diagonal, aber keinesfalls kreisend. Denn der Erfahrung nach springen kreisrunde Wischspuren bei nicht absolut gleichmäßiger Arbeit eher ins Auge. Beim Reiben übt man einen mäßigen, möglichst gleichbleibenden Druck aus. Rückstände auf der behandelten Oberfläche spült man am besten mit Wasser weg. Darf jedoch das Objekt keinesfalls völlig nass werden (Tintensackfüller), kann man auch ein angefeuchtetes, sauberes Tuch verwenden. Die Mikro-Mesh-Lappen eignen sich für die meisten Metalloberflächen, so Aluminium, Silber, Gold und Legierungen, wie ebenso für Kunststoffe, Holz, Horn, Zelluloid und Ebonit (Hartgummi).

Schadhafte Stellen wie (ggf. aufgefüllte) Kratzer, Bissspuren, Mikrodellen und unerwünschten Gravuren behandelt man systematisch. Mit dem feiner werdenden Korn dehnt man die Flächen immer weiter aus. Infolge der Untergliederung in ausladende Arbeitsphasen passt sich die Materialumgebung zunehmend an. Kleinste Unebenheiten, Mikrokratzer und Verwischungen werden ineinander geglättet. Alles verschmilzt zu einem fürs menschliche Auge untadeligen Gesamtbild, wenn man ordentlich und geduldig blieb.

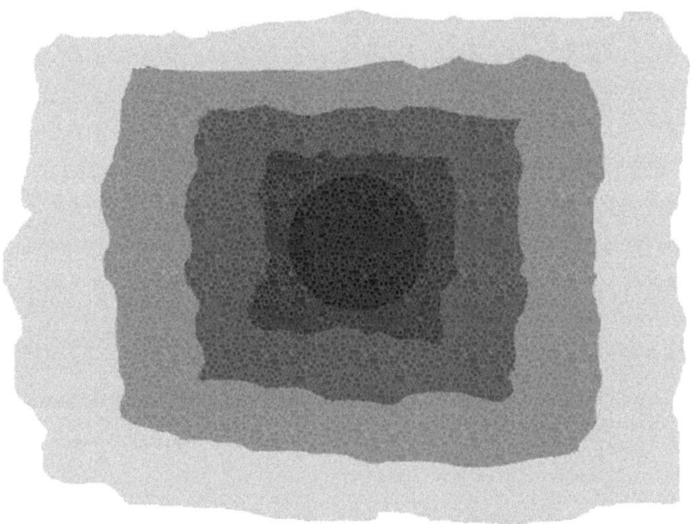

Bild 74: Skizziert die Arbeitsphasen beim Schleifen und Polieren. In der Mitte sitzt die (ggf. reparierte bzw. ausgebesserte) schadhafte Stelle. Mit gröberem Korn beginnt man auf diesem Punkt sowie in unmittelbarer Nähe. Mit jedem feineren Kornwechsel weitet man die behandelte Fläche aus.

Sofern rundliche und abgerundete Flächen zu bearbeiten sind, lässt sich ohne Maschineneinsatz über eine gewisse Grifftechnik händisch wunderbar den gegebenen Konturen anpassend der Schleiflappen führen. In Abb. Bild 75 sehen Sie ein Beispiel. Den gefalteten Lappen hält man zwischen 2x2 Finger und spannt ihn durch Auseinanderziehen. Anfänger neigen hierbei zum Verkrampfen. Zur Technik gehört etwas Übung. Ab und an muss der

Griff trainiert werden, um „den Dreh" rauszukriegen. Pausen zum Nachwässern nutzt man, um die Finger aufzulockern. Entweder reibt man das Werkstück am Mikro-Mesh Schleifpapier, oder, was vielmehr anzuraten ist, man streicht den gespannten Streifen mit moderatem Druck und ständigen Auf-und- Ab-Bewegungen über den zu behandelnden Gegenstand.

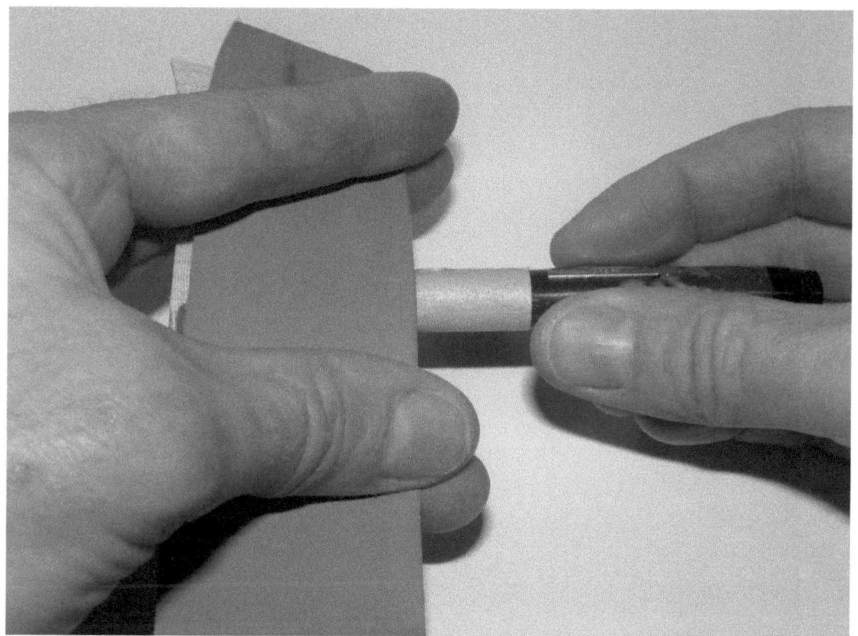

Bild 75: Flexibler, händischer Bandschleifer (Abb. zeigt Linkshänder).

In Bild 76 sehen Sie eine Sammlung Mikro-Mesh Schleif- und Polierlappen in der Größe von circa 15x8 cm. Sie brachten bereits mehr als 50 Einsätze hinter sich, zeigen deutliche Spuren, sind jedoch noch nicht völlig am Ende. Trotz ihres „Alters" verfügen sie weiterhin über unverändert einwandfreie Handlingseigenschaften.

Nach dem Schleifen und Polieren lassen sich ergänzend mit einer Poliercreme die Flächen verfeinern. Man trägt dazu die Creme mit einem Tuch aus Baumwolle oder Mikrofaser auf und poliert mit Druck in vertikaler bzw. horizontaler Richtung vor, zum Beispiel bei einem Schaft idealerweise in Längsrichtung. Verfärbungen der Paste im Tuchstoff signalisieren, dass die Politur arbeitet. Anschließend reibt man mit einem sauberen, überaus feinen Mikrofasertuch gründlich nach, bis alle Politurreste verschwanden und eine völlig blanke, glänzende Fläche entsteht.

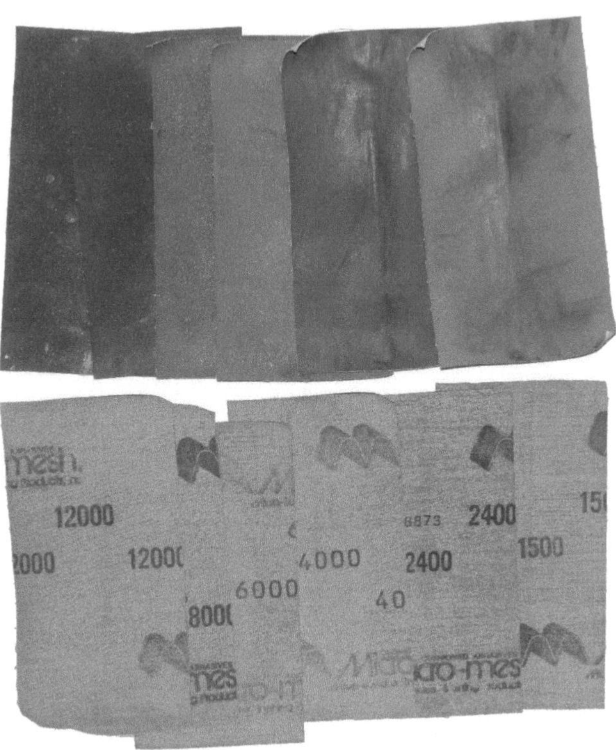

Bild 76: Mikro-Mesh Schleifpapiere sind bei richtiger Anwendung vielfach verwendbar. Ab Körnung 6000 und höher wird nicht mehr geschliffen, sondern poliert.

Bild 77: Resultat nach der letzten Schleifstufe. Maßgebend für die Abtragsmenge ist der tiefste Kratzer.

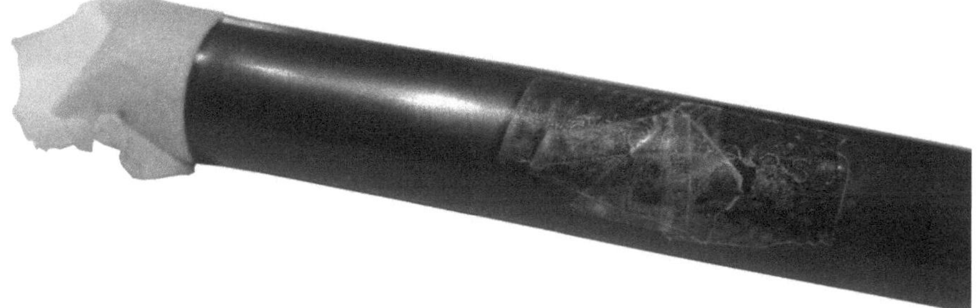

Bild 78: Resultat nach der ersten Polierstufe. Neuer Glanz entsteht.
Erhaltenswerte Imprints müssen natürlich abgeklebt werden.

Auch Politurcremes gibt es zahlreiche auf dem Markt. Empfehlenswert ist auf jeden Fall das bei Blechblasmusikern äußerst beliebte Unipol Blau. Es bringt nicht nur Blechblasinstrumente wie Trompete und Posaune wieder zum Strahlen. Genauso frischt es Materialien wie Edelstahl, Aluminium, Platin, Gold und Silber erneut auf und entfernt Oxidation und leichte Kratzer. Außerdem ist es getrost bei harten Kunststoffen hervorragend einzusetzen. Reibt man es frisch aufgetragen in feuchtem Zustand, arbeitet die Paste polierend. Lässt man sie auf der Oberfläche antrocknen, kommt beim Abreiben eine Schleifwirkung zum Tragen.

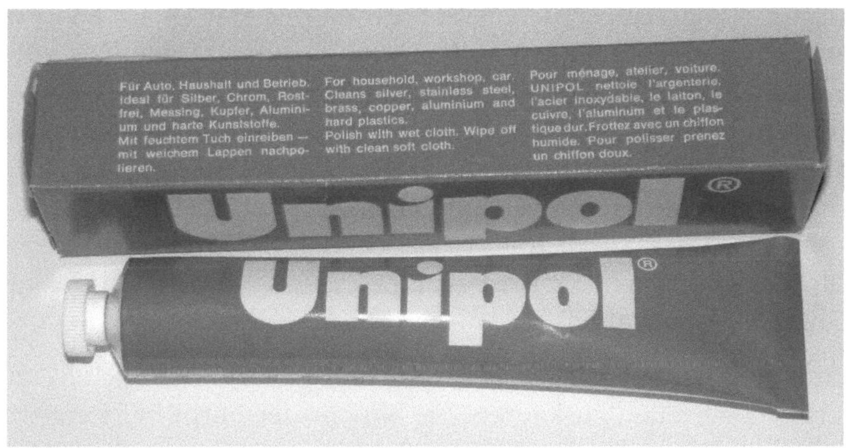

Bild 79: Unipol Blau

Der Mikro-Mesh-Lappen der Körnung 12000 kann auch ganz fabelhaft für das Entgraten kratziger Füllhalterfedern benutzt werden. Sind die Grate an der Feder besonders markant, muss man womöglich noch mehrere Körnungsstufen weiter unten beginnen. Doch wie so oft heißt es Vorsicht! Fangen Sie bei entbehrlichen, preisgünstigen, ersetzbaren oder schon ruinierten Exemplaren mit den Experimenten an. Mit etwas Übung können Sie sich, natürlich auf eigene Gefahr, dann an anspruchsvollere Füllerfedern wagen. Legen Sie den Polierlappen auf eine flache Unterlage, wie ein Schneidbrett aus der Küche bzw. Vergleichbares. Machen Sie den Lappen dort, wo er mit der Feder in Berührung kommt, ordentlich nass. Halten Sie den Füller wie gewohnt in der Schreibhand und formen Sie abwechselnd stehende und liegende Achten auf dem Polierlappen. Dabei immer wieder die Hand mal etwas nach links und nach rechts kippen lassen. Alles sollte mit äußerst geringem Druck vonstattengehen, einerseits, damit die Federspitze nicht im Lappen verkantet und stecken bleibt, andererseits, um die Effektschritte klein zu halten. Agieren Sie keinesfalls zu lange. Unterbrechen Sie die Tätigkeit unentwegt und immer wieder, um das Ergebnis auf einem Schreibblock „trocken", also noch ohne Tinte, zu testen. Vor der Überprüfung stets kurz die Federspitze in Wasser tauchen und mit einem Hygienetuch abwischen, um etwaige Rückstände zu entfernen. Die völlig trocken laufende Feder auf dem Schreibpapier wird nie so weich arbeiten wie die feuchte, sprich mit Tinte. Wenn Sie glauben, dass die nachgearbeitete, tintenfreie Füllerfeder zahm genug erscheint, auch bei dezenten Abweichungen im Kippwinkel der Hand, so können Sie den Füller mit etwas Schreibflüssigkeit befüllen oder Dippen und testen. Er wird sich jetzt gewiss sanfter und leichter schreiben lassen als zuvor.

Zum Federn feinschleifen bzw. polieren gibt es zwar auch fix und fertig Polierfeilen zu kaufen. Sie ähneln der Form her Fingernagelfeilen. Damit der Haussegen nicht in Schieflage gerät, bitte ich jedoch den männlichen Leser, jetzt keinesfalls die Nagelfeilen der Lebensgefährtin stibitzen zu wollen. Denn aus dem Mikro-Mesh-

Lappen ist schnell selbst eine Polierfeile gemacht. Dazu klebt man einfach ein feinkörniges Blatt (mitunter genügt ein ausgeschnittenes Stück davon) auf eine passende, plane, stabile, doch nicht zu harte Unterlage. Das kann zum Beispiel flaches Weichholz oder der Abschnitt einer Gummimatte sein.

5.2.2 Klebstoffe

- *Kleber als Füllmittel*

In den selteneren Fällen rückt man mit herkömmlichen Klebemitteln zwecks Reparatur dem Füller zu Leibe, um etwa zwei zerbrochene Teile zusammenzubringen. Diesbezüglich ist das eher eine Sache von Fachleuten. Jedoch als Füllmasse eignen sich gewisse handelsübliche Kleber hervorragend und können auch effektiv von Laien eingesetzt werden. Wir wollen hier nicht über Risse und Brüche sprechen, die vielmehr in die Hände eines Restaurators gehören. Aber kleinere Dellen und leichte Kratzer kann der auf Ästhetik wertlegende Füllhalterfreund mit relativ wenig Aufwand selbst „ausradieren".

Die hier empfohlenen Klebstoffe sind prinzipiell transparent. Sie gehen nach der Behandlung eine Art Symbiose mit dem umgebenden Material ein, verschmelzen gewissermaßen optisch mit ihm. Ein Dosierungshinweis à la „weniger ist mehr" wäre völliger Blödsinn. Stattdessen lässt sich treffender formulieren „weniger schadet nicht". Genauer gesagt ist es besser, eher eine kleine Menge als zu viel auf einmal aufzutragen. Eine zu geringe Portion Füllmasse kann man in einem nächsten Arbeitsschritt aufstocken. Wurde allerdings zu dick aufgetragen, muss man aufwendig mithilfe von Schleifpapier wieder Material beseitigen. Prägen Sie sich bitte diesen Leitgedanken ein. Die Behältnisse sind mit feinen Dosiernadeln ausgestattet. Damit können punktgenau kleinste Tröpfchen gesetzt und Linien gezogen werden. Nutzen Sie die Dosiermöglichkeit, und üben Sie gegebenenfalls zuerst an einem unbedenklichen Übungsobjekt. Ist die Delle oder der Kratzer aufgefüllt, muss das behandelte Teil erst einmal ruhen. Die Trocknungs- und Aushärtungszeit hängt vom verwendeten Klebstoff, Raumtemperatur, Belüftung, usw. ab. Um einen Anhaltspunkt zu geben, ist ein Zeitraum von 24 Stunden für alle infrage kommenden Werkstoffe ausreichend. Zwischenzeitlich kann man nach dem Antrocknen, hierdurch schrumpft oft der Füllstoff, bei Bedarf weitere Schichten aufbringen, wodurch die Trocknungsfrist von vorne beginnt. Erst wenn das Füllmittel ausgehärtet ist, können die noch vorhandenen Unebenheiten mit den im vorangegangenen Unterkapitel beschriebenen Schleifmitteln angegangen werden.

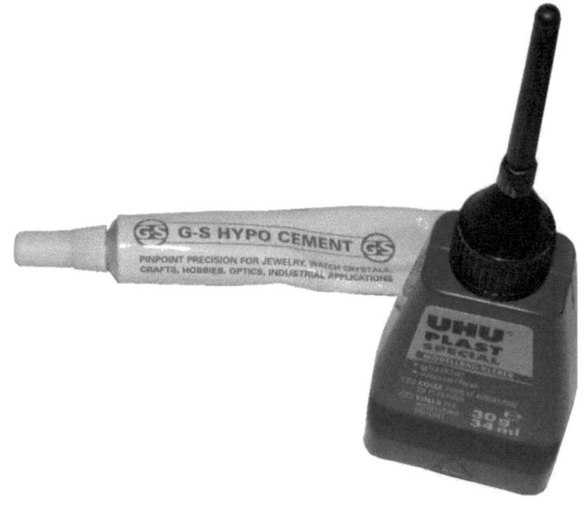

Bild 80:
Beispielhaft ein
Modellbaukleber und
sogenannter
Uhrmacherzement.

Mitunter sind trotz dem Auffüllen der Miniaturrisse und Kratzer diese noch durch das transparente Material mit bloßem Auge erkennbar. Man könnte dann versuchen, vor Aufbringen den Klebe- bzw. Füllwerkstoff durch Zugabe und Verrühren mit einigen Tropfen Acrylfarbe z.B. aus dem Airbrush-Kasten einzufärben. Jedoch aufpassen. Es kann sein, dass durch die Farbzugabe die Masse nicht mehr vollständig aushärtet und abfärbt. Daher erst mit einer kleinen Menge experimentieren.

Ist die umgebende Originalfarbe schwerlich zu treffen, hier ein wirkungsvoller Tipp. Mit Schmiergelpapier der Körnung 1500 bis maximal 800 (keinesfalls eine rauere Korngröße verwenden) streicht man ausnahmsweise trocken über die Reparaturstelle, dass bloß eine hauchdünne Staubschicht des farbigen Umgebungsmaterials gelöst wird. Das entstandene Pulver vermischt man dann mit transparentem Modelbaukleber direkt auf der Füllstelle und schließt sie so farblich optimal angepasst.

Eine spezielle Art von Klebstoff kann man bei abgenutzten und geschrumpften Kolbendichtungen einsetzen. Sind die alten Kolbenteile unersetzbar oder nur mit hohem Aufwand und immenser Bruchgefahr erneuerbar, ist dies angebracht. Die aufgestellte Prämisse ist, das Klebemittel muss fest haften, formstabil bleiben und dennoch elastisch sein. Es wird in einer dünnen Schicht rund um den Kolben bzw. die Kolbendichtung gleichmäßig aufgetragen. Zumindest die Kolbenstange samt aufsitzendem Kolben gehört dafür natürlich ausgebaut. Im Anschluss benötigt die Klebeschicht bis zu einem Tag bis zur vollständigen Haftfestigkeit. Es ist wichtig, dass in dieser Zeit die Klebestelle mit nichts in Berührung kommt. Das Bauteil einfach zur Seite zu legen ist demzufolge unmöglich. Man kann das Element an einem sicheren Ort aufhängen. Viel praktischer ist es jedoch, auf die im Kapitel 5.1 vorgestellte Wäscheklammer zurückzugreifen. Sie ist in dem Fall als Ständer dienlich und hält die Kolbenstange fest, während darüber der „runderneuerte" Kolben in Ruhe trocknet. Vor dem Zurücksetzen in den Füllhalterschaft prüft man erst unter der Lupe, ob die Schicht gleichmäßig genug ist. Die Kontur sollte idealerweise rund und nicht oval sein. Bei Bedarf kann man noch auf gewässerten Mikro-Mesh-Streifen etwas nachbessern. Zu guter Letzt trägt man Silikonfett hauchdünn auf und setzt alles wieder in den Schaft ein.

Bild 81: (Bsp.) Elastischer Klebstoff.

- *Kleber als Haftmittel*

Füllfederhalter bestehen seit ihrer Entwicklung aus unterschiedlichen Bauteilen und nicht „aus einem Guss". Üblicherweise wurden und werden Steck- und Schraubverbindungen verwendet, um Füllhalterteile zusammenzuhalten. Besonders frühe, klassische Füller weisen eher Steckverbindungen auf, weil sich diese bei den damals derber arbeitenden Maschinen konsistenter herstellen ließen als ein Schraubgewinde. Idealerweise kamen gedrehte, gedrechselte, gepresste, gestanzte oder gegossene Teile heraus, die zusammenpassten. Meist jedoch ergab sich ein gewisser Bewegungsspielraum, den es aufzufüllen galt, damit Einzelteile ineinandergesteckt auch fest zusammenhielten und nicht rumwackelten und womöglich herausfielen. Für die Verbindung nutzte man niemals herkömmliche Dauerkleber, sofern es solches schon auf dem Markt gab. Denn die Nahtstellen mussten ablösbar sein, um zum Beispiel an das Innere des Tintensackfüllhalters zu gelangen. Bis heute gelten Klebstoffe aus der Sekundenkleber-Fraktion als Frevel, die chemischen Haftmittel als Stilbruch. Oft kommt es hier auch zu Haftproblemen unterschiedlicher Werkstoffe. Und die im Füller von Natur aus gegebene Feuchtigkeit kann die negative Symptomatik noch verstärken.

Traditioneller Klebesaft ist und bleibt bei Füllhaltern daher ein Naturprodukt, der sogenannte Schellack, ein „Allrounder", der abdichtet, füllt, klebt und feuchtigkeitsresistent ist. Im Besonderen beim Einkleben von Tintensäcken auf das hintere Ende der Griffsektion und die stabile Verbindung von Bauteilen gibt es bis heute nichts Besseres und vor allen Dingen nichts Authentischeres. Restauratoren aus diversen Fachgebieten schätzen ihn als Naturstoff neben Knochenleim aufgrund jahrhundertelanger Erfahrung wegen seiner kalkulierbaren Wirkungsweise und Reversibilität.

Als Schellack bezeichnet man die harzigen Ausscheidungen der weiblichen Gummilackschildläuse. Er kommt insbesondere aus Südostasien. Man benutzte das Harz in früheren Epochen als

Schutzlack für das Holzmobiliar und als Siegellack. Die ersten Schallplatten produzierte man aus ihm, wie vielen von uns noch bekannt. In der jetzigen Zeit verwendet die Nahrungsmittelindustrie Schellack gerne zum Überziehen von Früchten nach der Ernte, um sie so auf den langen Transporten vor dem Austrocknen und Schädlingen zu schützen. Eine Reihe Musiker mit Streichinstrumenten bestreichen sich den Saitenbogen mit einer Schellacklösung. Denn das klebrige Harz erzeugt Reibung. Diese wiederum versetzt die Saite in Schwingung, worauf ein Ton folgt.

Der Schellack im Zusammenhang mit Füllfederhaltern ist eine viskose Lösung basierend auf reinem Alkohol. Borax oder Ammoniak gibt man hinzu, wenn die Substanz wasserlöslich sein soll. In dem Fluid (4ml auf 1g Harz) löst man geraspelte bzw. zermahlene Bröckchen des Läuseharzes auf. Die puren Absonderungen der Schildlaus sind ungiftig, dahin gehend also ungefährlich, aber brennbar und werden bei etwa 140 °C flüssig. Bei zuvor beschriebener Tinktur für den Federfüller ist der Schmelzpunkt bzw. Aufweichepunkt jedoch deutlich niedriger angesiedelt.

Üblicherweise erhält man den Füllhalter-Schellack in kleinen Glasfläschchen. Das klingt einfacher, als es ist. Denn Händler moderner Schreibwaren führen solche Materialien kaum noch in ihrem Sortiment. Und auf historische Schreibgeräte spezialisierte Läden muss man erst einmal finden. Manch ein Füllhalterfreund greift deswegen wohl oder übel darauf zurück, die Lösung aus vorgenannten Bestandteilen selbst zusammenzumischen. Den zähflüssigen Schellack streicht, tupft bzw. träufelt man auf die zu fixierende Stelle und fügt die Verbindungsteile zusammen. Das Auftragen lässt sich perfekt mit einem Zahnstocher und dergleichen erledigen. Die Klebestelle sollte zumindest mehrere Stunden in Ruhe trocknen. Doch spätestens einen Tag später darf die Verklebung normal belastet und der Füllhalter genutzt werden. Je frischer ein Klebepunkt, umso leichter ist er auftrennbar, weil Schellack infolge Erwärmung wieder aufweicht. Je älter solch eine Klebung wird, desto fester wird sie. Nach Jahrzehnten ist eine derartige Verbindungsstelle sprichwörtlich bombenfest. Trennbar sind die Verbindungsglieder wie angedeutet durch Wärme bzw. Hitze. Dabei ist größtes Fingerspitzengefühl geboten, um keinesfalls das angrenzende Material zu überhitzen, was zu Zerstörung, Verbrennung, Verformung oder Verfärbung führen kann. Älterer Schellack ist bereits spröde und verflüssigt sich nicht mehr, sondern bricht eher auseinander. Doch trennbar bleibt solch eine Verbindungsstelle immer.

Bild 82:
Fertige
Schellack-Lösung
im praktischen
Fläschchen.

Bild 83: Rohschellack sieht wie hauchdünne, zerbröselte Blätter aus. Die Ausscheidungen der Schildlaus werden vom Erntepersonal abgeschabt.

5.2.3 Füllmittel

Müssen ausgedehntere Flächen bzw. erheblich Volumen aufgefüllt werden, greift man statt zum flüssigen Füllkleber zu einem Kunststoff, der in weichem Zustand verarbeitet wird und schließlich aushärtet. Dies betrifft tiefe Dellen, großspaltige Risse oder vollständige Brüche. Prinzipiell gehören solche Facharbeiten in die Hand eines Restaurators mit entsprechender Werkstatt. Aber zu oft treffe ich Füllerfreunde an, die einen lieb gewonnenen, simplen, preisgünstigen Füller besitzen, welcher leider beschädigt ist. Eine fachmännische Restauration lohnt in diesen Fällen einfach nicht. Jedoch ihn wegzuwerfen täte den Allermeisten verständlicherweise in der Seele weh. Sie können sich jetzt allerdings mit hiesigen Tipps selbst helfen, ohne im Ernstfall viel Schaden anzurichten. Es kann also nur besser werden.

Als Füllmittel ist für die angesprochenen Bedürfnisse ausgezeichnet die in kleinen Tuben erhältliche Epoxidharz-Knetmasse tauglich, die es fortwährend im Fachhandel und hin und wieder auch beim Discounter gibt. Die Substanz besteht aus zwei Komponenten, einem Füller und einem Härter. Man schneidet eine meist winzige Scheibe von der wurstförmigen Masse ab und verknetet die beiden Bestandteile sorgfältig miteinander. Das so nur kurzzeitig weiche Epoxidharz sollte flott aber vorsichtig, großzügig und dennoch überlegt in die zu füllende Stelle eingearbeitet und fest angedrückt werden. Insbesondere muss man darauf achten, es nicht in Bereiche gelangen zu lassen, wo es die Funktion des Füllers später beeinträchtigen könnte. Es wäre zum Beispiel fatal, geriete etwas davon ins Innere eines Kolbenfüllers und blockierte dort künftig den Kolben. Während der zuvor beschriebene Transparentkleber sich der Umgebungsfarbe angleicht, bleibt die normalerweise hellgraue Epoxidharz-Knetmasse auch nach dem Aushärten grau. Wen das stört, der schleift und poliert an die Trocknungsphase anknüpfend das ausgehärtete Harz, um es mit etwas passender Acryllackfarbe zu lackieren. So kann man beispielsweise mit einem superfeinen Farbpinsel streichen/tupfen oder das Werkstück (teilweise) in Farbe tauchen.

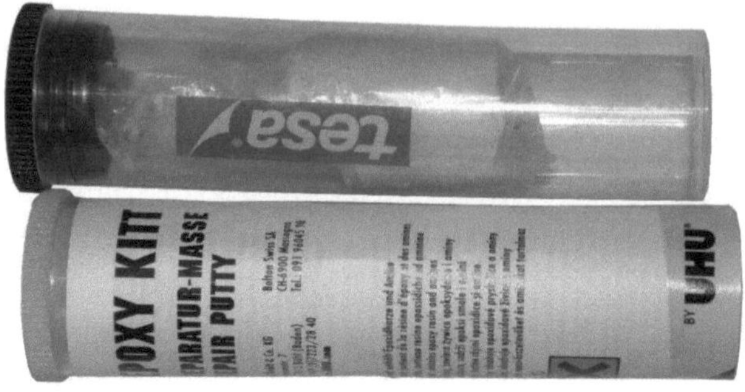

*Bild 84: Beispielhaft Epoxid 2-Komponenten Knetmasse,
wie es sie sowohl im Fachhandel, als auch oft beim
Discounter gibt. Auf das Alter achten! Ist die Substanz zu
alt, wird sie krümelig und damit unbrauchbar.*

5.2.4   Hartgummi / Ebonit

Hartgummi ist ein enorm widerstandsfähiger, natürlicher Kunststoff und eignete sich schon immer für die meisten Bauteile eines Füllhalters ausgesprochen gut. Als Konservierungsmaßnahmen geistern diverse Tipps rund um den Globus. Ein Freund analoger Uhren sagte mir, er schwöre darauf, außer seinen antiken Ziffernblättern auch die Ebonit-Füllfederhalter mit einer aufgeschnittenen Kartoffel sauber zu reiben. Glücklicherweise schadet es dem Hartgummi kaum. Aber Positives bewirkt es meines Erachtens überhaupt nicht. Pfeifenraucher werden mit der Pflege ihrer Ebonitfüller keine Probleme haben, müssen sie doch regelmäßig ihre Ebonitmundstücke behandeln. Sie kennen die folgenden Behandlungsmethoden womöglich in ähnlicher Weise schon. Lag ein Ebonit-Füller lange Jahre in der Ecke, und begann bereits ein Veränderungsprozess (siehe Kapitel 4.4) des Materials, sollte gehandelt werden. Die Patina, eine grünlich verfärbte Schicht, ist nicht etwa durch Ablagerungen von außen hinzugekommen. Sie besteht stattdessen aus der umgewandelten, leidlich dicken Deckschicht des Hartgummis, die der Umgebungsluft zugewandt und ihr ausgesetzt ist. Die Intensität der anstehenden Behandlung hängt hauptsächlich davon ab, ob die Flächen schmucklos sind oder man sie mit Imprints, Verzierungen und dergleichen versah.

Ist der Überzug noch dünn, kann es genügen, mit einer Poliercreme wie Unipol Blau zu arbeiten (siehe Seite 151). Man gibt ein paar Kleckse der Politur auf ein Baumwolltuch und verstreicht die Paste mit dem Finger. Dann reibt man mit Druck, auf einfachen, glatten Oberflächen mit mehr, auf verzierten und beschrifteten Regionen mit gebührend weniger. Entweder rubbelt man die betroffenen Ebonitflächen über den Stoff oder das Tuch über das Ebonit, je nach persönlicher, handwerklicher Vorliebe. Ist die Patina ausgeprägter, greift man vor dem Polieren mit Creme erst noch zu leichtem Schleif- und Polierpapier.

Wenn Flächen gravierte oder heiß eingelassene, erhaltenswerte Vertiefungen besitzen, ist der Gebrauch von Poliercreme und -papier der Körnung 8000 und 12000 bei genügend Umsicht verhältnismäßig ungefährlich. Trotzdem empfehle ich vor dem Einsatz von Schleifpapieren, Imprints und Verzierungen abzukleben und anschließend, vor der Anwendung der Politurcreme, die Klebestreifen wieder zu entfernen. Muss man keinerlei Gravur, Stempel, usw. schonen oder deckte sie ab, kann getrost zu Körnung 6000 und rauer gegriffen werden, je nachdem, wie tief der Umwandlungs- und Zersetzungsprozess ins Hartgummi reicht. Selbstverständlich ist das Schleif- und Polierpapier stets gründlich nass zu halten. Bei der Arbeit mit derlei Schleifmitteln an der Ebonitpatina löst sich diese allmählich in Form einer grünen, stark schwefelhaltigen, leicht schleimigen Substanz ab. Dabei entsteht möglicherweise ein übler Geruch, der Brechreiz hervorrufen kann. Aus dem Grundstoff gewonnene chemische Stoffe waren nicht umsonst, zumindest in früheren Zeiten, von Apothekern häufig angebotene Brechmittel. Immer wieder muss man mit einem Tuch den frei geschliffenen Schmierfilm wegreiben, um zu prüfen, ob die Ursprungsfarbe des Ebonits bereits hervortritt oder Weiterschleifen angesagt ist.

Nach dem Wegschleifen und Wegpolieren der Patina erscheint das zuvor grünlich fleckig matte Hartgummi erneut tiefschwarz bzw. bei gefärbtem/marmoriertem Werkstoff in kräftig strahlenden Farben. Abschließend sollte man den Behandlungshinweisen (siehe Kapitel 4.4) folgend alle Ebonitoberflächen mit einem Nelkenölfilm versehen und den Füller einen Tag zur Seite legen.

Eine ebenfalls brauchbare Methode, um Flecken und eine bloß dünne Patina aus Hartgummi zu entfernen, ist die Herangehensweise mit Öl und Ölsteinpulver. Eine Fingernagelspitze von diesem Pulver genügt für den kompletten Füllhalter. Man rührt daraus ein Gemisch zusammen mit Nelkenöl (ersatzweise Ballistol, siehe Seite 182). Mit einem Tüchlein oder dem Fingerballen trägt man die Mixtur auf und verreibt sie sorgfältig. Dann werden die Oberflächen mit einer Blockflötenbürste (eine Zahnbürste mit etwas härteren Borsten ginge auch) minutiös mit viel Ausdauer ausgebürstet. Im Handumdrehen sind die ersten Erfolge erkennbar in Gestalt eines sauberen, einheitlichen Erscheinungsbildes mit hervorgehobenen Gravur- bzw. Verzierungsdetails. Sofern praktikabel wird das Hartgummimaterial daraufhin mit klarem Wasser gespült oder zumindest feucht abgerieben. Ist dann das gewünschte optische Ergebnis noch nicht erreicht, wiederholt man die Bearbeitungsprozedur einfach. Zum Schluss werden alle traktierten Flächen mit reinem Nelkenöl nachbehandelt.

Manch einer fährt harte Geschütze zum Beispiel in Form von Äthansäure auf, um Ebonit zu putzen. Im Küchenschrank steht meist Essigessenz bereit, die immerhin rund 25% dieser Säure enthält. Im freien Chemie- bzw. Reinigungsmittelhandel bekommt man auch 60-, 80- bis 100%ige Essigsäure, z.B. zum Entkalken, Fensterputzen und als keimtötendes Putzmittel. Und das Zeug wird, je höher konzentriert, umso hochgefährlicher. Aus lauter Verzweiflung ob dem Zustand seines geliebten Ebonit-Füllhalters sollte man dennoch einen kühlen Kopf bewahren, was die Sicherheitsvorkehrungen und die Risikoabwägung angeht. Wer die hier formulierten Pflegetipps anzuwenden versucht, tut dies auf eigenes Risiko. Zur Gesundheitsvorsorge ist Rauchverbot, das Tragen von Handschuhen sowie Schutzbrille und das Arbeiten im Freien, in gut belüfteten Räumen und/oder mit Atemschutzmaske zweifelsohne anzuraten!

Viele Pfeifenraucher wenden neben chlorbasierten Bleich- und Putzmitteln die Äthansäure zum Reinigen ihrer Ebonit-Mundstücke an. Das Schöne an Letzterem ist das effektive natürliche Rezept. Alles Erforderliche, Essigsäure und Hitze, stand dem Menschen allezeit zur Verfügung. Wir von der Füllhalter-Fraktion dürfen allerdings die Materialunterschiede nicht unbeachtet lassen. Bissfeste Pfeifenmundstücke haben in der Regel eine deutlich höhere Wandstärke als Füllhalterkomponenten, die wiederum häufig gravierte, thermisch eingelassene oder aufgedruckte Verzierungen und Texte tragen. Und schließlich gibt es, wie bereits erwähnt, je nach Epoche und Einsatzzweck unterschiedliche Zusammensetzungen des Hartgummis, wodurch er womöglich auch anders auf äußere Einwirkungen reagiert.

Zuerst sei der Weg zum Ziel formuliert, um mithilfe von Essigsäure Ebonit vom schwefelhaltigen Belag zu befreien. Dann diskutieren wir die Mittel. Die niedrigsiedende Essigsäure wird zum Kochen und infolgedessen Verdampfen gebracht. Das zu behandelnde Hartgummi steht unter Einwirkung der siedenden Säure, liegt also entweder in ihr bzw. ihrem Dampf. Durch eine chemische Reaktion[1] mit dem Sauerstoff der Umgebungsluft brennt bzw. ätzt die Äthansäure den Schwefel von der Oberfläche. Auf dem Ebonit lässt sich wieder seine ursprüngliche Farbe, wir gehen hier von tiefschwarz aus, ausmachen. Sie erscheint zunächst seidenmatt, kann dann aber bei Bedarf leicht auf Glanz poliert werden.

Man greift zu 60-80%iger Essigsäure. Doch die 25%ige Essigessenz aus dem Küchenregal tut es auch. Sie macht normalerweise mehrmalige aufeinanderfolgende Anwendungen notwendig, was der Sache jedoch keinen Abbruch tut. Die Mikrowelle kommt als

---

[1] Exotherme Reaktion.

Erhitzungswerkzeug nur in Frage, wenn sich am und im Ebonit keinerlei Metallteile befinden, insbesondere keine Edelmetalle wie Gold. Ansonsten muss man auf einen Topf und den Küchenherd ausweichen. Ein Bauteil wie eine Verschlusskappe, bei dem klar abzusehen ist, wo überall die Säure hingelangt, kann durchaus direkt in einen Herdtopf oder ein Schnapsglas für die Mikrowelle geworfen werden. Die Essigsäure kocht rasendschnell auf. Im Mikrowellengerät geschieht das in wenigen Sekunden. Beim Aufkochen muss man sofort den Vorgang stoppen, das Ebonitteil aus der Säure nehmen, auf beispielsweise einen Stiel oder Ähnliches stecken und in der Luft trocknen lassen, damit die Reaktion ihre volle Wirkung entfaltet. Bei z.B. einem unzerlegten Kolbenfüllerschaft sollte man sich reiflich überlegen, derlei Bauteile komplett unter Säure zu legen. In solchen Fällen bietet es sich an, die Essigsäure in einem Behältnis aufzukochen, während darüber auf einem Sieb oder Spritzschutz die Füllhalterkomponente liegt. Sie wird so äußerlich bedampft. Auch hier gilt, anschließend an der freien Luft trocknen und wirken lassen. Wem beide Methoden zu radikal sind, kann eine dritte, noch vorsichtigere Herangehensweise praktizieren. Ein Schnapskläschen Essigsäure wird in der Mikrowelle zum Kochen gebracht, dann herausgenommen und die heiße, dampfende Säure mit einem Wattestäbchen auf die Füllhalterkomponenten aus Ebonit gestrichen. Bereits beim Reiben trägt man vom grünlichen Belag ab. Bei der darauffolgenden Trocknung in Freiluft wirkt die Reaktion nach.

Welchem Prozedere man auch immer folgt, es erfordert gegebenenfalls Wiederholungen und Kombinationen derselben, bis der gewünschte Erfolg eintritt.

Bild 85:
Mit Öl
angemischtes
Ölsteinpulver
kann schonend
beim Abtragen
der Patina vom
Ebonit helfen.

Bild 86:
Ebonit-Verschlusskappe aus
der Jahrhundertwende. Sie
war ursprünglich mit einem
Aufsteckclip ausgerüstet
worden. Unter dem Clip
bewahrte sich UV-geschützt
das tiefschwarze Hartgummi.
Die übrigen Areale bekamen
über die Jahrzehnte eine
grünliche Schicht.

5.2.5   Weiten / Dehnen

Der Stein des Anstoßes ist häufig sowohl bei alten, als auch modernen Füllhaltern eine Passungenauigkeit von Korpus und Verschlusskappe. Entweder ist die Kappe zu labberig und wackelt auf dem Schreibgerät umher. Oder sie passt kaum drüber, weil sie zu eng bzw. der Fülle vorne zu dick ist. Wir gehen an dieser Stelle von Schraubverbindungen aus, nicht von Steckverbindungen. Greift beim Aufschrauben das Gewinde ungenügend, um den Verschluss sicher am Platz zu halten, ist entweder der Kappeninnendurchmesser zu ausladend oder der Durchmesser des Außengewindes am Schaftvorderteil zu gering. Ist es dagegen eine fummelige bis unmögliche Angelegenheit, die Verschlusskappe aufzuschrauben, verhält es sich genau umgekehrt. Seltenst ist das bei ladenneuen Füllern so. Aber mit der Zeit und äußeren Einwirkungen, vornehmlich Temperaturänderungen, können sich Bauteile nachteilig verformen. Hauptsächlich nichtmetallene Objekte sind davon betroffen. Hier kann es helfen, eine der beiden Komponenten zu weiten, also aufzudehnen. Eine im Prinzip simple Vorgehensweise hat sich bewährt.

Man sucht einen stabilen Gegenstand, am besten in konischer Form, der in die Öffnung (Schaft, Kappe) steckbar ist, aber nicht vollständig darin verschwindet. Beispielsweise kann man passende alte Griffsektionen oder cliplose Verschlusskappen ausgemusterter Füller dafür nehmen. Jetzt wird mit einem Heißluftgebläse das Material rund um den Eingangsbereich, wo sich das

Gewinde befindet, erhitzt. Nach 10-15 Sekunden legt man den Föhn geschwind weg, greift das konische Hilfsobjekt und führt es mit der schlankeren Seite voran ein, bis Widerstand spürbar ist. Dann noch gefühlvoll einen Hauch nachschieben, das Dehnungswerkzeug an Ort und Stelle belassen und abwarten, bis das angewärmte Bauteil vollständige abgekühlt ist. Daraufhin kann der konische Gegenstand, der beim Weiten der Öffnung half, herausgezogen werden. Es gilt letztlich, zu prüfen, ob die Weitung ausreichend ausfiel, indem man das Gegenstück auf das Gewinde schraubt. Durch Wiederholung des Prozederes nähert man sich dem optimalen Durchmesser sukzessive an. Materialschonender ist es allerdings, den passenden Sitz in nur wenigen Versuchen hinzukriegen.

Um den Gewindedurchmesser zu modifizieren, bei Innengewinde zu verkleinern, bei Außengewinde zu vergrößern, gibt es auch die Alternative des Materialauftrags. Hierbei wird demzufolge Substanz Schicht für Schicht aufgebaut. So könnte man z.B. Modellbaukleber, flüssiges Acryl oder Epoxidharz auf die Windungen des Gewindes geben. Das, was in die Vertiefungen bzw. Rillen lief, wird nach dem Aushärten mit einer Klinge freigeschnitten. Jedoch ist diese Strategie mit erheblichen Risiken verbunden und kann ratzfatz „in die Hose gehen". Das Verfahren per Erhitzen und Dehnen ist hingegen fast von ein jedem mit Haushaltsmitteln machbar, wenn man vorsichtig genug ist und nicht zu viel auf einmal fordert. Man muss bloß aufpassen, das konische Dehnungswerkzeug keinesfalls zu fest hineinzustecken, weil sonst das Material um die Öffnung einreißen könnte.

Bild 87:
Der hochwertige Verschluss eines englischen Vintage Swan Mabie Todd Leverless Filler im Zustand „NOS" wird am Kappenmund mit einer ausgedienten, geringwertigen, cliplosen und weichen Plastikkappe geweitet.

5.3 Wartungsarbeiten

5.3.1 Schreibfeder entnehmen

Das hier beschriebene Verfahren ist nur bei relativ leicht zu demontierenden Füllhalterfedern geeignet. Weigert sich eine Feder vehement, schauen Sie doch einmal im Unterkapitel 5.3.4 auf Seite 174 nach.

Zum Entfernen per Abziehen ist es besonders hilfreich, wenn die Federspitze ein dickeres Schreibkorn aufweist, einen Knubbel, der beim Herausziehen Halt bietet. Man nehme eine Wäscheklammer aus Holz oder etwas ähnlich stabiles, aber keinesfalls aus Metall und eine feste, doch nicht zu harte Unterlage, beispielsweise einen Schreibblock. Die Griffsektion mit dem Tintenzuführer und der darauf sitzenden Schreibfeder legt man kopfüber auf den Block, sodass die Federspitze Berührung hat. Das Mundstück dahinter muss man dafür womöglich leicht um wenige Grad anheben. Anschließend setzt man das Hilfswerkzeug hinter dem Iridiumkorn an und drückt es fest auf, um die Feder zu fixieren. Mit der anderen Hand zieht man die Griffsektion zart in die entgegengesetzte Richtung. Im Idealfall löst sich die Schreibfeder aus

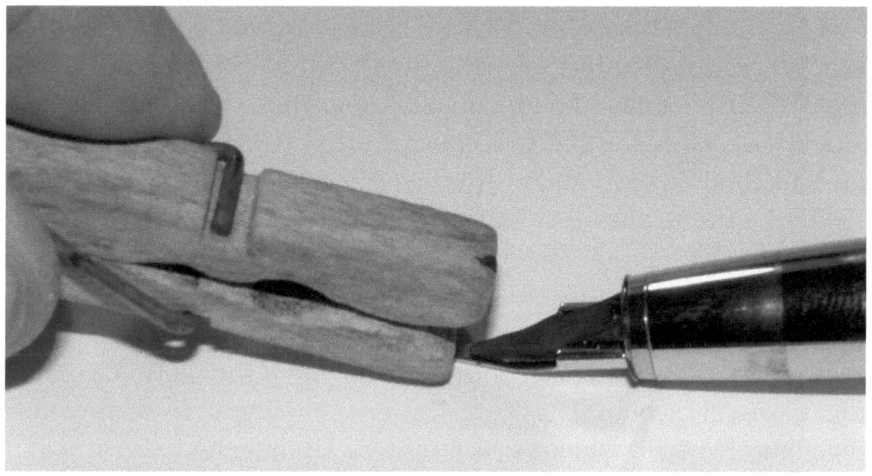

Bild 88: Feder abziehen bei einem modernen Lamy Studio. Einfache Hausmittelchen helfen wunderbar, ohne Schaden anzurichten.

dem Mundstück bzw. vom Tintenleiter und wird herausbeför-
dert. Wenns nicht auf Anhieb klappte, kann man die Strategie
einige Male wiederholen. Nach mehreren Fehlversuchen ist allerdings eine andere Methode zu wählen bzw. voranzustellen, wie
das Lockern der Feder durch behutsames Wackeln.

Unter Füllerfans kursiert ein Trick, mit einem Klebestreifen auf
die Schreibfeder aufgebracht diese mit mehr Halt herausziehen
(oder einführen) zu können. Allerdings muss man bedenken, dass
die Streifen bzw. Folien meistens Klebereste hinterlassen. Solche
Teilchen beeinträchtigen den Tintenfluss und schaffen sich durchs
Federauge und die Flanken in den sensiblen Tintenzuführer. Mit
einem sauberen gummierten Greifobjekt wie einem Latex-Hand-
schuh oder -Fingerling, Tintensackschnipsel, usw. geht man stattdessen den Scherereien unangenehmer Hinterlassenschaften einfach aus dem Weg.

Kommt einem der Tintenleiter nicht schon von selbst entgegen
oder ist mit Leichtigkeit herauszuziehen, kann es etwas knifflig
werden. Vorsichtshalber ist die Thematik bei den fortgeschrittenen Reparaturtechniken untergebracht, siehe Unterkapitel 6.5.

5.3.2   Feder / Tintenleiter fixieren

Dass sich das Vorderteil des Schreibgeräts als widerspenstiger
Wackelkandidat entpuppt, ist unter Füllhalternutzern ein nicht
selten konstatiertes Phänomen. Ob modernes Gerät oder antikes
Stück, Schreibfeder bzw. Tintenzuführer rutschen hin und her
und bleiben einfach nicht dort, wo sie sollen. Meistens liegt es
schlicht daran, dass der Innendurchmesser der Griffsektion für
die beiden Komponenten einen Hauch zu weit ist. Man könnte an
die Unterseite des Tintenleiters Schellack aufbringen und ihn
samt Feder in die Sektion schieben. Fertig! Oder? Mit dieser
Methode verklebt man ebendiesen mit der Griffsektion. Spätere
nicht unwahrscheinliche Korrekturen sind dadurch kaum noch
machbar. Deshalb ist eine etwas andere Herangehensweise vorzu-
schlagen. Entweder den Außendurchmesser des Tintenleiters

erhöhen, oder, was unkomplizierter ist, den Innendurchmesser des Mundstücks reduzieren. Für den Substanzaufbau an der Sektionsinnenwand kann man gewiss auf zahlreiche Mittelchen zurückgreifen, wie Epoxid- und Acrylharze und andere chemische selbstklebende Füllstoffe. Und ein zu hoher Materialauftrag ist mit der Rundfeile sicher wieder abzutragen. Dennoch spricht gleichermaßen nichts gegen den guten alten Schellack, der leicht verarbeitbar und wiederentfernbar den notwendigen Effekt erzielt, nämlich Schreibfeder und Tintenleiter an Ort und Stelle zu halten. Für welches Mittel man sich auch entscheidet, mit keinem sollte man versuchen, den Innendurchmesser mit „einem Batzen" zu verkleinern. Es ist unerlässlich, hauchdünne gleichmäßige Schichten aufzutragen, sie alle vollständig durchhärten zu lassen und zwischendurch immer zu prüfen, ob die einzusteckenden Komponenten festgenug sitzen. Feder und Tintenzuführer sind demzufolge nicht verklebt bzw. eingeklebt, sondern in die verjüngte Griffsektion revidierbar gesteckt und eingepresst. Ob beim Einsetzen weiche Reste oder Krümel der Füllmasse die Kapillarrinne des Tintenleiters verstopften, prüft man optisch und per Durchblasen. Stimmt hier was nicht, müssen die Teile unweigerlich wieder raus, gereinigt und neu justiert werden, bevor man beispielsweise einen Tintensack verbaut.

5.3.3 Innenreinigung

Im dauerhaften Gebrauch und unter normalen Umständen ist das Reinigen eines Kolbentanksystems und Tintensacksystems einfach. Kommt aus der Hauswasserleitung kein extrem kalkhaltiges Wasser, ist dieses bedenkenlos dazu verwendbar. Ansonsten bietet es sich an, auf destilliertes Wasser zurückzugreifen. Der nachfolgende Text ist auf einen Kolbenmechanismus bezogen. Bei einem Tintensackaggregat verfährt man analog. Man füllt ein Gefäß (Becher/Glas) mit idealerweise lauwarmem Wasser und zieht es mit dem Kolbenfüller auf. Das gefüllte Schreibgerät leicht zu schütteln kann fürs Spülen nützlich sein. Anschließend lässt man das Schmutzwasser aus dem Tankinneren wieder in einen anderen Behälter oder ins Waschbecken ab. Den Vorgang wiederholt man so oft, bis das Abwasser relativ klar bleibt. Will man den Füllhalter nicht sofort in Gebrauch nehmen, sollte man ihn nun abermals mit einer Wasserladung betanken und dann über Nacht beiseitelegen. Ist am nächsten Tag das Wasser aus dem Füllfederhalter weiterhin recht ungetrübt, kann er wieder in Betrieb genommen oder zur Dauerlagerung beiseitegelegt werden. Ansonsten ist es anzuraten, den Spülvorgang mit Schütteln und Liegenlassen ebenfalls zu wiederholen.

Ungleich komplizierter gestaltet sich das innere Säubern eines ausgetrockneten bzw. eingetrockneten Kolbenfüllers, dessen Kolben festsitzt. Das Problem besteht in solchen Fällen darin, überhaupt wieder Feuchtigkeit in den Füller hineinzubekommen, um die Verschmutzungen zu lösen. Diverse Tipps zur Reinigung derartiger Kandidaten zirkulieren in der Füllerszene und im Internet. Ein elementarer Hinweis darunter ist, sich mit einem Heißluftföhn die Physik zunutze zu machen, wonach heiße Luft ausgedehnt wird (Druckerhöhung) und sich kalte Luft zusammenzieht (Druckminderung). Die Idee besteht darin, den Füllhalter mit dem Föhn gut zu erwärmen, genauer gesagt den Schaft in der Region des Tanks. Die Rede ist oft von einer Zieltemperatur von 50-60 °C. Die Schaftraumluft dehnt sich dadurch aus und soll über den Tintenleiter vorne entweichen. Stellt man den heißen Füller anschließend mit der Feder nach unten in ein Gefäß mit (kaltem) Wasser, kühlen mit der Zeit der Schaft und die Luft darin wieder ab. Hierdurch wird gleichzeitig die Flüssigkeit hineingesaugt. Jetzt können die inwendigen Schmutzpartikel allmählich gelöst werden. Reicht die hineingezogene Reinigungsflüssigkeit nicht aus, kann man den Vorgang ein paarmal wiederholen, bis genügend Nass im Schaft vorhanden ist. Gelegentliches Schütteln unterstützt die Schmutzablösung.

Was solche Tipps meist stillschweigend unterstellen, ist die Voraussetzung, dass der Füllfederhalter nicht gleichzeitig vorne und hinten an den Enden verstopft ist, beispielsweise durch eingetrocknete Tintenreste. Um so unheilvoller wird's, sollte dennoch ein luftdichter Verschluss existieren, den man mit bloßem Auge unmöglich erkennt. Erhitzt man den Füllhalter, und die Luft darin hat keine Chance zur Ausdehnung, wird irgendetwas nachgeben müssen. Im absolut günstigsten Fall ist dies die Verstopfung. Es könnte jedoch auch zum Beispiel der Schaft sein, der im Stillen oder geräuschvoll birst. Man sieht, halb fertige Ideen umzusetzen, kann mit den allerbesten Vorsätzen geschehen, aber üble, unwiderrufliche Schäden zur Folge haben.

Die zuvor beschriebene Methode ist deswegen keinesfalls anzuraten, ehe man nicht die Gewissheit besitzt, dass keine Verstopfung im Bereich der Feder und des Tintenleiters gegeben ist. Um am Vorderteil des Kolbenfüllers Verklebungen und Eintrocknungen zu lösen, kann man endlich auf Ultraschallreinigungskonzentrate zurückgreifen, die im vorliegenden Buch bisher zur Füllerreinigung eher ausgeschlossen bzw. umgangen wurden. Für Ultraschallgeräte gibt es Universalreiniger oder Reiniger beispielsweise für Zahnersatz, der spezialisiert ist auf die Beseitigung organischer Rückstände. Man mache sich in einem Behältnis ein kleines Reinigungsbad bestehend aus heißem Wasser aus dem Wasserhahn und ein paar Tropfen Reinigungskonzentrat. Die Füllhöhe des Wasserbads darf nur so hoch sein, dass sie etwa bis mittig der Griffsektion reicht, wenn der Füllhalter kopfüber darin steht. Dass der Rest außerhalb der Flüssigkeit bleibt, ist ein Sicherheitsaspekt. Viele Reiniger enthalten zwecks höherer Effizienz Weichmacher, die am Vorderteil des Füllfederhalters arbeiten dürfen, indes weiter hinten bloß Schaden anrichteten. Man belässt den Stift bis 24 Stunden darin, aber beaufsichtigt. Zwischendurch ist ein leichtes Durchschütteln des Behälters/Füllers der Reinigung zuträglich, weil sich hierdurch Schmutzpartikel besser ablösen. Die Maßnahme muss eventuell, je nach Verschmutzungsgrad, mit frischen Flüssigkeiten wiederholt werden. Diese Säuberungsmethode funktioniert im Übrigen natürlich nicht nur bei Kolbenfüllern. Vom garstigen Dreck, der sich hinterhältig da unsichtbar an Feder, Tintenleiter und Sektionsinnerem versteckte, sollte das Schreibgerät derweil befreit sein. Ist der Weg in den Kolbenzylinder frei, könnte man das zuvor beschriebene Erhitzungsverfahren anwenden. Die Durchgängigkeit testet man kopfüber unterm Wasserhahn durch Auftröpfeln. Das Wasser müsste mittlerweile der Schwerkraft gehorchend zumindest in minimaler Menge in den Füllhalter hineingelangen, was man mit etwas Glück im Sichtfenster erkennt. Kriegt man mit dieser Methode Flüssigkeit ins Schreibgerät, kann man allerdings auch auf das gefährliche Erhitzungsprozedere durchaus verzichten.

Einzuräumen ist, dass vorgenannte Reinigungstipps nur brauchbar sind bei Füllern mit geringem Wartungsstau. Hat sich Tinte und Schmutz tief in den Kolben oder, was keineswegs auszuschließen ist, dahinter in den oberen Teil des Schaftes geschafft, wird eine Reinigung ohne Demontage enorm schwierig, um nicht zu sagen unmöglich. Es ist unzureichend, bloß das Vorderteil zu säubern, wenn beispielhaft eine Schwergängigkeit signalisiert, dass das Hinterteil verdreckt ist.[1] Den Kolbenfüller so in Betrieb zu nehmen wäre leichtsinnig. Keineswegs wegen vertrackter Bedienbarkeit, sondern immensem Verschleiß. Bei weit zurückliegender Wartung und Verschmutzungen im hinteren Kolbengehäuse ist die komplette Demontage und sorgfältige Reinigung ein Muss. Solche Arbeiten bei Kolbenfüllern älterer und/oder hochwertiger Bauart sind meist nicht einfach zu bewerkstelligen. Deswegen sollten sie von einem Fachmann übernommen werden. Wer Mut und eine ruhige Hand besitzt, kann es dennoch zumindest einmal probieren. Nachstehender Tipp setzt zwei Dinge voraus. Zum Einen muss sich der Drehknauf noch rühren, sodass er nach hinten zu bewegen ist. Zum Anderen ist es erforderlich, dass das hernach sichtbare Gewinde ein sich gegenüberliegendes Paar Flachstellen aufweist. Diese Aussparungen dienen zum Ansetzen eines Hilfswerkzeuges, mit dem die gesamte Kolbenmechanik aus dem Schaft herausgedreht wird. Beispielsweise bei vielen Pelikan-Modellen und bauähnlichen Typen ist die Konstruktion so aufge-

---

[1] Eine Zweideutigkeit ist nicht beabsichtigt, wird aber in Kauf genommen.

baut. Doch Vorsicht! Zahlreiche Kolbenfüller haben an der Stelle ein Rechtsgewinde, einige auch ein Linksgewinde. Man kann sich ein kostspieliges markenspezifisches Spezialwerkzeug kaufen, das vielleicht einmal in zehn Jahren Verwendung findet. Alternativ versucht man es mit einer Schieblehre, die so nicht ausschließlich als Messwerkzeug, sondern ebenfalls als Demontagewerkzeug nutzbar ist. Der Vorderteil der Messzange, meist aus Plastik oder Metall, passt von der Materialstärke her oftmals genau in die Flachpunkte des Drehknauf-Gewindes. Man klemmt hier das Bauteil zwischen die Zangenbacken ein und fixiert ihre Stellung je nach Schieblehrenmodell beispielsweise per Rändelschraube. Jetzt bzw. kurz davor gibt man etwas Wärme auf das Endstück des Schaftes, entweder mittels Haarföhn oder Warmwasserbad. Das kann das Lösen der gewindefixierten, womöglich mit Schellack verklebten Kolbenmechanik erleichtern. Jegliche Drehbewegung am Hilfswerkzeug muss minimalst geschehen, einerseits, falls man die korrekte Drehrichtung nicht kennt, andererseits, um eine Beschädigung auszuschließen bzw. zu minimieren, wenn das Bauteil sich weigert, mitzudrehen. Zeigte das sichtbare Endstück des Mechanismus bloß die kleinste Regung, ist es besser, den Rest per Hand herauszudrehen. Will man später die Komponente, sie trägt als Kolbenführungshülse den Drehknauf, wieder in den Schaft eindrehen, müssen alle betroffenen Gewinde perfekt gesäubert sein. Das gilt auch für das Innengewinde am Schaftende. Das Außengewinde des Bauteils, das man dort einschraubt und handfest anzieht, benötigt zum Abdichten und Schmieren eine kleine Menge Silikonfett. Die hinteren Windungen, in denen der Drehknopf sitzt, kriegen nach eigenem Ermessen etwas Uhrenfett. Das Einkleben der Kolbenmechanik z.B. mit Schellack ist weder empfehlenswert noch notwendig.

Verfügt das Drehknaufgewinde über keine Flachstellen, heißt das nicht, dass der Kolbenfüller unzerlegbar ist. Höchstwahrscheinlich wird die Demontage der Mechanik nicht wie soeben beschrieben vorgenommen. Sondern die Kolbenführungshülse als Halterung sitzt als eigenes Bauteil auf dem, genauer gesagt im

Schaftende. Wer genauestens hinschaut, wird dann im hinteren Schaftbereich eine Schnittlinie erkennen. Dort trifft das Tankraumende des Schaftes auf die Baugruppe, welche die Kolbenmechanik beherbergt. Diese ist immer geschraubt, nicht gesteckt und meistens mit Linksgewinde. Um sie zu lösen, geht man ähnlich vor wie bei einer verschraubten Griffsektion. Mit rutschfesten Mitteln zum Anpacken (Silikonhandschuh, Tintensackreste) umgreift man mit 2 Fingern das Schaftendstück, nachdem es etwas angewärmt wurde, um es loszudrehen.

Bei Einwegfüllhaltern, gebaut für den Gebrauch, solange er hält, um ihn anschließend wegen fehlender Demontagemöglichkeit wegzuwerfen, ist jedoch guter Rat teuer, wenn man sein Herz an ihn verlor. Unverbindlich könnten hier womöglich rigorosere Maßnahmen wie Aufschneiden und Zusammenkleben noch helfen. Ist der emotionale Wert entsprechend hoch, so steht auch für Füller im Niedrigpreissegment der Instandsetzung in einer Fachwerkstatt nichts im Wege. Letztlich entscheidet sein Eigentümer.

5.3.4　Ultraschallbad

Lauwarmes Wasser schadet im Prinzip keinem der Bauteile eines Füllfederhalters von den ersten Geräten aus dem 19. Jahrhundert bis in die heutige Zeit. Bei Zelluloid-Füllern muss man jedoch gehörig aufpassen, wie lange man den Werkstoff der Feuchtigkeit aussetzt. Kleinere Ultraschallgeräte für den Hausgebrauch findet man inzwischen viele im Handel. Man benutzt sie für die Reinigung der dritten Zähne, von Brillen, von Uhrenarmbändern, von Schmuck. Aber auch Füllhalter finden immer öfter den Weg ins kuschelige Ultraschall-Schaumbad. Bei den Kleingeräten für Zuhause gibt es erhebliche Qualitätsunterschiede. Man sollte sich von allzu niedrigen Preisen nicht ins Boxhorn jagen lassen. Denn was etwas taugt, kostet nun einmal.

Nebenbei bemerkt ist die weiter oben bereits beschriebene gebrauchte Zahnbürste im Einsatzverbund mit dem Ultraschallreiniger ein starkes Team. Vorsicht ist geboten bei der Nutzung von Reinigungslösungen für Ultraschallgeräte. Sie können Gummiteile angreifen wie Dichtungen, Tintenschläuche, aber auch Kork. Altes Zelluloid reagiert ebenfalls oft auf im Reiniger enthaltene Weichmacher allergisch. In wenigen Minuten kann so ein Füller ruiniert sein. Und man entnimmt dem Reinigungsbad ein Etwas, das so krumm ist wie eine Banane. Als Alternative zu gewöhnlichen Reinigungszusätzen für Ultraschallgeräte möchte ich, so merkwürdig das klingt, Motorsägenreiniger, also ein Konzentrat für die Benzinkettensäge ins Spiel bringen. Es wirkt auf Kunststoff, Metall und Gummi, löst Öle, Fette, Harze, Russ und allgemein Schmutz, geht wirkungsvoll, jedoch nicht zu aggressiv vor. Das sind Entfaltungsbereiche, welche diese Reinigungslösung für schwer verdreckte Federfüller geeignet erscheinen lassen, die schon ewig in irgendwelchen Ecken lagen.

Bild 89: Das Ultraschallreinigungsgerät Emmi-4 von Emag. Für den Hausgebrauch eines ambitionierten Füllerfreundes völlig ausreichend.

Bisweilen sind zig aufeinanderfolgende Reinigungszyklen zu je 5 Minuten notwendig, bis sich eingetrocknete Verschmutzungen langsam zu zersetzen beginnen. Daher sollte man Geduld bewahren, die Wasserfarbe beobachten und es gegebenenfalls mit frischem, lauwarmem Wasser tauschen. Bei einem massiv verschmutzten Füller kommt nach der Anfangsphase, in der viel Schmutz- und Farbpartikel herauskamen, ein Zeitpunkt vermeintlicher Sauberkeit. Dann heißt es, geduldig mit weiteren Reinigungsvorgängen fortzufahren, bis auch zäh verklebter, kristallisiert verkrusteter, antiker Dreck zu zerfallen beginnt. Der Reinigungsprozess wird unterstützt, indem man mehrmalig die Füllerteile heraushebt (entwässern) und zurücklegt (bewässern). Erst wenn nach zusätzlichen Reinigungsphasen, gegebenenfalls unter Einsatz der Zahnbürste, das Wasser annähernd glasklar bleibt, sind die Bestandteile genügend sauber. Man sollte einen Füllfederhalter, im besonderen ältere Modelle, nie und nimmer stundenlang oder gar tagelang unbeaufsichtigt im Wasserbad liegen lassen.

Besitzt der Füller einen Füllmechanismus wie Kolben bzw. Kolbenkonverter, so lässt man den Tintentank zur Ultraschallreinigung nicht leer, sondern befüllt ihn mit lauwarmem Wasser und legt ihn so ins Bad. Die Wirkung des Ultraschalls kommt auf diese Weise auch im Tank zur Geltung. Außerdem liegt dann der Korpus auf dem Boden des Gerätes, statt oben zu schwimmen, was nämlich den Reinigungseffekt hemmen könnte. Nach jedem Reinigungszyklus ist das getankte Wasser abzulassen und mit Frischem aufzufüllen.

Besondere Achtsamkeit ist bei Füllern mit Tintensack angebracht. Bei ihnen nutzt man idealerweise einzig die Außenreinigung sowie die in Unterkapitel 5.3.3 Innenreinigung vorgestellten Methoden. Normalerweise ist davon abzuraten, derartige Geräte so mit Wasser in Berührung zu bringen, dass die Außenseite des Gummitanks feucht wird. Passiert es trotzdem oder ist hier eine Komplettreinigung vonnöten, kommt man um ein Zerlegen nicht herum (siehe ebenfalls Kapitel 3.2 Tintensacksysteme). In diesem Fall kann man auch beim zuvor zerlegten Tintensackfüller wie am kolbenbetriebenen Kameraden beschrieben mit einer Ultraschallreinigung zu Werke gehen. Verbleibt der Tintensack auf der Sektion, verbietet sich jedwede Anwendung von Reinigungskonzentraten. Pures Wasser aber, bei Bedarf zusätzlich einige Tropfen Geschirrspülmittel, tun dem Gummi nichts zuleide. Nach Säuberung und Zerlegung, davon ausgehend, der Latexsack sitzt fortwährend an seinem Platz, lässt man alles komplett durchtrocknen, äußerlich wie ebenso die im Schaft vorhandene Mechanik (z.B. die Hebeltechnik). Die aus Metall bestehenden Teile sollten dann unbedingt mit einem kriechfähigen Metallschutzöl wie Ballistol Spray oder dem in hiesigem Buch vorgestellten Nelkenöl äußerst maßvoll benetzt werden und so noch etwas ruhen. Anschließend reibt bzw. tupft man überschüssiges Öl mit einem Stückchen Küchen-, Toiletten- bzw. Hygienepapier ab, das um einen feinen, länglichen Gegenstand wie beispielsweise einen Zahnstocher oder Essstäbchen zu wickeln ist. Der Tintensack muss daraufhin frisch getalkt werden, bevor man Griffsektion und Schaft wieder zusammenfügt. Dieser Vorgang wird im nachfolgenden Kapitel noch beschrieben.

Häufig hat man den Fall, dass sich nur Vorder- und Hinterteil des Füllhalters voneinander trennen lassen. Doch im Mundstück stecken die Feder und der Tintenleiter widerstrebend fest. Mit etwas Geduld plus mehrfachen Ultraschallbädern kriegt man den Komplex dennoch sauber. Und die Chancen steigen, dass die Komponenten hinterher leichter auszubauen sind. Zwischen den Waschgängen versucht man, mit seiner Atemluft von hinten in die Sektion zu blasen. Dabei ist Feingefühl angesagt. Nicht pressen! Wenn vorne um die Feder weder Schmutzwasser kommt, noch leisestes Zischen zu vernehmen ist, gehört der Komplex erneut ins Waschbad. Er ist in der Regel recht unempfindlich und verträgt auch längere Tauchgänge. Falls nötig bleibt er zwischen den Behandlungszyklen über Stunden oder gar Tage in einem Behälter gewässert. Spätestens nach einer Woche muss die Griffsektion hemmungsfrei durchblasbar sein. Es sollte dann kein Schmutzwasser mehr zum Vorschein kommen. Jetzt kann man bei Bedarf versuchen, die inneren Teile herauszuziehen. Mal sehen, was geschieht, wenn man vorsichtig mit den Fingerkuppen an den Zinken der Feder zieht. Als Griffhilfe gegen das Abrutschen dienen Gummireste vom Tintensack. Auch ein Latexhandschuh ist hierzu tauglich. Ebenfalls als praktisch gelten Latex-Fingerhütchen aus dem Uhrmacherbedarf. Sie bieten festen Halt beim Werkeln, Drehen und Schrauben. Sie sind durch Auf- und Abrollen auf den Finger wiederverwendbar. Die Bildung von Handschweiß wird reduziert.

Bild 90: Latex-Fingerlinge in der praktischen Spenderbox.

Passiert nichts, kann man die Schreibfeder vielleicht „loswackeln". Dazu probiert man, ob sie auf dem Tintenleiter nach links oder rechts zu schieben ist. Dabei extreme Vorsicht! Die Feder könnte bei fehlendem Feingefühl und ohne rechtzeitiges Innehalten beschädigt werden. Rührt sie sich weiterhin nicht die Spur, ist dies noch lange kein Beinbruch. Eventuell ist der Tintenleiter zu bewegen. Kommt er heraus, ist das Entnehmen der Schreibfeder ein Kinderspiel. Er ist das zweitsensibelste Element am Füllerfederhalter. An ihm von vorne zu ziehen endet oft im Bruch desselben. Besser ist es, zu versuchen, ihn von hinten mit einem stumpfen Gegenstand, der in den Sektionsnippel passt, herauszudrücken. Außer metallenen, abgerundeten Spezialwerkzeugen taugen hierzu Essstäbchen. Sie sind ausreichend stabil und dennoch nicht zu rigid. Nicht stochern, weil so gerne etwas bricht. Stattdessen das Stäbchen vor sich senkrecht auf eine Arbeitsplatte stellen, die Griffsektion obenauf und vorsichtig nach unten pressen (siehe auch Unterkapitel 6.5 ab Seite 257).

5.3.5   Tintensackerneuerung beim Hebelfüller

Bei Füllern mit Gummischlauch als Tintentank sind die am weitesten verbreiteten und in gigantischen Mengen hergestellten Varianten sogenannte Hebelfüller. Traditionell nimmt man für das System Tintensäcke aus Latex. Ebenfalls produzierte man in früheren Zeiten eine enorme Flut klassischer Füllhalter mit dem Aerometric/Pressmatic Füllverfahren. Teilweise wird solcherlei heute noch verbaut. Für sie verwendet man allerdings eher Schläuche aus Silikon. Und diese halten im Alltagsgebrauch erfahrungsgemäß deutlich länger. Zurecht darf die Frage gestellt werden, warum man dann nicht auch für Hebelfüller grundsätzlich einen Silikonsack einsetzt. Füller mit Aerometric/Pressmatic schraubt man zum Betanken auf und nimmt den Schaft ab. Die Tankhülse hält man zwischen Daumen und Zeigefinger und drückt mit dem Daumen auf ein federndes Metallplättchen, das direkt auf den hinter der Griffsektion sitzenden Tintensack wirkt. Man presst also mit Fingerkraft den Silikontank zusammen. Dieser besitzt eine dickere Wand, ist dadurch und aufgrund des Materials nicht so elastisch, aber robuster. Beim Hebelsystem wird die Kraft umgelenkt und per Metallschiene indirekt auf den Latexsack übertragen. Hier ist einfach mehr Elastizität vonnöten.

Tintensacksysteme wie Druckknopffüller, Drehknopffüller, Touchdown, etc. (siehe auch Unterkapitel 3.5.2 Snorkel/Touchdown) sind im Vergleich zu Hebelgeräten relativ selten. Wir lassen sie bei den hiesigen Betrachtungen zwecks Tintensacktausch außen vor. Nicht wegen ihrer Exotik. Sondern weil die Systeme sich ausgesprochen diffiziler offenbaren und in der Regel spezielle Werkzeuge, Fachwissen und Routine bzw. Erfahrung erfordern.

Kommen wir also zur Vorgehensweise bei Erneuerung des Tintensacks am herkömmlichen Hebelfüllhalter. Ist im Inneren des Schreibgerätes noch der alte, gegebenenfalls perforierte oder ausgehärtete Sack vorhanden, muss dieser zuerst entfernt werden. Aber wie kommt man da ran? Am besten zähle ich erst alle Utensilien auf, die Sie im Laufe der Arbeiten benötigen.

- *Einen neuen Tintensack aus Latex / Silikon*

- *Tintensackreste oder anderes Gummi als Griffhilfe zum Öffnen des Füllhalters*

- *Haarföhn, der beim Lösen von Griffsektion und Schaft helfen kann, ggf. zusätzlich Ultraschallgerät und Reiniger/Spüli*

- *Scharfes Messer bzw. gute Schere zum Kürzen des Gummisacks*

- *Schellack zum Einkleben des Tintensacks und evtl. Fixieren von Schaft und Mundstück*

- *Zahnstocher zum Auftragen des Schellacks*

- *Feinmechaniker-Flachschraubendreher zum Entfernen von Gummi- und Schellackresten vom Anschlussnippel der Griffsektion*

- *Talk oder Babypuder zum Talken des Latexsacks*

- *Passende längere Holzschraube zum Herausholen festsitzender alter Tintensackreste aus dem Schaft*

- *Metallschutzöl (Ballistol, Nelkenöl) zum Schmieren und Konservieren der Hebelmechanik*

Bild 91: Der vorbereitete Arbeitsplatz mit allen benötigten Utensilien zur
Erneuerung des Tintensacks.

Um an das Innere des Füllfederhalters zu gelangen, muss die
Griffsektion vom Schaft abgenommen werden. Bei den meisten
Hebelfüllern ist der Zapfen gesteckt, bei manchen auch

geschraubt. Ist man sich über die Verbindungsart unschlüssig, ist es sinnvoll, von einem Schraubzapfen auszugehen und entgegen dem Uhrzeigersinn zu drehen. Mit einer Hand hält man den Schaft, während man mit Zeigefinger und Daumen der anderen an der Griffsektion dreht. Gegen das Abrutschen bzw. für eine feste Umklammerung kann man einen Tintensackrest oder Ähnliches benutzen. Man wickelt bzw. stülpt das Gummi um das Vorderteil.

Bild 92: Kaum zu glauben. Aber Babypuder und Waffenöl können bei der Füllhalterwartung und -pflege durchaus nützlich sein.

Wie schon im Buch geschildert, können Sektion und Schaft ziemlich unerschütterlich zusammensitzen. Womöglich verklebte man einst mit Schellack die beiden Bauteile, und der Füller wurde bereits Jahrzehnte nicht mehr demontiert. Rühren sich bei den beschriebenen Öffnungsversuchen die Komponenten kein bisschen, muss man auf ein weiteres Mittel zurückgreifen, nämlich Hitze. Erst jetzt kommt der Föhn zum Einsatz. In höchster Leistungsstufe erhitzt man kurzzeitig, das heißt für einige Sekunden, den Füller dort, wo Schaft und Sektion sich begegnen und noch ca. 5 Millimeter oberhalb. Essenziell dabei ist, den Füllhalter gleichmäßig zu wenden, damit die Erwärmung rundum und nicht punktuell stattfindet. Nach kurzer Zeit, 10-15 Sekunden sollten das Maximum sein, den Föhn zur Seite legen und augenblicklich wieder wie beschrieben probieren, mit den Fingern die Sektion zu drehen. Das muss ohne Zeitverlust geschehen, solange der Abschnitt des Füllhalters noch erwärmt ist. Die Griffsektion müsste sich sofort mit mäßigem Kraftaufwand zumindest ein klein wenig bewegen. Geschieht das nicht, ist der Öffnungsversuch gescheitert und wird wiederholt, indem man erneut mit dem Föhn erhitzt. Zwei Riesenfehler werden an dieser Stelle öfters gemacht. Einerseits will man das Scheitern des Versuchs ungern akzeptieren und dreht mit Brachialgewalt noch fester. Dabei kann sich das aufgeheizte Material des Füllers verwinden und verformen. Andererseits gibt es Ungeduldige, die glauben, mehr Hitze bringt mehr. Tut es auch. Es bringt nämlich mehr Ärger. Die Wärmeeinwirkung darf fürwahr nur rasch erfolgen. Zuviel Wärme schadet! Und ein überhitzter Füllhalter entsteht durch zu langes Draufhalten mit dem Haarföhn. Also besser allerhand kurze Versuche als einmal zu heiß gemacht. Wenn etliche Anläufe nicht fruchteten, ist es dienlich, sich und dem Füller eine Verschnaufpause zu gönnen und ihn komplett abkühlen zu lassen, auch dies unter Umständen mehrmals. Zwischendurch ist ebenfalls ein längeres Ultraschallbad in lauwarmem, klarem Wasser ratsam.

Eine andere Methode, die sich sowohl als erster, wie ebenso als letzter Versuch anbietet, ist, die Griffsektion nicht loszudrehen, sondern los zu wackeln. Das impliziert eine vorliegende Steckverbindung. Bei einer Schraubverbindung könnte dieser Löseversuch fatale Folgen haben. Eine gestecktes, mit Schellack verklebtes und erhitztes Mundstück birgt bei Drehbewegungen ein höheres Risiko, ein Verziehen zu provozieren, was schwerlich rückformbar ist. Wackelt man stattdessen vorsichtig seitwärts um wenige Grad an der Griffsektion bei gleichzeitigem Ziehen vorne heraus, gewinnt man in der Regel deutliche Vorteile. Bei dosiertem Vorgehen bricht der Klebefilm einfacher auf. Man kommt zügiger zum Öffnungserfolg und reduziert die mechanische Einwirkzeit auf ein Minimum. Denn je länger das dauert, um so größer die Gefahr, dass etwas schiefgeht. Außerdem vermeidet man ein Verdrehen der Komponenten. Als klarer Nachteil ist anzusehen, wer bloß ein klein wenig zu viel wackelt, bricht nicht einzig und allein die Klebestelle, sondern womöglich das komplette Bauteil. Meist reißt es dann an der Schaftöffnung. Überlegen Sie deshalb vor Auswahl und Anwendung der Methoden das für und wider.

Bringen Sie Geduld und Zeit mit. Das Öffnen kann im ungünstigen Fall Stunden, ja sogar Tage dauern. Misslingt alles Probieren, den Füllfederhalter aufzukriegen, holen Sie bitte fachlichen Rat ein, bevor Sie durch zu hohe Krafteinwirkung oder Überhitzung den Füller zerstören.

Bild 93: Der Haarföhn, bei falscher Anwendung ein Fluch, bei richtiger Anwendung ein Segen.

Bild 94: Zur Verdeutlichung stark übertrieben dargestelltes „Loswackeln" der gesteckten Griffsektion aus dem Schaftmund bei gleichzeitigem Herausziehen.

Der Füllerhalter ließ sich öffnen? Glückwunsch, einer der schwierigsten Arbeitsschritte liegt hinter Ihnen. Bei betagten, ausgehärteten Tintensäcken stecken die Reste häufig noch im Schaftinneren und sind nicht so einfach in Gänze herauszukriegen. Dafür greift man zu einer Holzschraube, die vom Durchmesser her in den Schaft passt und annähernd die Schaftlänge erreicht. Vorsichtig steckt bzw. schraubt man sie durch die Öffnung in das verdreckte Innere hinein, dort wo die alten Sackfetzen festsitzen. Jetzt kommt beim Vorziehen günstigerweise der Großteil des Altsacks in einem Stück zum Vorschein. Das gelingt jedoch keineswegs immer, sodass nichts anderes übrig bleibt, als per Stochern, Auskratzen und Hin- und Herdrehen mit der Schraube den Sack allmählich zu zerkleinern und in Bruchstücken heraus zu befördern. Nachdem das Gros entfernt ist, benutzt man die scharfen Gewindekanten der Holzschraube, um die Schaftinnenwand und die metallene Druckschiene des Hebelsystems komplett frei zu schaben. Das Schaftinnere muss sorgfältig von allen Resten des alten Gummischlauchs gesäubert werden, bevor es weitergeht. Denn reibende Rückstände minderten nachher die Lebensdauer des Neuteils.

Auf dem Anschlussnippel am hinteren Ende der Griffsektion bleiben in der Regel immer festklebende Überreste des Altsacks zurück. Der Nippel ist unbedingt völlig davon zu befreien, ehe ein frischer Sack aufgezogen wird. Sind die alten Gummireste dort nach wie vor weich, kann man sie mit dem Fingernagel vom Anschlussstück pellen. Bei historischen Füllhaltern mit Wartungsstau jedoch erweisen sich die Rückstände, ein Gemisch aus ausgehärtetem Latex und eingetrocknetem Schellack, meist als knüppelhart. Hier hilft dann nur ein Werkzeug, das scharfkantig und energisch genug ist, wie der Schlitzschraubendreher aus dem Werkzeugkasten für Feinmechaniker. Mit ihm trägt man mit allergrößter Vorsicht die hartnäckig verbackenen Überreste ab. Es gibt auch andere Instrumentarien, mit denen man das hinbekommt, wie z.B. eine ultrafeine Feile oder ein Messer. Das Risiko besteht darin, zu viel abzutragen und den Anschlussnippel zu beschädigen. Deswegen muss das Säubern des Nippels mit maximalem Feingefühl und höchster Sorgfalt geschehen.

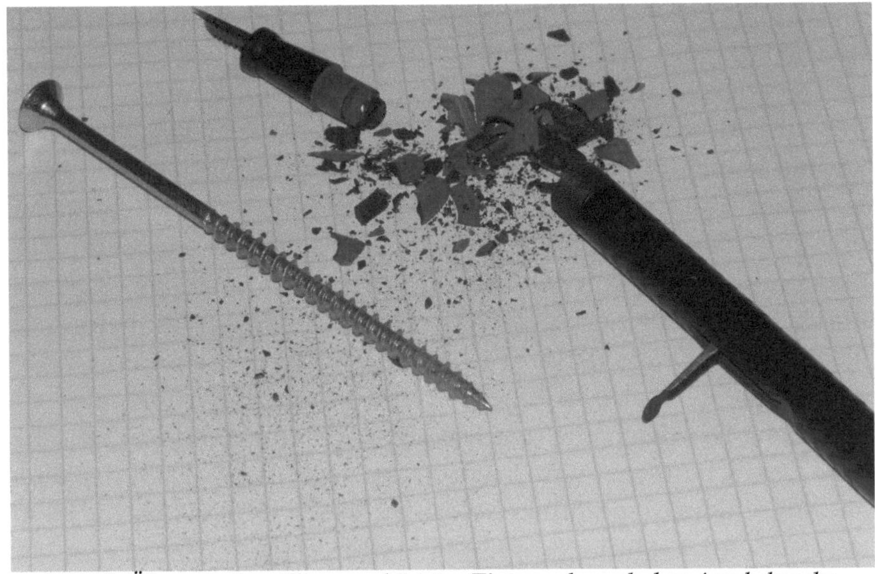

Bild 95: Überreste des völlig ausgehärteten Tintensacks nach dem Auschaben des Schaftinneren.

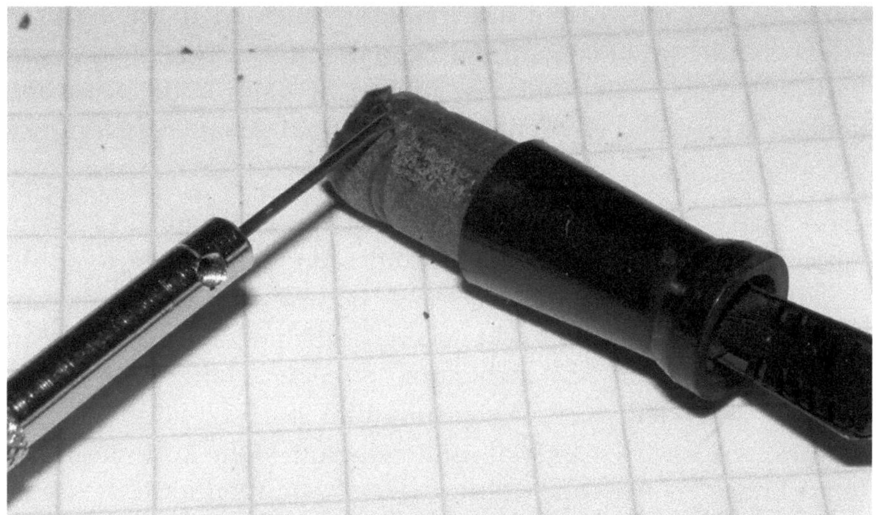

Bild 96: Der Anschlussbereich am Sektionsende muss ordentlich von Rückständen des Tintensacks und Schellacks befreit werden.

Haben Sie es geschafft und alle Überbleibsel des Altsacks ordentlich entfernt? Gratulation! Die schwierigsten und brenzlichsten vorbereitenden Tätigkeiten sind nunmehr vollbracht. Endlich kommen wir zum Einbau des nagelneuen Gummitanks.

Den Durchmesser des brandneuen Sackes sollte man derart wählen, dass er gerade so in den Füllhalterschaft hineinpasst. Bei einem zu schmalen Schlauch baut man unnötig ein zu kleines Tankvolumen ein und fordert zu weite Wege für die Hebelmechanik. Ein zu dicker Tintensack klemmt beim Hineinschieben. Er wird eingeschnürt, könnte verdrehen und pappt leichter mit Nachbarteilen im Verlauf der Nutzung zusammen. Zwar hilft der Talk dabei, der später noch auf den Gummitank gegeben wird, besser hineinzugleiten. Dennoch sollte der Sack auch ohne Talkum hemmungsfrei in den Schaft zu schieben sein. Genau dann ist die Größe die Richtige. Die heutzutage im Handel erhältlichen Sackgrößen liegen zwischen Nr. 10 für einen Durchmesser von 4 Millimetern bis zu Nr. 23 mit stattlichen 9 Millimetern. Kennt man die benötigte Dimension nicht, muss man nach der Demontage erst den Innendurchmesser des Füllfederhalterschaftes messen oder sich im Vorfeld anhand des gemessenen Außendurchmessers alle praktisch infrage kommenden Größen besorgen. Latextintensäcke als Rohlinge sind nicht ganz billig. Fehlkäufe können kostspielig werden. Daher lohnt ein genaueres Nachmessen und Rechnen.

Fand man einen passenden Tintensack, schiebt man ihn bis zum Anschlag in den Füllhalterschaft und schneidet ihn vorne an der Schaftöffnung bündig ab. Den Sack nimmt man wieder heraus, positioniert die Sektion exakt neben den Schaft, als steckte sie auf ihm drauf und das Schläuchlein so daneben, dass es am Schafteingang abschließt (siehe Abbildung Bild 98). Jetzt kürzt man den Gummitank ein zweites Mal, und zwar auf Höhe kurz vorm hinteren Ende des Anschlussnippels. Der fertig montierte Sack wird dadurch im Schaft über eine Platzreserve verfügen, die fast der Tiefe des Sektionsnippels entspricht. Das genügt, um das optimale Tankvolumen auszunutzen und dennoch Toleranzen durch ungenaues Zuschneiden aufzufangen, sodass es beim Einbau nicht deswegen zu Problemen kommt.

Bild 97: Erstes Ablängen des Tintensackrohlings.

Nach dem Zurechtschneiden des Gummitanks muss dieser mit klarem Wasser ausgespült werden. Während der Fertigung wurde im Werk Talkum hineingegeben, um ein Verkleben zu vermeiden, das leider im Herstellungsprozess normalerweise nicht wieder vollständig entfernt wird. Die Talkreste sollten spätestens

Sie als Endverbraucher aus dem Sackinneren herausspülen, damit sie sich nicht bei der Erstnutzung mit Tinte verklumpen und z.B. im Tintenleiter den Tintenfluss stören.

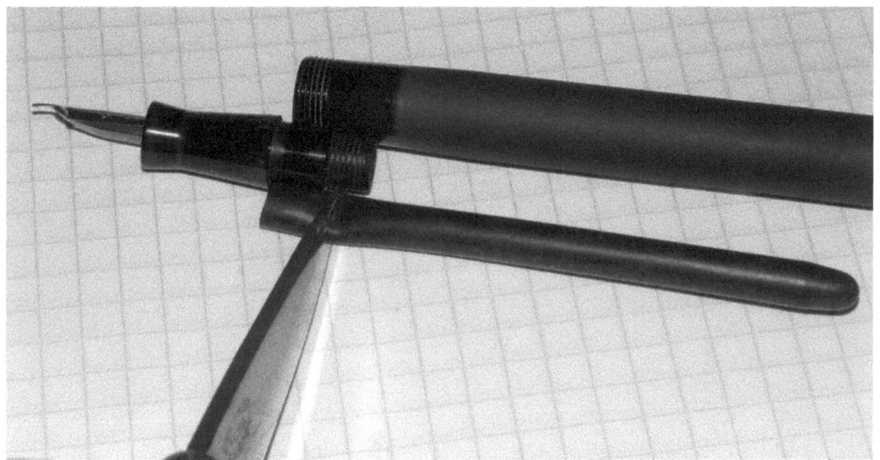

Bild 98: Den Tintensack auf die Montagelänge kürzen.

Jetzt ist des Tintensacks Montage auf die Griffsektion an der Reihe. Mittels beispielsweise eines Zahnstochers bestreicht man den Anschlussnippel rundum mit einer kleinen Menge Schellack. Anschließend nimmt man die Sektion zwischen Daumen und Mittelfinger der einen Hand, sodass der Zeigefinger frei bleibt. Mit der Anderen legt man die Öffnung des Tintensacks schräg am Sektionsnippel an und hält das Gummi durch Pressen mit besagtem, freiem Zeigefinger fest. Die Finger der freien Hand stülpen dann das übrige Gummisackmaul so weit bzw. tief wie machbar über den Nippel. Gegebenenfalls muss der Sack noch nach vorne bis zur Nippelwurzel geschoben werden. Als offenes Verarbeitungsfenster zum Aufziehen des Tintensacks hat man maximal ein paar Minuten, bis der Schellack seine Konsistenz von flüssig hin zu zäh klebrig ändert. Trotzdem ist Ruhe zu bewahren, sonst passieren durch Hektik Fehler, und das Reinigen und Montieren begänne erneut. Der aufgezogene Gummitank muss unterdessen auf dem Schellack aufliegend antrocknen und sich dadurch fest und dicht mit der Sektion verkleben. Dafür platziert man die Sektionskomponente samt Tank für zumindest einige Stunden bis zu einem Tag an einem Ort, wo sie ausreichend belüftet unbehelligt bleiben. Danach folgt die Endmontage.

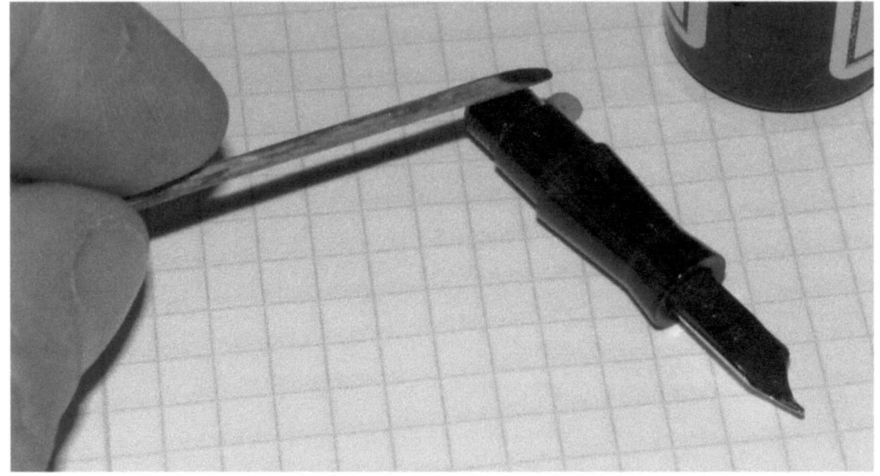

Bild 99: Den Nippel rundum dünn mit Schellack bestreichen.

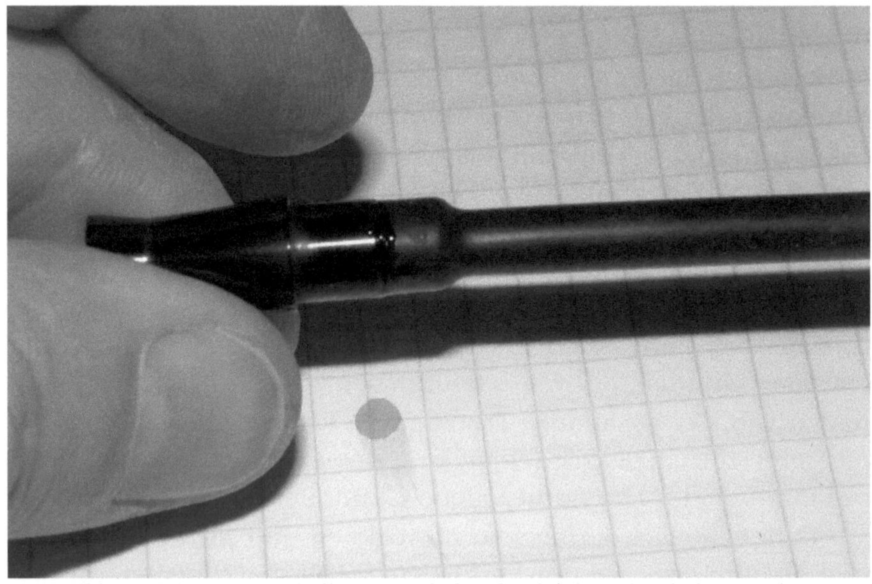

Bild 100: Die Tintensacköffnung wird über den Sektionsnippel übergestülpt.

Die Griffsektion mit dem angeschlossenen Tintensack legt man auf eine saubere Unterlage, wie etwa ein Stück Küchenrolle. Man gibt etwas Talk bzw. Babypuder rundherum auf den Gummitank und rollt und reibt ihn dann mit Bedacht im Talkum auf dem Küchenpapier, bis er komplett eingepudert ist. Darauf achten, dass kein Puder woanders hingelangt, insbesondere nicht auf die Feder oder den Tintenleiter. Überschüssiges Talkmehl lässt sich einfach durch leichtes Klopfen des Tintensacks auf die Unterlage abschütteln.

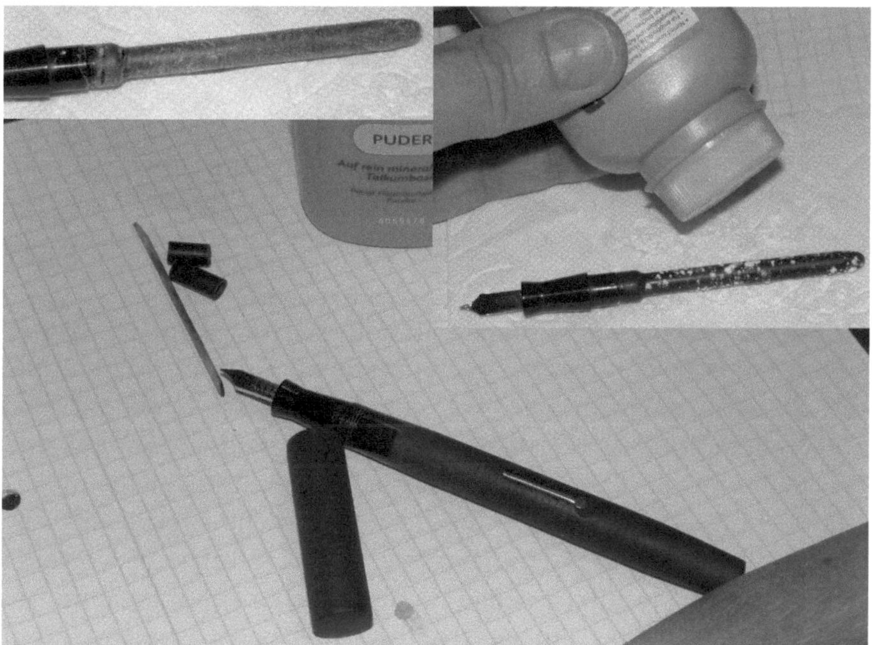

Bild 101: Der Tintensack wird getalkt (rechts oben), das Puder gleichmäßig verteilt und abgeklopft (links oben). Zum Schluss montiert man die Sektion samt Tintensack im Schaft (unten). Und der Füllhalter ist fertig.

Vorsicht im Umgang mit Talk und Babypuder! Denn beim Einatmen können die Partikel die Gesundheit gefährden. Ratsam ist deswegen die Verwendung einer Atemschutzmaske. Es gibt allerdings einen kleinen Trick, damit es nicht staubt. Erst die verschlossene Puderflasche umdrehen, bevor man den Dosierverschluss öffnet. Nach dem Pudern unbedingt den Verschluss zudrehen, ehe die Flasche erneut gewendet wird.

Jetzt führt man, vorne an der Griffsektion festhaltend, den Gummitank langsam in den Füllhalterschaft ein. Dabei richtet man die Komponente so aus, dass die Schreibfeder mit dem Schafthebel auf einer Flucht liegt, also eine Linie bildet. Die Ausrichtung ist nicht nur durch die Ästhetik motiviert. Es gibt auch praktische Gründe, ist aber für die spätere Funktionsfähigkeit kein Muss.

Bei Sektionen mit Gewindezapfen schraubt man stattdessen einfach den Schaft auf die Griffsektion. Es ist angebracht, das langsam und vorsichtig zu tun. Und immer wieder während des Zuschraubens stets ein kleines Stück aufschrauben, frei nach dem Motto „Eine volle Umdrehung vor und ein Viertel nochmals zurück". Das erhöht gehörig die Chance, ein Verkanten, Verwickeln und Verdrehen des Gummisacks im Schaft verhindern zu können.

Griffsektionen[1], die in den Füllhalterschaft gesteckt werden, haben das Problem der Verwicklung nicht. Der Idealfall ist, dass der Sektionszapfen mühelos im Schaftinneren verschwindet, ohne zu wackeln oder zu verrutschen. Zuweilen ist die Montage einer Stecksektion allerdings keineswegs so einfach. Ihre Klemmstelle ist die hülsenartige Verdickung zwischen dem Anschlussnippel des Tintensacks und dem später offen sichtbaren vorderen Abschnitt. Genau mit diesem Teilstück, auch Zapfen genannt, soll die Griffsektion im Füllhalterschaft festklemmen. Ist es nur minimal zu dick, geht die Sektion nur mit viel Kraft oder überhaupt nicht rein. Die Gefahr, dass der Schaft vorne reißt, ist dann beträchtlich. Ist es zu dünn, wackelt und rutscht das Griffstück künftig unablässig umher und fällt womöglich während des Gebrauchs heraus. Für beide Störungsquellen gibt es Lösungsvorschläge.

---

[1] Früher sagte man zur Griffsektion auch Mundstück.

Bei zu dickem Sektionssteckzapfen erwärmt man vor dem Einsetzen den Schaft vorne an der Öffnung mit dem Haarföhn. Hierbei gilt das gleiche wie schon zuvor zu diesem „Werkzeug" gesagt. Vorsicht! Nicht zu lange draufhalten. Lieber einmal mehr als zu viel erhitzen! Daraufhin versucht man, die Sektion aufzustecken. Die Wärmebehandlung eignet sich ausschließlich dann, wenn die Diskrepanz im Durchmesser des Zapfens nur den Hauch eines Millimeters beträgt. Man kann auch zusätzlich bzw. stattdessen probieren, durch das Auftragen von ein wenig Uhren- oder Silikonfett nachzuhelfen. Ist der Sektionssteckzapfen, beispielsweise wegen einer Schicht alter Klebereste, deutlich zu dick, hilft nur der Materialabtrag. Dies lässt sich mit angemessener Feinfühligkeit und einer feinen Feile, einem Feinmechaniker-Schraubendreher, Schmirgelpapier usw. bewerkstelligen.

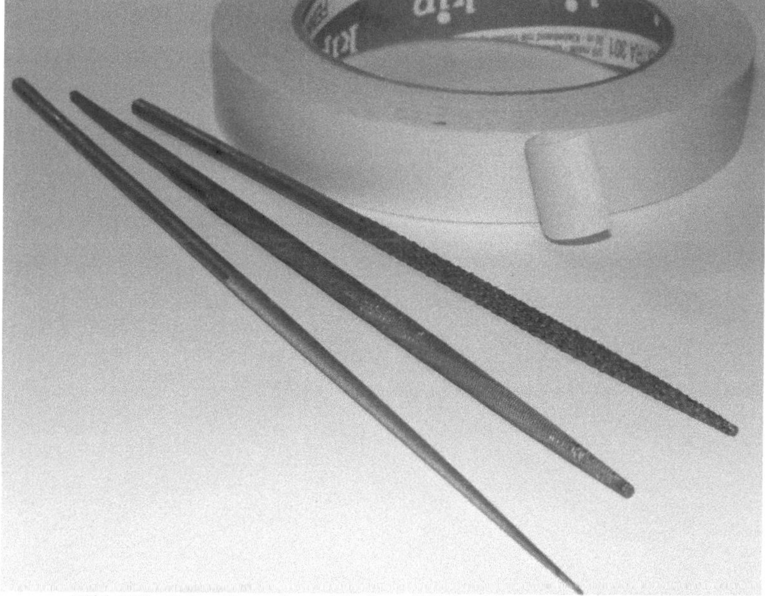

Bild 102: Feine Raspel und Feilen (Hieb 0/1) sowie Kreppband.

Ist der betreffende Zapfen allerdings zu dünn, muss Material aufgetragen werden, damit beide Komponenten sattelfest zusammenhalten und der Alltagsbetrieb nicht wegen wackelnder Teile gestört wird. Fehlt es erheblich an Durchmesser (1-2 Millimeter), kann man ein kleines Stückchen Kreppband mit einer Schere passgenau zurechtschneiden und um den Steckzapfen wickelnd festkleben. Mangelt es bloß minimal an Umfang oder ist wie zuvor beschrieben schon mit Krepp aufgefüllt (vorher testen), kommt vor der Endmontage noch ein Haftmittel drauf. Traditionell nimmt man dafür ebenfalls den Schellack. Er füllt auf, gibt hervorragenden Halt und ist durch Hitze wieder lösbar. Man träufelt mit einem Zahnstocher ein paar Tröpfchen rundherum auf den Steckzapfen, schiebt die Sektion in den Schaftkörper und richtet sie dabei wie bereits geschildert aus. An Ritzen austretenden Schellack sofort abwischen. Hernach legt man den Füller für einen Tag weg, damit die Verbindungsstelle ungestört trocknen und aushärten kann.

5.3.6 Tintensackerneuerung beim Aerometric-Füller

Etliche Arbeitsschritte und Handgriffe lassen sich aus dem Unterkapitel 5.3.5 Tintensackerneuerung beim Hebelfüller übernehmen, welches man daher auf jeden Fall zuerst durcharbeiten sollte. Die dort verwendeten Utensilien werden auch für das Aerometric-System benötigt.

Bild 103: Aerometric Füllhalter der englischen Manufaktur Conway Stewart, der unberührt 60 Jahre im Lager eines Schreibwarenladens lag.

Bild 104: Der Original Tintensack des Conway Stewart sieht noch intakt aus.

Bild 105: Aber schon bei wenig Berührung zerbricht und zerbröselt der alte, ausgehärtete, vor rund 60 Jahren im Werk montierte Tintensack.

Eine Aerometric-Hülse ist bei dieser Methode auf den Tintensack aufgesteckt. Sie ist an der Griffsektion auf einem eigens dafür vorgesehenen Hülsenzapfen fixiert, an den der Anschlussnippel des Tintentanks angrenzt. In der Regel wurde die Blechmanschette ab

Werk mit einem Tropfen Schellack verklebt, um wie der darunterliegende Gummisack verlässlich am Platz zu bleiben. Möchte man sie zwecks Tankaustausch entfernen, genügt es meist, sie *minimal* zu bewegen bzw. umzuknicken, sodass die Klebestelle aufbricht und die Stulpe frei ist. Äußerst selten kommt es vor, dass das Metall störrisch standhält. Ist das einmal der Fall oder fehlt die Waghalsigkeit fürs Ruckeln und Knicken, kann das Erwärmen der Befestigungsstelle mit einem Föhn nachhelfen.

Bild 106: Zu sehen (v.r.n.l.) Schraubzapfen, Hülsenzapfen und Tintensacknippel. Überbleibsel müssen vollständig entfernt werden.

Oftmals sind das Metallröhrchen und der Schlauchtank keineswegs so problemlos trennbar wie auf vorangegangenen Abbildungen. Wundern Sie sich daher nicht, mit der Aerometric-Hülse plötzlich den Tintensack in Händen zu halten, wenn er inwendig mit dem Metall verbacken ist. Falls man Pech hat, haften mehr oder weniger viele betonharte Gummifetzen an der Hülsenwand bombenfest. Die Entfernung geht ähnlich der Vorgehensweise bei der Schaftsäuberung des Hebelfüllhalters vonstatten, beispielsweise mit einer passenden Holzschraube zum groben Putzen und Ausschaben und einer Flötenbürste zum Ausbürsten. Schließlich ist das Metallröhrchen noch mit einem feinen Tuch und Politur innen gründlich nachzupolieren. Denn man darf eines nicht vergessen. Je weniger reibende Partikel in der Aerometric-Hülse zurückbleiben, desto ausdauernder wird der neue Gummitank standhalten.

Ist die Metallhülse entfernt und alles sauber, geht man zum Austausch des Tintentanks analog vor wie beim Hebelfüller (Sektionsanschlussnippel und Hülsenzapfen reinigen, etc.), wobei kommensurabel zum Schaftmaß die Aerometric-Hülse als Kenngröße heranzuziehen ist. Des Weiteren muss man beachten, dass die Tiefe des Zapfens, auf welchem das Metallröhrchen später wieder feststeckt, von der Tintensacklänge ebenfalls abzuziehen ist. Das Schläuchlein ist also um dieses Stück zusätzlich zu kürzen. Er wäre sonst zu lang. Das bedeutet, erst längt man den zur Probe komplett in die Hülse gesteckten Tintensackrohling am Hülsenmaul ab. Dann kürzt man ihn nochmals um die Tiefe, mit der das Hülsenmaul auf dem Hülsenzapfen stecken wird.

Die Montage des Aerometric-Füllers ist ähnlich der des Hebelfüllers und einfach umgekehrt zur Demontage. Bevor man die Metallhülse über den nagelneuen Tintensack stülpt, sollte man sie für eine lange, stabile Zukunft mit wenigen Tropfen Schellack auf den dazugehörigen Sektionsabschnitt fixieren. Idealerweise benutzt man für hiesiges System einen Silikonsack, bei dem überdies ein Talken nicht notwendig ist. Es kann aber auch nicht schaden. Und sofern man einen Latexsack verwendet, ist das Pudern auf jeden Fall erforderlich. Nach dem Aufsetzen der Hülse lässt man am besten das Schreibgerät für circa 24 Stunden ruhen und alle Schellackstellen vollständig durchtrocknen.

5.3.7 Kolbensysteme auseinandernehmen

Eine allumfassende Beschreibung der Instandsetzungsarbeiten am Kolbenfüller zu liefern ist schier unmöglich. Es geht nicht darum, dass das System zu komplex ist. Es gibt einfach zu viele Unterschiedliche. Kolbenfüllerbauer kochten und kochen gern ihr eigenes Süppchen, um Innovation zu zeigen, sich von Mitbewerbern abzugrenzen oder Patentverletzungen zu umgehen. Bei dem einen wird die Kolbeneinheit nach hinten herausgenommen, bei dem anderen von vorne. Mal Rechtsgewinde, mal Linksgewinde, einer steckt und klebt die Kolbendichtung, beim Konkurrenzprodukt wird sie eingeschraubt, und und und. Wer bei Arbeiten am Federfüller mit Kolbenmechanismus von falschen Voraussetzungen ausgeht, macht, ehe er sich's versieht etwas kaputt, ohne zunächst zu begreifen, warum. Hier im Buch eine Handvoll Aufbauarten zu selektieren und vorzustellen würde diese womöglich begünstigen und den Eindruck erwecken, andere sind weniger favorisiert. Daher wird darauf verzichtet.

Entwickelt man im generellen Umgang mit Füllerbauteilen ein Gespür, lernt Geduld und Hilfsmittel kennen, stehen die Chancen nicht schlecht, einen jeden Kolbenfüller teilweise bis hin zu komplett auseinanderzubauen. Wie ein Indianer erarbeitet man sich mit der Zeit das Geschick, eine Fährte zu „lesen", die der Konstrukteur des Schreibgeräts ursprünglich legte. Und als generelles Fährtenlesebuch ist vorliegende Publikation mitunter gedacht.

5.4   Was ich schon immer wissen wollte

5.4.1   Warum sehe ich an Füllern vorne unter der Feder häufiger so etwas wie Kühlrippen bzw. Lamellen?

Trotz rasantem Schreibvermögen so manches Federführers ist dennoch die Fließgeschwindigkeit der Tinte nicht kühlungsbedürftig. Eher kommt der schreibende Mensch ins Schwitzen als das Schreibgerät. Der lamellenförmigen Vorrichtung muss also eine andere Funktion innewohnen.
Das rippenförmige Konstrukt bezeichnet man als sogenannten Sammler. Die zahlreichen Aussparungen zwischen den Rippen, Kammern genannt, sind üblicherweise mit der Tintenleitung verbunden und ermöglichen das Überströmen derselben. Hauptaufgabe des Sammlers ist das Sammeln von Tinte, und zwar beim

Betanken. Man stelle sich einmal vor, es gäbe keinen Tintensammler, und Tinte könne nur von der Stirnseite der Kapillarrinne aus in den Tank gelangen. Der Betankungsvorgang dauerte ewig, weil relativ viel Flüssigkeit einen äußerst engen Raum passierte[1]. Mithilfe der Kammern des Sammlers lässt sich über einen langflächigen Abschnitt des Tintenleiters gleichzeitig reichlich Tinte zuführen. Gleiches gilt natürlich auch für das Durchspülen mit Wasser.

Eine weitere häufig implementierte Aufgabe des von Ingenieuren clever ausgetüftelten Sammlers ist, dass über ihn eine fortlaufende Druckanpassung des Tintensystems stattfindet. Die Tintenleitung ist schließlich nicht nur mit Flüssigkeiten, sondern auch mit Luft überströmbar. Während der Füllernutzung entleert sich langsam der Tintentank. Ohne Anpassungen zum Umgebungsluftdruck kann ein so hoher Unterdruck im Tank entstehen, dass dieser die Tinte zurückhielte und folglich mehr als gewollt daran hinderte, weiter zu fließen. Derartige Störungen im Tintenleitsystem, die die ausgeklügelte Technik hemmen, rufen gerne ein „Trockenschreiben" hervor. Viele Füllhalternutzer erlebten es bereits. Ihr Schreibgerät arbeitete plötzlich und unerwartet, trotz genügend Tintenreserve, überhaupt nicht mehr bzw. nur widerwillig mit zu magerem Strich oder mit Aussetzern. Die am Ort des Füllers gegebene Atmosphäre und damit der über den Sammler auf das Tintenleitsystem wirkende Außenluftdruck bietet auch eine unterstützende, rückhaltende Kraft. Im Zusammenspiel mit anderen physikalischen Effekten und Gesetzmäßigkeiten sorgt das Überströmen der Leitung mit Luft dafür, dass Flüssigkeit nicht unkontrolliert ausschwemmt. Denn Tinte soll brav den Weg über die Kapillaren aufs Papier finden.

Der Tintenleiter mit seiner Tintenleitrinne bzw. dem Kapillarspalt, dem Sammler und womöglich noch weiteren spezifischen Konstruktionsdetails ist oft ein hochkomplexes Bauteil. Seit ihrer Erfindung gibt es permanent Menschen, die für aktuellere

---

[1] Siehe auch zur Thematik Nachsaugeffekt Unterkapitel 4.6.1.

Schreibgerätemodelle oder zur Systemverbesserung Ideen entwickeln und Patente anmelden. Dass ausgerechnet in der Neuzeit so etwas immer noch in die Hose geht, ist verwunderlich. Ad hoc findet sich eine Handvoll offenkundiger Fehlkonstruktionen unterschiedlicher Marken. Trotz attraktivem Äußeren, die Region des Tintenleiters ist des Pudels Kern. Sinnvoll ist, vor der Neuanschaffung bei Füllerfans, z.B. im Internet, Erkundigungen einzuholen. Wenn nahezu jeder Besitzer eines gewissen Modells über Aussetzer und Trockenschreiben klagt, stimmt da was nicht.

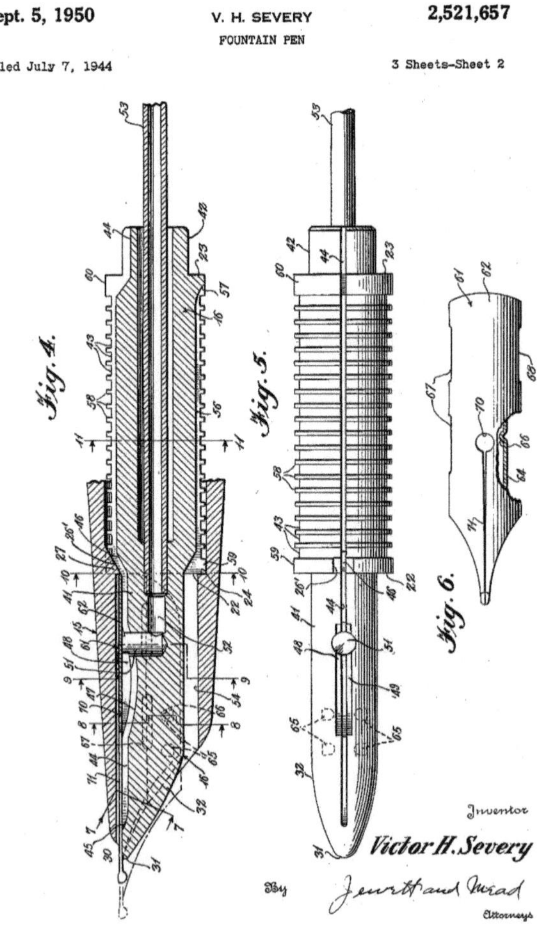

Bild 107, Quelle: Google Patents

Die historischen Patentblätter Bild 107 und Bild 108 veranschaulichen den Sammler ausgesprochen einleuchtend. Der erste Auszug auf Seite 200 stammt von einer Patenteintragung Victor Surveys aus dem Jahr 1944, über die das aus Atlanta/USA stammende Unternehmen Scripto Inc. verfügte. Das zweite Blatt von Seite 201 zeigt die im Mai 1941 eingetragene Erfindung Lynn P. Martins, zu der die namhafte Füllhalterschmiede Sheaffer Vollmacht hatte. Der patentierte Tintenleiter bewährte sich ausgezeichnet. Nicht umsonst verbaute Sheaffer ihn in unzähligen Füllfederhaltern.

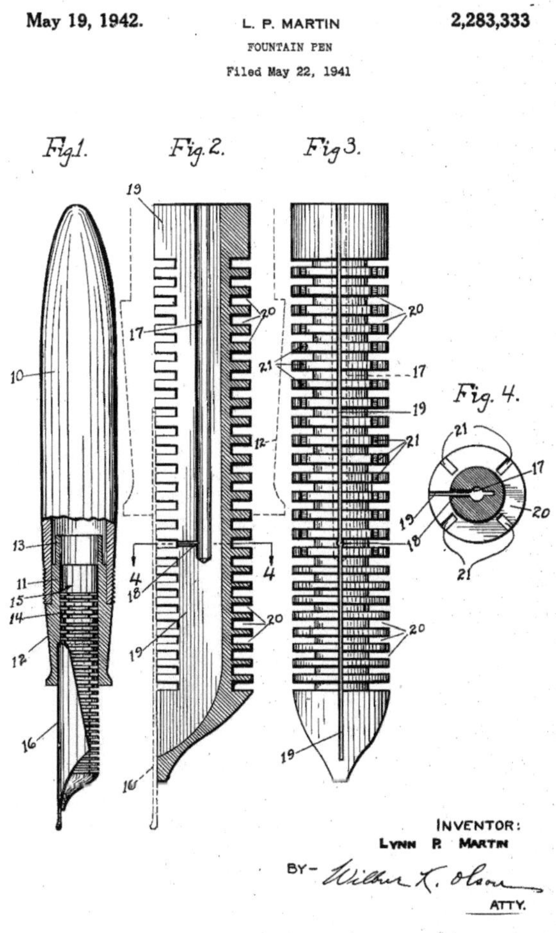

Bild 108, Quelle: Google Patents

Vor allem bei moderneren Füllern und welchen mit (teilweise) abgedeckter Feder sieht man gelegentlich keinen Sammler am Tintenzuführer. Sie verfügen stattdessen über eine Miniaturöffnung vorne an der Unterseite. Das kann ein Loch oder schachtähnliches Gebilde sein. Alternativ sitzt das Löchlein direkt in der Griffsektion. Die Oberseite des Tintenleiters, sofern sichtbar, schließt mit der unteren Fläche der Feder bündig ab und wird daher seitlich nicht angeströmt. Ähnlich der Funktion eines Sammlers hilft die Ventilationsöffnung beim zügigen Betanken und der Innendruckanpassung im laufenden Betrieb. Bei gestörtem Tintenleitsystem ist dieses Löchlein auch oft der Ort, wo es heraus kleckst, zum Leidwesen des geplagten Federführers. Daher ist es bei sensiblen Füllern mit einem Ventilationsloch besonders von Belang, die Tintenleitung perfekt einzustellen, um Ärger zu vermeiden.

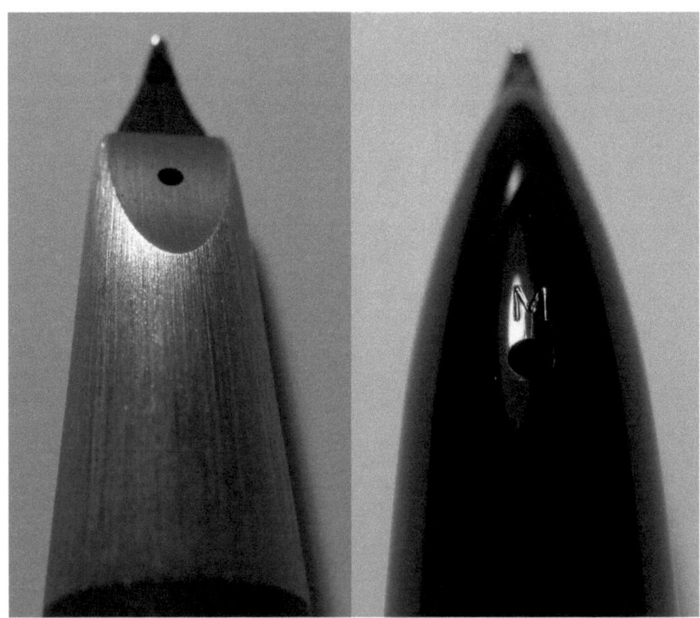

Bild 109: Ventilationsloch in der Griffsektion moderner Füller,
links Lamy 2000, rechts Waterman Carène.

5.4.2 Warum haben einige meiner Füllhalterkappen ein oder mehrere kleine Löcher?

Die Tatsache, dass nicht jede Kappe Löchlein aufweist, demonstriert schon die Unschlüssigkeit bei den Füllerherstellern und kann in dieser Beziehung von Beginn der Füllhalterentwicklung an bis heute beobachtet werden. Die hi und da zu hörende Mutmaßung, es handele sich hierbei um Belüftungslöcher, damit der Füller nicht austrocknet, ist eher unsinnig. Es gab bereits Stimmen, die reklamierten die kleinen Öffnungen als Herstellungsfehler oder als missbräuchliche Bohrungen eines Vorbesitzers. Alles Nonsens. Erschreckt aufhorchen lässt das umgreifende Gerücht, es handele sich nach Maßgabe einer gesetzlichen Vorschrift bei den winzigen Löchern um Notatemöffnungen. Im Falle, dass ein Kleinkind den Füllerverschluss verschluckte, könne es darüber respirieren. Naja, einerseits sitzen die Löchlein allesamt an der Seite des Verschlusses. Es ist unwahrscheinlich, dass er beim Verschlucken quer im Rachen steckt, sondern eher längs. Dann aber liegen die Öffnungen, durch die kaum eine Stecknadel passt, seitlich an der Luftröhre auf. Und es ist der meist luftdicht schließende Kappenkopf, der den Schlund versperrt. Die Vorstellung von amtlich verordneten Notatemöffnungen ist absurd und kommt einem Aprilscherz gleich.

Kommen wir jetzt aber auf den Boden der Vernunft zurück und nehmen an, eine dicht schließende Kappe besäße keine Löchlein. Setzt man sie zügig auf den Schaft, so entsteht kurzzeitig ein Überdruck in der Verschlusskappe. Dieser wirkt sich auf das Tintenleitsystem des Füllfederhalters aus, weil Luft dorthin vorrückt und mit der Tinte in Richtung Tank zurückgedrängt wird. Ist der Effekt vorbei, schiebt infolge der ausgleichenden Druckverteilung die Tinte wieder nach vorne und womöglich etwas über die Spitze hinaus. Sie schwappt und kleckst in die Kappe hinein. Ein wenig anders, jedoch ebenso nachteilig verhält es sich beim Öffnen des Füllers. Hier kann durch das plötzliche Abziehen der Füllhalterkappe, was kurzzeitig Unterdruck erzeugt, gewissermaßen Tinte aus dem Füllhalterinneren mitgerissen werden. Als Folgen stellt man in solchen Fällen häufig fest, dass das Schreibgerät auf die Unterlage kleckst, zumindest anfänglich extrem feucht schreibt und an Tintenleiter und Feder massiv verschmutzt. Diese Phänomene sind in ihren Auswirkungen zusätzlich abhängig vom Umgebungsluftdruck und der Temperatur.

Eins, zwei oder mehr kleine Löcher in der Verschlusskappe sorgen stets für den Druckausgleich zwischen dem Inneren des Schreibgeräts und der Außenwelt. So ist die kontinuierliche Druckanpassung in der Kappe mit der äußeren Atmosphäre gewährleistet.

Es gibt früher wie heute Füllhaltermodelle, bei denen die Verschlusskappen keine Miniaturöffnungen besitzen. Vielleicht lösten die Produzenten dadurch, dass die Füllhalterkappe konstruktionsbedingt an irgendeiner Stelle luftdurchlässig ist, das Problem anderweitig. Ebenfalls denkbar ist, dass durch Zufall oder Ingenieursgeschick bei Konzeption und Aufbau des Schreibgerätes die Drucktheorie de facto schlichtweg nicht zum Tragen kommt.

Dank der Unschlüssigkeit ist und bleibt es für Füllhalterenthusiasten ein Nächte füllendes, unterhaltsames Diskussionsthema beim Stammtisch.

5.4.3   Warum riecht mein alter Füller nach Erbrochenem?

In der Tat können im Füllfederhalter ähnliche Prozesse stattfinden wie im menschlichen Magen. Die Magensäure zersetzt die zerkaute Nahrung, wobei Buttersäure entsteht. Diese stinkt für unsere Nase fürchterlich, während Fliegen sie lecker finden.

Im Tankreservoir des Füllhalters befindet sich in aller Regel Tinte. Sie besteht insbesondere aus Pigmenten, also Farbstoffen, und flüssigem Lösungsmittel, das ist entweder Wasser oder organische Substanzen. Bindemittel, eine Art Haft- bzw. Klebstoffzusatz, spielen bei Tinten, welche in Papierkapillare einziehen, keine Rolle im Gegensatz zu auf Oberflächen haftenden Lacken. Als

Lösungsmittel setzte man in früheren Zeiten häufiger als heute organische Stoffe ein. Sie gehen mit den Farbpigmenten und Reagenzien eine chemisch ausgedrückt unpolare Bindung ein. Praktisch formuliert ist eine solche Tinte dokumentenecht, also nicht mehr vom Papier entfernbar. Dem Vorteil der Dokumentenechtheit steht entgegen, dass diese Arten von Tintenflüssigkeit oft umgebende Materialien angreifen oder mit ihnen reagieren. Dazu gehören zum Beispiel Kork und säureunbeständige Metalle. Als Alternative zu organischen Stoffen gilt Wasser als Lösungsmittel und findet mittlerweile für die Tinten überwiegend Verwendung. Dadurch sind sie wiederum wasserlöslich und demzufolge nicht dokumentenecht.

Tinte besteht immer in höheren oder geringeren Anteilen aus organischen Substanzen. Kommen natürliche Farbpigmente, organische Lösungsmittel und womöglich organische Bestandteile von Reagenzien (Eisen-Gallus gehört dazu) zusammen, wimmelt es nur so davon. Jetzt braucht man sich bloß vorzustellen, ein so befüllter Füller wird weggelegt und vergessen. Schon hat man den Schlamassel. Pilze befallen das Schreibgerät. Die Tinte schimmelt. Mikroben vermehren sich explosionsartig wie im Brutschrank. Überspitzt kann man sagen: Der Füllhalter lebt! Bei der ablaufenden Buttersäuregärung werden die organischen Stoffe mikrobiell abgebaut. Unter anderem entstehen Buttersäure und Essigsäure. Im Füllerfederhalter herrscht Fäulnis.

Kein Wunder also, dass ein Füller, der nach Jahren aus der Vergessenheit hervorgekramt wird, wie Erbrochenes stinken kann. Wer jemals die Hinterlassenschaften des Mageninneren vom Wohnzimmerteppich oder Autositz entfernen musste, weiß, wie schwierig es ist, den Geruch loszuwerden. So auch beim Füllfederhalter. Die übel riechenden Dämpfe ziehen über längere Zeit ungehindert in die Materialien der Umgebung ein, wie das Zelluloid des Schaftes, der Griffsektion und das Ebonit des Tintenleiters. Mit herkömmlichem Spülen und Waschen ist dem Gestank nicht Herr zu werden.

Ozon ist zur Beseitigung von Gerüchen bestens geeignet. Aber welche Privatperson besitzt schon eine Ozonkammer zu Hause? Was hier jedoch helfen kann, ist ein ordentliches Bad des idealerweise zerlegten Füllhalters in einer die Säure neutralisierenden Base. Ein uraltes fast vergessenes Mittel ist Kaiser Natron. Es ist im Gegensatz zu vielen aggressiven Substanzen für Mensch und Material relativ gut verträglich.

Bild 110: Kaiser Natron im Tütchen

5.4.4 Warum ist es für Linkshänder schwierig, mit einer „normalen" Feder zu schreiben?

Die Arbeit um die Längsachse und vor allem um die Hochachse ist beim Schreiben für Rechts- und Linkshänder ähnlich. Eine entscheidende Differenzierung findet bei der Handhabung um die Querachse statt. Der Rechtshänder führt bei den uns geläufigen lateinischen Buchstaben und der Schreibrichtung von links nach rechts den Füllhalter ziehend, der Linkshänder schiebend. Doch zum Schieben sind die meisten herkömmlichen Federn weder gemacht noch geeignet. Beim von sich wegschieben geschieht genau das, was Linkshänder fürchten und hassen. Die Federspitze verkantet, bleibt stecken oder kratzt. Dies passiert erst recht, wenn auf der Spitze kein Iridiumkorn sitzt und außerdem bei extrafeinen und hochflexiblen Federn.

Bereits vor vielen Jahrzehnten nahmen sich deswegen Federentwickler der Problematik an. Sie scheuten weder Kosten noch Mühen und konstruierten und fabrizierten die spezielle Linkshänderfeder, die völlig andere und aufwendigere Formen aufwies. Die Flügelschenkel schwang man linksherum. Und demzufolge war es endlich machbar, trotz Haltung in der linken Hand und Federführung von links nach rechts das Schieben zu vermeiden und das Ziehen zu ermöglichen. Außerdem konnte man so den Flex-Modus[1] einsetzen. Durch Drehung des Papiers und Winkeländerung des Schreibarms zur Schreibunterlage lassen sich hierzu ergänzende, verbessernde Effekte erzielen. Zu den Stichworten in diesem Zusammenhang gehören beispielsweise Obenschreiber, Untenschreiber und Seitenschreiber. Will man nebenbei bemerkt flexible Schreibfedern effektiv führen, ist das in aller Regel am besten als Untenschreiber hinzukriegen.

In unsrer Zeit muss der Linkshänder oftmals auf dicken Iridiumkörnern oder rigiden, entgrateten Italic[2]-Federn schauen, wie er mit den Kompromissen zurechtkommt. Leider sind solcherart Federn zuweilen emotionslos, unspektakulär und bieten ihm bloß unzureichende und nicht zufriedenstellende Bandbreiten. Erfreulich ist, dass keineswegs alle Hersteller Linkshänder ignorieren.

---

[1] Siehe hierzu auch Seite 98.

[2] Italic kommt aus dem Englischen und meint hier die Kursivschrift. „Kursive" stammt aus dem Lateinischen „currere" (rennen, laufen) und steht für (meist nach rechts) geneigte Laufschrift. Unter ihr wird wiederum im Volksmund (generell) die Schrägschrift verstanden, obwohl mit ihrer Entwicklung als Nachahmung der handgeschriebenen Schrift eine eigenständige Schriftgattung entstand. Neben der echten bzw. regulären Kursive gibt es Italic, nicht als optische Verzerrung, sondern als eigenen typografischen Schnitt. Eine Italic-Feder ist als Spezialfeder für schräge Schriften prädestiniert aber keineswegs der einzige Federtyp, mit dem das machbar ist.

Zu denjenigen, die noch immer Linkshänderfüller/-federn anbieten, gehören beispielhaft Parker, Pelikan und Schneider. Stahlfeder-Mittelwege können dennoch nicht einer semi-flexiblen Goldfeder mit geschwungenen Federschenkeln das Wasser reichen. Ein Stück „linke" Schreibkultur droht hierdurch auszusterben.

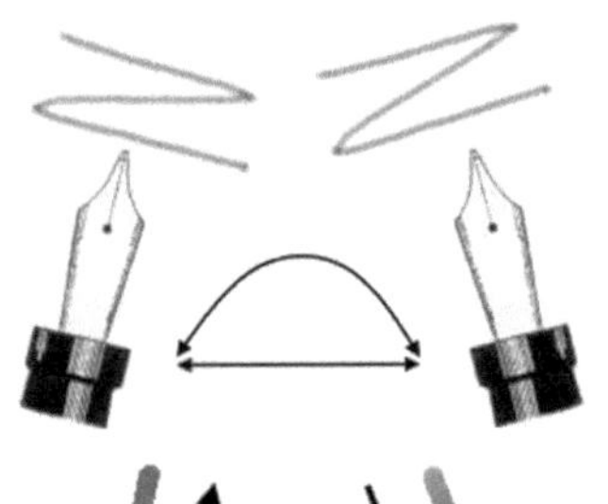

Bild 111:
Hoch-/Längsachsenarbeit
Links-/Rechthänder.

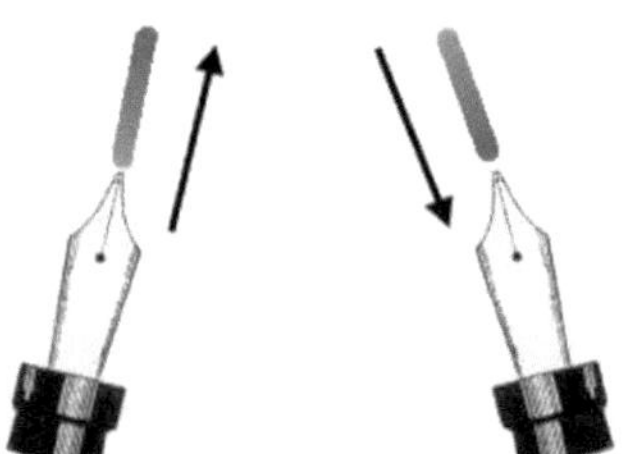

Bild 112: Linkshänder schiebt,
Rechtshänder zieht.

Bild 113: Skizzenhaft
die Form einer
Linkshänderfeder, wie
sie einst beispielsweise
die englische
Füllerschmiede
BURNHAM
fabrizierte.

5.4.5 Warum setzt (nach einer Reinigung und Politur) mein Füller immer wieder aus?

Zur Beantwortung unterscheiden wir ab dem darauffolgenden Absatz drei Sachverhalte. Im dritten Fall wurde vor Auftreten der Aussetzer der Füllhalter gereinigt bzw. poliert. Das wird weiter unten behandelt. Zuerst schauen wir uns die Situation „aus heiterem Himmel" an. Es kann wohlbekannten Schreibgeräten wie Neuanschaffungen zustoßen. Anfänglich schreibt das Ding. Und plötzlich hört es auf. Der Strich bleibt trocken. Zunächst stellt sich die Frage, ob bereits versucht wurde, durch Einhüllen der Schreibfeder in ein Taschen-, Küchen- oder Kosmetiktuch den Tintenfluss in allen Kapillaren anzukurbeln. Bescherte dies keinen Erfolg, so ist zu hinterfragen: Wurde zuvor die Tinte gewechselt? Weil das ein eigenes Themengebiet ist, gehen wird davon aus, die Tinte ist als Übeltäter auszuschließen.

Der erste Fall behandelt die Gegebenheit, dass der Füllhalter moderner Art und nagelneu oder „NOS" ist. Viele Fabrikanten statteten die Federn ihrer Füllfederhalter mit einer Wachsschutzschicht aus. Noch wahrscheinlicher ist, dass ein Ölfilm vom Kühlwasser der CNC-Fräse übrig blieb. Wer solch ein Schreibgerät ohne Erstpräparation in Betrieb nimmt, muss sich über Beeinträchtigungen nicht wundern. Simple Abhilfe schafft die Reinigung des Vorderteils, wie sie weiter unten (Seite 212) beschrieben ist.

Der zweite Fall tangiert in der Regel gebrauchte Exemplare. Eine häufig anzutreffende Störung ist hierbei die Unterbrechung zwischen Kapillaren. Wie schon geschildert gibt es diverse Kapillare im Tintenleitsystem. Die angesprochene Problemstelle betrifft den Übergang der Tintenleiterkapillare zur Federkapillare. Sie entsteht, wenn die Schreibfeder nicht mehr korrekt auf dem Tintenleiter aufliegt. Er könnte sich ein wenig abwärts bzw. die Feder nach oben verbogen haben. So etwas passiert beispielsweise durch gewöhnliche, äußere Wärmebeeinflussung im jahrelangen Alltagsleben, per Schreibdruck oder ist schlicht eine Form der

Altersschwächung. Jedenfalls gelingt es der Tinte nicht mehr, vom Tintenleiter in den Kapillarspalt zwischen den Federschenkeln zu kommen. Infolgedessen stellt der Federfüller augenscheinlich plötzlich und unerwartet seine Tätigkeit ein. Einzig Abhilfe kann das Zusammenführen schaffen. Ist die Feder betroffen, ist sie unter Umständen ohne Demontage zurechtzubiegen. Dazu zieht man den Füller um 180° gedreht im flachen Winkel mit den Federschenkeln über einen Schreibblock. Gehalten wird er zwischen Daumen und Mittelfinger. Der Zeigefinger sitzt auf der Unterseite des Tintenleiters. Mit ihm übt man hierbei dezenten Druck aus. Und wie so oft beherzigt man idealerweise die alte Federfüllerregel: *besser in Schrittchen zum Erfolg als im Ausfallschritt ins Verderben.*

In einigen Fällen bezieht sich die Verformung auf beide Bauteile, manchmal auch nur den Tintenleiter. Er muss wieder gerichtet werden. Insbesondere bei einer flexiblen Feder ist ein stupsnasenförmig nach oben geformter Tintenzuführer erforderlich, um gleichfalls beim Flexen unterbrechungsfrei Tinte heranführen zu können. Tintenleiter bestehen in der Regel aus Hartgummi (Ebonit) oder dem formstabileren Plastik. Vornehmlich tritt das vorgenannte Problem eher bei Ebonit-Typen auf. Andererseits ist das Umformen bei ihnen am unproblematischsten. Man kann sie dennoch nicht einfach wie ein Stück Draht zurechtbiegen. Das hätte mit ziemlicher Sicherheit den Bruch zur Folge. Es muss zuvor Wärme ran. Dabei darf der Haarföhn bzw. die Heißluftpistole erneut einer Zweitbeschäftigung nachgehen. Für maximal 15 Sekunden heizt man den zwischen zwei Fingern gehaltenen (ausgebauten) Tintenleiter im mittleren bis vorderen Sektor auf. Dann drückt man ihn sanft und absolut flach auf eine ebene Unterlage und gibt ihm so die gewünschte Form. Beispielsweise ein Schreibblock ist glatt genug und nicht zu hart. Um die „Stupsnase" hinzukriegen, nimmt man ihn weiter vorne und presst ihn dort von oben mit dem Zeigefinger auf den Untergrund. Jedes Erwärmen erlaubt zwar erneut Formänderungen. Allerdings kann's passieren, dass sich mangels Übung das Werkstück von Mal zu Mal mehr zum Negativen hin deformiert. Man tut gut daran, im ersten Versuch ans Ziel zu gelangen, und muss vorher an wertlosen Übungsobjekten etwas Feingefühl trainieren. Wer zufrieden mit seiner Arbeit ist oder einfach bloß testen will, der setzt Feder und Tintenleiter in die Griffsektion ein und prüft das Ergebnis durch eine Schriftprobe.

Formte man durch mehrere Fehlversuche einen buckeligen Zuführer bzw. erwarb leider einen Füllhalter mit solch einem Exemplar, ist ein Geraderichten angesagt. Erst danach kann man abwägen, ob man eine Stupsnase braucht oder nicht. Man bereitet sich eine stabile Unterlage vor mit der Feder kopfüber darauf. Dann erwärmt man den Tintenzuführer durchgängig, jedoch keinesfalls zu heiß und legt das Heißluftgerät blitzschnell beiseite. Ohne Verzögerung drückt man den Tintenleiter, ebenfalls mit der Oberseite voran, in die Mulde der Schreibfeder hinein und positioniert ihn dabei so, wie er bei der Endmontage an ihr anläge. Mäßig fest und beharrlich presst man den Zuführer für 30-60 Sekunden in die Federmulde. Gegebenenfalls verwendet man einen Handschuh, um keine Brandblase am pressenden Finger zu bekommen. Allerdings sollte das Bauteil auch nicht so heiß sein, dass eine Verformung zu leicht und damit womöglich zu extrem ausfiele. Ist das Beschriebene getan, besitzt die Oberseite des Tintenleiters mit den Kapillarrinnen über die gesamte Länge der Feder kontakt zu ebendieser, was der notwendigen Kapillarität zugutekommt.

Bild 114: Zurechtgeformter Tintenleiter aus Ebonit für einen Füllfederhalter mit ausgeprägt flexibler Goldfeder. Die Biegung für die „Stupsnase" ist minimal. Das bedarf meist etwas Übung.

Wie sieht es aus, wenn der Füller, unmittelbar bevor er begann herumzuzicken, gereinigt bzw. poliert wurde? Geht man davon aus, dass der Federfüller Flüssigkeit aufnimmt, also betankbar ist und ausreichend mit Tinte gefüllt, kann die Ursache für die Aussetzer nur bei der Schreibfeder und/oder dem Tintenleiter liegen. Wie man verschmutzten Füllhaltervorderteilen auf den Pelz rückt, wurde bereits im Unterkapitel 5.3.3 Innenreinigung besprochen. Häufig liegt in solch einem Fall aber eine Störung an der Feder vor. Bei frisch gereinigten und polierten Füllhalterfedern kommt es sporadisch durch Schwächung der Kohäsionskraft zu Abstoßungseffekten. Das heißt, Flüssigkeit (hier Tinte) bleibt bloß widerstrebend zusammen und haftet nicht so leicht wie sonst üblich auf dem Metall. An den Federflügeln, wo ein Kapillareffekt unerlässlich ist, führt eine Hafthemmung und unfolgsamer Zusammenfluss zum Tintenfilmriss. Und der Schreiber setzt aus. Das ist in etwa vergleichbar mit der Motorhaube eines Autos nach dem Besuch der Waschstraße. Es gibt keinen großflächigen Wasserfilm mehr darauf. Stattdessen sammelt sich das Wasser in Tropfen, die wiederum der Schwerkraft gehorchend ablaufen. Bei unserem Füllhalter ist die Folge, dass er nicht schreibt oder immer wieder aussetzt und ständig zum Beispiel mit dem Hebel, Knauf, usw. erneut ein wenig Tinte vorwärts an die Federspitze „gedrückt" werden muss. Das nervt natürlich gewaltig.

Hier gibt es einen einfachen Lösungsvorschlag, den Effekt zu neutralisieren, damit Kohäsion und Kapillarität abermals Oberhand gewinnen. Man entleert den Tank und stellt den Füller für bis zu 24 Stunden in ein Glas oder einen Becher mit heißem Wasser aus dem Wasserhahn und einem Tropfen Geschirrspülmittel. Der Füllhalter sollte maximal bis zur hälftigen Griffsektion im Wasserbad stehen, nicht darüber. Ab und an schüttelt man im Zeitverlauf die Füllhalterspitze im Bad etwas durch. Nach angemessener Zeit wird die Feder unter klarem Wasser ordentlich abgespült und anschließend am Füllfederhalter mehrmals Frischwasser getankt und wieder abgelassen. Dann endlich kann man ihn erneut mit Tinte füllen. Er sollte sofort schreibfähig sein. Muss man dennoch der Tinte nachhelfen, indem man durch Bedienen der Füllmechanik einen Tropfen an die Feder befördert oder den

Füllhalter aus einigen Zentimetern Höhe auf ein Stück Papier heruntergleiten lässt bzw. stupst? Dann ist die Ursache eine andere. In diesem Fall gehört das Schreibgerät in die Fachwerkstatt, um die Störung auszumerzen.

5.4.6 Beim Kolbenfüller bin ich mit dem Drehknopf am Anschlag. Aber der Kolben ist nicht sonderlich weit nach hinten gekommen. Wieso?

Das Gewinderutschen ist eine häufig zu beklagende „Krankheit" bei Kolbenfüllern. In den 50er, 60er Jahren und jünger verbauten viele, insbesondere auch deutsche Hersteller, billiges, minderwertiges Plastik. Was heute als Vintage durchgeht, galt in jener Zeit als Massenware fürs Büro und die Schule, bei der man oftmals schon die Kurzlebigkeit als Geschäftsmodell erkannte und umsetzte. Der Kunststoff ist so sensibel, dass er ruckzuck reißt, zumindest jedoch rasch verschleißt. Haarrisse im Schaftinnengewinde führen dazu, dass das Plastik nachgibt und auseinandergeht. Das Gewinde rutscht, und der Drehknauf bewegt sich entweder zu langsam, zu schnell, mitunter auch überhaupt nicht mehr durch die Windungen. Eine andere Problemstelle ist die Drehspindel. Sie ist aus Metall oder Kunststoff und läuft normalerweise in einer Plastikführung. Diese ist als Wellenschnecke gegossen. Plastikwellen, insbesondere jedoch die Metallwellen schleifen mit der Zeit die Führungsschnecke plan. Und schon kann es dazu kommen, dass die Welle rutscht, sich nicht bzw. ungleichmäßig bewegt und damit auch der Kolben.

Solche Fälle gehören üblicherweise als „Problemkinder" in die Werkstatt eines Restaurators bzw. eines Fachmanns mit Reparaturkenntnissen. Wenn es nur ums Durchrutschen des Drehknopfes geht, lässt sich mit etwas Glück und einem Griff in die Trickkiste unter Umständen Abhilfe oder wenigstens Besserung schaffen. Der Knauf wird beim Betanken rechtsherum gedreht. Das führt dazu, dass der Kolben im Schaft zurückfährt und so Tinte angesaugt wird. Viele Leute ziehen während des Drehvorgangs instinktiv am Drehknauf nach hinten. Bei Plastik, der nicht mehr hundertprozentig in Ordnung ist, kann dieser Zug das Durchrutschen des Gewindes fördern. Daher als Tipp, für das Aufziehen von Flüssigkeit bewusst darauf zu achten, den Drehknopf ein klein wenig nach vorne bzw. unten zu drücken. Beim Linksdrehen, wodurch der Kolben vorwärtsfährt, lässt man das Ganze mit geringfügigem Druck einfach locker laufen (siehe ebenfalls Unterkapitel 4.6.2).

Wem das nichts nützt, dem bleibt der Gang in die Werkstatt kaum erspart, sofern der Füllhalter wieder funktionsfähig werden soll. Ob die Instandsetzung noch lohnt, ist keineswegs nur eine objektive Frage des Gegenwertes, sondern häufig auch eine emotionale. Insofern muss sie jeder Füllhalterbesitzer selbst für sich beantworten.

5.4.7 Meine Feder wirkt beim Schreiben kratzig oder verkantet leicht. Woran könnte das liegen?

Das kann diverse Ursachen haben. So ist es denkbar, dass das Iridiumkorn über die Jahrzehnte kaum mehr rund, sondern kantig geworden ist. Nicht ausgeschlossen, dass sich auch die Federschenkel vertikal bzw. horizontal etwas verschoben oder verbogen haben. In solchen Fällen ist immer die Nachbearbeitung der Feder durch einen Fachmann erforderlich. Man kann mit ein wenig Mut und Geschick die unter Kapitel 5.2.1, Seite 152, beschriebene Methode anwenden und sehen, ob man sie selbst besänftigt bekommt. Bisweilen ist die Ursache aber einfach nur eine inkorrekte Haltung des Füllhalters. Speziell diejenigen flexiblen Schreibfedern, welche bei extrafeiner Strichstärke eröffnen, neigen bei fehlerhafter Führung zum Verkanten, was man als Kratzen wahrnimmt. Für Einsteiger ins Hantieren mit Flex-Federn wie auch generell bei Neuanschaffungen heißt es, sich zunächst einmal mit den Charakteristika des Füllers vertraut zu machen. Man muss sich an das womöglich umfassende Leistungsvermögen herantasten. Und je mehr Potenzial vorhanden ist, desto komplexer der Vorgang. Das zu steile Führen des Halters vermeidet man besser, besonders in den Anfängen, und bewegt ihn eher etwas flacher. Im Zug in Richtung Schreibhand ist jede Feder gemeinhin unproblematisch. Obacht jedoch beim Drücken und Schieben, vor allen Dingen in der Kennenlernphase. Nicht immer ist ein Fehler am Schreibgerät zu suchen. Darum üben, üben, üben!

Der signifikanteste Grundsatz ist, je runder die Feder vorne ausgeprägt ist bzw. je dicker ihr Schreibkorn, um so einfacher das Handling. Entgratete Federspitzen geben weniger Schreibgeräusche von sich und neigen weder zum Verkanten noch zum Kratzen. Sie verzeihen Haltungsfehler, tolerieren instabile Federführung und sorgen für gleichmäßigere Tintenabgabe. Nachteilig ist jedoch, dass sie dem Schreibenden kaum Rückmeldung liefern und kugelschreiberähnliche Gefühllosigkeit aufkommt. Das gilt sicherlich nicht bloß für Kugelfeder[1] & Co. Selbst bei einer dicken stahlharten Italic- und Oblique-Feder[2] mit abgerundeten Ecken kann das zutreffen. Es gibt noch weitere Faktoren. Die nadelfeine Schreibspitze ist in der Regel diffiziler zu führen als eine der Größenordnung extrabreit. Flexible Eigenschaften potenzieren die Notwendigkeit des Feingefühls und einer exakten Haltung abermals.

Nennt man eine heikle Feder sein Eigen, hochflexibel, nadelspitz und/oder scharfkantig, dann kommt es überaus entscheidend auf Achsen und Winkel an. Hier ist für das Glück statt Elend, das Wohl statt Wehe, die angemessene Federführung respektive Schreibhaltung der Schlüsselfaktor. Außer vorangegangenen Tipps lässt sich hinzufügen, bei linksseitigem Oblique den Federfüller um die Längsachse nach links, bei rechtsseitigem Oblique ihn nach rechts zu neigen. Bei allen anderen Federtypen, insbesondere Italic, sollte man tunlichst darauf achten, jegliches Kippen zu vermeiden. Ansonsten kommt es auf die Dicke der Feder-

---

[1] Siehe Seite 221.
[2] Siehe Seite 94.

front bzw. die Ausprägung des Schreibkorns an. Tauchen Probleme auf, kann es ebenso nicht schaden, einen Blick auf die Hinweise und Ratschläge für Linkshänder[1] zu werfen, auch wenn man Rechtshänder ist.

5.4.8 Kann ich meinen Füllfederhalter mit Eisen-Gallus Tinte befüllen?

Eisen-Gallus Tinten fanden seit der Antike bis ins 20. Jahrhundert üblicherweise Verwendung. Zwar gibt es in heutiger Zeit hauptsächlich moderne Tinten auf dem Markt. Jedoch die als dokumentenecht geltende, avantgardistische Schreibflüssigkeit unserer Vorfahren hat noch nicht ausgedient. Manche Produzenten haben neuzeitliche Varianten nach wie vor im Programm. Diese Tinte reagiert wegen ihrer Ingredienzien und der Säure im Vergleich zu modernen Artgenossen unter Umständen außerordentlich aggressiv mit den Bauteilen von Füllhaltern, in früheren Zeiten selbst mit dem Papier. Andererseits besitzen Eisen-Gallus Tinten einen gewissen Charme und weiterhin viele Liebhaber, die sie nicht missen möchten.

Ein klassischer Füllfederhalter ist häufig noch unter dem Aspekt, dass er wie selbstverständlich mit Eisen-Gallus Tinte betrieben wird, hergestellt worden. Eben deshalb lassen sich bei derart robusten Exemplaren Bedenken zum heutigen Einsatz solcher Tinten tendenziell zerstreuen, im Gegensatz zu Schreibgeräten aus jüngerer Vergangenheit. Dennoch ist für Kork- und kompliziert zu demontierende Kolbenfüller die Verwendung nicht (mehr) anzuraten. Doch für diese Kandidaten stehen ja heutzutage genügend alternative, schonende Tintensorten parat. Tintensacksysteme erscheinen dagegen grundsätzlich eher unproblematisch.

Die Intervalle zum Durchspülen der Tintenleitung und des Tanks müssen deutlich kürzer ausfallen als bei zeitgenössischen Tinten.

---

[1] Siehe Unterkapitel 5.4.4.

Nach jedem Aufbrauchen einer Tankfüllung sollte mit lauwarmem Wasser mehrfach ausgespült werden, auch wenn man anschließend bei der gleichen Tinte bzw. Farbe bleibt. Spülen heißt, Wasser tanken, leicht durchschütteln und ablassen. Man kann ihn mit der Wasserfüllung gleichwohl ein paar Stunden, zum Beispiel über Nacht, ruhen lassen, bevor man mit dem Spülvorgang zum Schluss kommt. Spätestens alle 3 Monate, wenn der Füllhalter just leergeschrieben ist, sollte er nach dem zuvor beschriebenen Durchspülen anschließend mit der Feder voran in einen Becher oder ein Glas gestellt werden. Dieses füllt man bis knapp über den Beginn der Sektion (und nicht höher!) mit handheißem Wasser, wie es üblicherweise aus dem Wasserhahn kommt. In dem Gefäß lässt man den Füllhalter sodann einen Tag stehen. Ab und an schwenkt man zwischendurch die Feder im Wasserbad und kann bei Bedarf die im hiesigen Buch als Werkzeug vorgestellte Zahnbürste einsetzen. Verschmutztes Wasser wird gegebenenfalls erneuert.

5.4.9 Der Drehknauf meines Kolbenfüllers ist fest oder lässt sich nur äußerst schwer drehen. Wie kriege ich ihn leichtgängig?

Zuweilen sitzen Kolben und Kolbendichtungen knalleng im Schaftinneren und sind, wenn überhaupt, nur mit viel Mühe zu bewegen. Die Gefahr, dass beim Hantieren etwas zu Bruch geht, ist nicht unerheblich. Bei neu Schreibgeräten sind die womöglich leicht überdimensionierten Bauteile noch nicht eingelaufen. Bei alten Exemplaren kleben sich die mit Schmutzpartikeln behafteten Komponenten gerne über eine lange Ruheperiode hinweg fest. Was dem Füllhalter oftmals fehlt, ist ein wenig Gleitmittel, je nachdem, wie man es sieht, an der Zylinderinnenseite bzw. der Kolbenaußenseite. Mit ein bisschen Glück lässt sich das Problem für jeden Kolbenfüllerbesitzer selbst erledigen, ohne dass das Schreibgerät von einem Fachmann dafür komplett zerlegt werden müsste. Das gilt in erster Linie, wenn Feder und Tintenleiter abnehmbar sind oder eine Ansaugöffnung existiert. Nachfolgend wird von einem Drehknauffüller ausgegangen. Die Handhabung beim Pumpkolbenfüller ist ähnlich. Handelt es sich um ein vollständig zerlegbares Gerät, benötigt man aller Voraussicht nach kein Injektionsbesteck. Das Fetten ist dann analog der Beschreibung händisch machbar.

Zunächst besorgt man, beispielsweise im medizinischen Fachhandel, bei Tintenverkäufern und dergleichen, eine Spritze samt Kanüle mit Spitze. Als Schmiermittel nimmt man idealerweise dünnflüssiges Silikonfett bzw. Silikonöl. Auch gut geeignet ist ein alterungsbeständiges nicht harzendes Uhrenfett. Mit der Injektionsnadel auf der Spritze zieht man von der Substanz ein wenig auf. Es kann etwas dauern, bis man eine winzig kleine Menge in die Kanüle bekommt. Denn das Fett muss sich in das extrem enge Röhrchen kämpfen. Allerdings benötigt man glücklicherweise auch nur ein klitzekleines Bisschen. Und sollte die Schmierung später nicht ausreichen, wiederholt man den Vorgang sooft wie nötig. Die Injektionsnadel führt man vorne an der Griffsektion so weit ein, bis sie in den Schaftinnenraum gelangt. Dort positioniert man den Kanülenstachel möglichst nah an die geeignete Stelle, nämlich an Schaftrand und Kolben. Jedoch Vorsicht, dass dabei nichts beschädigt oder zerkratzt wird. Das in der Kanüle gesammelte Silikonfett wird jetzt regional verteilt. War die Fettausbeute zu gering, zieht man wieder etwas auf und befördert es auf die gleiche Weise in den Schaft. Zum Schluss gibt man mithilfe der Spritze zusätzlich 0,5-1 Milliliter Wasser in den Füller. Diesen Schritt könnte man übrigens ebenso bereits vor der Fettgabe erledigen.

Anschließend stellt man, und das ist immens wichtig, den Füllhalter für ungefähr 24 Stunden kopfunter irgendwo ab, wo er weder stört, noch umfallen kann. Kopfstehend heißt, dass das Schreibgerät auf dem Drehknauf steht, das Vorderteil demnach nach oben zeigt, beispielsweise in einem leeren Gefäß wie Glas oder Becher. Durchaus darf man ihn zwischenzeitlich etwas hin und her schütteln, aber keinesfalls umdrehen. Ist ein Tag vergangen, sollte man vorsichtig versuchen, den Knauf, und damit den Kolben, zu bewegen. Die kleinste Regung genügt zum Erfolgserlebnis. Unter keinen Umständen mit zu viel Kraft, niemals gewaltsam, sondern bloß so weit drehen, als dass der Füller von sich aus halbwegs bereitwillig mitmacht. Beachten Sie, dass der ganze „Heilungsprozess" Tage dauern kann. Der Schreiber bleibt dabei immer auf dem Kopf stehend. Inzwischen wird er mehrmals täglich zur Hand genommen, um den Kolben ein wenig zu rühren, ein bisschen vor und zurück. Dann wieder abstellen. Langsam lässt er sich nicht nur weiter, sondern auch leichter bewegen. Doch darf man keineswegs zu früh zu viel verlangen. Kalkulieren Sie locker eine Woche für eine derartige „Gleittherapie". Erst, wenn der Kolben dauerhaft mühelos das Schaftinnere komplett zwischen Anfang und Endanschlag durchläuft, kann der Kopfstand des Füllfederhalters ohne Vorbehalt beendet werden. Was jetzt kommt, ist wie bei der normalen Reinigung. Drücken Sie den Tankinhalt in den Ausguss, und spülen Sie den Kolbenfüller mehrmals mit frischem, lauwarmem Wasser durch. Mit einer Wasserfüllung darf er gerne mal einen Tag liegen bleiben. Danach sollte er für lange Zeit ein treuer, einfach zu handhabender Schreibgeselle sein.

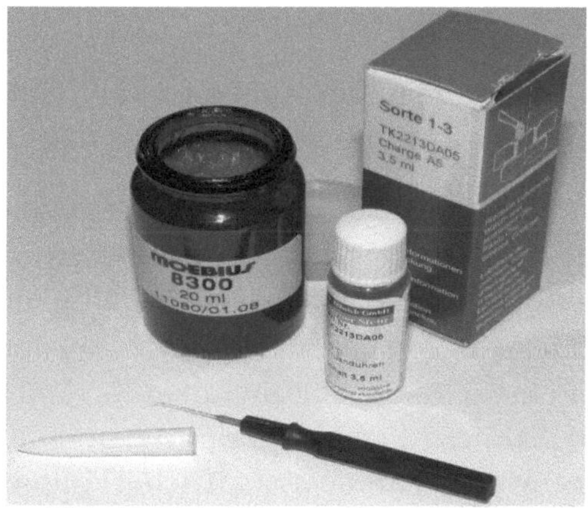

Bild 115: Links Uhrenfett (Moebius 8300),
rechts teilsynthetisches Uhrenöl, Sorte 1-3,
mit Ölgeber.

Es kommt vor, dass sich die Ursachen für Schwergängigkeit nicht (nur) im Kolben-/Zylindersektor verbergen, sondern in der Region des Drehknaufs und dem Gewinde, auf dem er läuft. Im Laufe der Benutzung gelangen des Öfteren Hautpartikel, Rückstände von schmutzigen Fingern sowie Staub in die Rillen und unter das Schraubkäppchen. Als Gegenmaßnahme dazu ist Ballistol Öl eine gute Wahl. Zur Not kann man auch zum bekannten WD-40 oder Teflon greifen. Man bekommt die Öle als Spray mit Plastikhalm zum gezielten, dosierten Setzen einer Ölstelle. Damit sprüht man eine minimale Menge dorthin, wo Drehknauf-Unterkante und Schaftende zusammenkommen. Es soll in diesem Anwendungsfall nicht nur schmieren, sondern gleichermaßen Schmutz lösen, also reinigen. Steht der Knauf etwas heraus, gibt man eine kleine Ölmenge auf das freiliegende Gewinde dicht am Schafteingang. Hernach braucht das Öl ein bisschen Zeit zum Kriechen. Deswegen stellt man den Kolbenfüller abwechselnd zeitweise kopfüber und kopfunter für zumindest ein paar Stunden in ein Gefäß. Auch diese Methode muss gegebenenfalls mehrmals wiederholt werden, bis sie Wirkung zeigt. Wenn der Knauf dann beginnt, sich wunschgemäß zu rühren, ist das ein Lichtblick. Schmutz und überschüssiges Öl wischt man abschließend überall dort, wo man meinem einem sauberen Tuch hinkommt, so gut es geht weg.

5.4.10 Warum brachte man ausgerechnet für Schulkinder die Patronenfüller auf den Markt?

In der Tat muss das ein „ausgerechneter" Plan gewesen sein. Die Einführung der Tintenpatrone kann keine Vernunft begründen, sondern ist eher eine ökonomische Hinterhältigkeit. Zwar wurde bereits um 1890 ein Patent bezüglich eines austauschbaren Tintengefäßes angemeldet. Ernstzunehmende Tintenpatronensysteme mit den bekannten Plastikbehältern kamen aber erst in den 1950ern auf den Markt. Die amerikanische Füllhaltermanufaktur Waterman machte 1953 den Anfang. Von da an begann die Tintenpatrone einen bahnbrechenden Siegeszug durch alle Schulklassen. Leidtragende waren die Schulkinder, die Geldbeutel der Eltern und die Umwelt. Die Patrone verteuerte das Schreiben mit dem Füller deutlich. Der vermeintlich preisgünstige Schulfüller verfiel so zur Gelddruckmaschine der Tintenpatronenindustrie. Und das gilt im Grunde bis heute. Die Patronen-Lobby argumentiert stetig neben der höheren Sauberkeit mit der leichteren Handhabung gegenüber Tintengläsern. Reine Propaganda. Denn Tintenpatronen erzeugen gewaltigen Müll, fliegen überall umher, befinden sich nie dort, wo man sie braucht und sind ständig leer. Und wer schon einmal auf eine solche trat oder biss, der weiß, welche Schweinerei das gibt. Es gab nie und wird nie plausible Argumente geben, warum ein Schulkind nicht auf Tintengläser und Füllfederhalter mit Tintentanksystem zurückgreifen sollte. Alles eine Sache der Erziehung, der Einweisung in den Umgang, der Lernbereitschaft und der Wertschätzung derartiger Handwerkszeuge. Überdies können mittlerweile bruchfeste Tintenfässchen mit einem kindersicheren Tankstutzen produziert werden.

5.4.11 Warum sitzt auf der Federspitze, hauptsächlich von Goldfedern, ein Körnchen eines augenfällig anderen Metalls?

Reingold, aber auch die häufig bei Füllhalterfedern verwendeten 14- und 18-karätigen Goldlegierungen, sind dermaßen weich, eine Federspitze würde sich rapide abnutzen und nachteilig verändern. Um dem entgegenzuwirken, hartlöten die Federhersteller auf die Spitze der Feder ein kleines Korn aus dem Metall Iridium auf. Dieses Körnchen ist üblicherweise in der Mitte gespalten, weil es je zur Hälfte auf den Vorderteilen der beiden Federschenkel sitzt. Iridium ist dermaßen widerstandsfähig, dass es allen Reibungen auf dem Papier auf Dauer widersteht. Sicherlich gibt es früher wie heute Federn ohne ein schützendes Iridiumkorn. Während diejenigen mit Iridiumspitze für die Ewigkeit gebaut menschliche Generationen überdauern, fallen die Kornfreien über kurz oder lang dem Verschleiß zum Opfer. Heutzutage fabrizierte, moderne Edelstahlfedern allerdings gelten inzwischen auch mit fehlendem Iridiumkörnchen meist als äußerst widerstandsfähig und abnutzungsbeständig.

Für Federtypen mit überaus prägnanten, runden Spitzen verwendet man zudem Spezialbezeichnungen wie K-Feder (Kugelfeder) und S-Feder (Spezialfeder). Aber keineswegs ist jede mit Iridiumkorn eine Kugelfeder. Und nicht bei allen Kugelfedern besteht die Kugelspitze aus Iridium. Je rundlicher die Feder vorne ist, um so weicher schreibt sie und provoziert deswegen keine Anschreibprobleme. Besonders viele Schulfüller fertigte man bevorzugt mit einer simplen Kugelfeder, einer Ganzstahlfeder, bei der die Spitze im Verlauf kugelrund wird. Solche Schreibgeräte verzeihen in höchstem Maß Haltungsfehler. Dem sanften Schreibkomfort und der Zuverlässigkeit steht das etwas eintönige Schriftbild gegenüber, obwohl man die Aussage prinzipiell mitnichten pauschalieren kann. Es gab und gibt durchaus K-Goldfedern mit flexiblen Merkmalen, die Gestaltungsspielraum bieten. Dennoch wohnt dem Verhältnis massiver Kugeligkeit und variationsreichen Flex-Eigenschaften ein gewisser Antagonismus inne. Federspitzen, die nicht gänzlich rund oder ausgesprochen kantig daherkommen, liefern tendenziell mehr Mannigfaltigkeit mit dem Wermutstropfen, dass man sich mit ihnen dafür womöglich andere Schwierigkeiten einhandelt.

5.4.12 Wenn ich meinen Füller betanke, höre ich ein Schlürfen. Was ist das?

Das Phänomen kann bei allen betankbaren Federfüllern auftreten. Hebt man ihn zu früh aus der Flüssigkeit oder tunkt den Vorderteil nicht korrekt und beharrlich ein, nimmt man ein Schlürfgeräusch wahr. Es zeigt an, dass Luft gezogen wurde und er demzufolge das Betanken nicht zum Abschluss brachte. Die getankte Ausbeute fiel geringer aus, als es das Platzangebot zuließe. Die Tankkapazität wurde nicht voll ausgeschöpft. Wiederholen Sie den Tankvorgang und belassen Sie diesmal die Füllerspitze länger und beständig in der Flüssigkeit.

Wenn Zuleitungen bzw. Sammler verstopft sind oder Verschmutzungen den Durchmesser der Tintenleitrinne schmälern, kann das die Betankung behindern und verlängern. Ein Schlürfen tritt dann vermehrt, unter Umständen sogar ständig auf. Schauen Sie sich daher auch die Reinigungshinweise in den Kapiteln 4. Anschaffung, Pflege, Lagerung und 5.3 Wartungsarbeiten an.

5.4.13 Ich bekomme ständig schmutzige Hände, obwohl ich definitiv keinen Kontakt mit der Schreibfeder hatte. Wie kommt die Tinte an meine Finger?

Offensichtliche Ursachen wie undichte Tintensäcke bei Hebelfüllern, nicht sorgfältig montierte Patronen oder Konverter bei Patronenfüllern, usw. lassen wir als leicht durchschaubar außen vor. Einer der häufigsten Gründe für „blaue Finger" seit Existenz des Füllfederhalters sind unsaubere Verschlusskappen. Erschütterungen, Wetterumschwung, Reisen und Transporte, aber auch Störungen im Tintenleitgefüge, z.B. wegen falsch sitzender Komponenten, sorgen dafür, dass Tinte aus dem Tank des Füllhalters in die Kappe gespuckt wird. Ohne Reinigung derselben schmiert das farbige Nass durch Auf- und Abziehen der Verschlusskappe die Griffsektion voll. Und schon haben wir den Salat. Hier kann man nur appellieren, beim Handling mit dem Schreibgerät Obacht zu geben und regelmäßig das Innere der Füllerkappe zu kontrollieren und zu säubern. Meistens reicht es aus, sie unter dem Wasserhahn auszuspülen. Mit einer Flötenbürste oder Ähnlichem sollte man sie ab und an gründlich durchputzen. Das Wichtigste kommt zum Schluss. Niemals feucht die Kappe auf den Füllhalter aufstecken, sondern immer vollständig innen trocken wischen, beispielsweise mit einem zu einer dünnen Wurst gedrehten Küchentuch.

Wenn alle vorgenannten Möglichkeiten auszuschließen sind, gibt es noch eine besonders vertrackte Kausalität, warum die Schreibhand Tintenflecke abbekommen kann. Es passiert zumeist mit Patronen- bzw. Konverterfüllhaltern. Anders ausgedrückt betrifft das Problem die Modelle, bei denen die nicht rissbeständige (Kunststoff) Griffsektion immer wieder abgeschraubt werden muss. Und beim Wiederaufschrauben wendet man mitunter einen Tick zu viel Kraft auf. Dies wiederum hat möglicherweise zur Folge, dass sich Haarrisse im Mundstück bilden, die man mit bloßem Auge nicht unbedingt erkennt. Vor allem kommt das vor, wenn ein Kunststoffmundstück auf einen unnachgiebigen Metallschaft geschraubt wird. Vom Inneren der mit Tinte gefluteten Griffsektion sickert allmählich Schreibflüssigkeit durch die haarfeinen Risse. Und Simsalabim, auf wundersame Weise werden die Finger bunt.

Am besten sorgt man dafür, dass es überhaupt nicht zum Schadensbild kommt. Mit angemessener Feinmotorik und Vorsicht schraubt man stets das Mundstück auf den Schaft, doch nur so fest, wie es mit zwei Fingern ohne viel Krafteinsatz machbar ist. Wenn das Kind schon in den Brunnen gefallen, sprich die Griffsektion haarfein gerissen ist, hilft nur noch eine Reparatur. Tröstlich, dass der Schaden meist flink und einfach behoben werden kann.

Schauen Sie sich die im 5. Kapitel angesprochenen Hilfsmittel an. Zunächst ist die Griffsektion vom Schaft zu trennen. Dann sollte man so viel von bzw. aus dem Bauteil entfernen, wie irgend möglich. Dazu zählen insbesondere die Feder und der Tintenleiter. Idealerweise hält man letztlich das nackte Mundstück in Händen. Es muss daraufhin innen wie außen gründlich gereinigt werden, im Ultraschallbad, mit der Bürste, mit Wasser und ggf. in Verbindung mit etwas Reinigungskonzentrat. Danach wird es mit einem trockenen Papiertuch rundherum abgetrocknet. Auch inwendig lässt man das zu einer dünnen Wurst gerollte Papier mehrmals durchgleiten. Im Anschluss benötigt das Bauteil eine komplette Durchtrocknungszeit, bei der etwaige Restfeuchte verdunstet. Denn man muss unbedingt darauf achten, dass sich nirgendwo mehr Feuchtigkeit versteckt. Jetzt erst kann faktisch mit der Reparatur begonnen werden.

Die hierzu wichtigsten Utensilien sind ein Modellbaukleber, transparent und mäßig zählfließend mit Dosierkanüle, ein Okular oder andere Vergrößerungsoptik, stabile Papiertücher und eine saubere Unterlage. Dann sollte man sich vorher gleich Gedanken machen, wie man mit dem Bauteil verfährt, wenn es mit Klebemittel behandelt wurde. Denn hierauf folgt ein bis zu 24-stündiger Trocknungs- und Aushärtungsprozess. Stellt man die Griffsektion, sofern dafür geeignet, auf die Stirnseite für eine Ruhephase beiseite? Hängt man sie an einem Faden bzw. einem Streifen Kreppband auf? Oder steckt man, damit die Außenhülle kontaktfrei durchtrocknen kann, ein Holzstück (z.B. Essstäbchen) hindurch und legt bzw. stellt das „aufgespießte" Werkstück dorthin, wo es unbehelligt bleibt? Die Wahl ist abhängig von der Form des Mundstücks, der Größe und Lokalität der zu behandelnden Fläche sowie der Vorliebe und dem Geschick des Reparateurs. Entscheidend ist, dass Sie eine Aufbewahrungsstrategie haben, bevor die Praxis beginnt.

Aber jetzt zur Reparatur. Mit dem Okular sucht man auf der Außenseite der Griffsektion allesamt die Stellen, an denen sich Haarrisse bildeten. Manchmal ist es wahnsinnig schwierig bis unmöglich, sie auszumachen, so fein sind sie. Dann nützt alles nichts, man muss die Oberfläche vollständig mit dem durchsichtigen Modellbaukleber als Dichtmittel dünn überziehen. Erkennt man jedoch haarfeine Risse, trägt man den Klebstoff punkt- und linienförmig zielgenau auf. Behandelte man sämtliche Haarrisse lückenlos, ist in der Regel die Griffsektion bereits nach der ersten Auflage Klebe-/Füllmittel abgedichtet. Ratsam ist allerdings, noch 1-2 zusätzliche hauchdünne Schichten auftragen. Entstanden hierdurch Unebenheiten und missfällt das dem Betrachter, rückt man durch Schleifen und Polieren den optischen Eindruck wieder zurecht (siehe ebenso Kapitel 5.2.1). Zuvor jedoch sollte man durch Probeschreiben über einen längeren Zeitraum sichergehen, dass die Griffsektion dicht ist, also die Finger sauber bleiben.

5.4.14 Ist das Loch in der Schreibfeder eine Ventilationsöffnung?

Mag sein, dass je nach vorliegenden Formen und Dimensionen einer Feder die darin existente Öffnung, kreisrund, in Herzform oder wie auch immer, Einfluss auf die Belüftung der darunterliegenden Tintenleitrinne nimmt. Dass es sich hierbei allerdings grundsätzlich um Ventilationsöffnungen handelt, widerspricht der Tatsache, dass bereits uralte Dippfedern von Federhaltern oftmals ein Loch besaßen, aber keinen Tintenleiter. Andersherum gab es früher und gibt es heute Schreibfedern bei Füllhaltern, welche keinerlei lochförmige Stellen in der Federoberfläche aufzuweisen haben. Wenn man also etwas von einem Ventilationsloch in Füllhalterfedern hört oder liest, muss man das nicht unbedingt für bare Münze nehmen. Der Umstand, dass eine Aussparung den Tropfen besser bindet und ebendarum der üblicherweise an sie angekoppelte Kapillarspalt[1] zwischen den Federschenkeln optimal versorgt wird, ist die wahrscheinlichere Motivation, ein Loch in eine Schreibfeder zu setzen.

5.4.15 Edelstahl rostet nicht?

Zur Korrosion kommt es, wenn Stahl mit einem gasförmigen oder flüssigen Stoff in einem feuchten Milieu reagiert. Edelstahl, also ein stark chromhaltiger Stahl, ist gegen Rostbefall durch den hohen Chromanteil geschützt, ein Karbonstahl hingegen nicht. „Rostfreier" Edelstahl bedeutet allerdings keineswegs, dass der Stahl unveränderlich ist. Auch Edelstahl korrodiert und oxidiert, nur erheblich langsamer und weniger intensiv als Karbonstahl.

Sind Ihre Stahlteile am Füllhalter matt geworden oder haben eine rostfarbene Patina bekommen, gibt es einfache ökologische Behandlungsmöglichkeiten. Reiben Sie die Flächen mit einem angefeuchteten Flaschenkorken (echter Kork) gründlich ab. Das funktioniert auch prächtig mit kalter Holzasche, wird aber natur-

---

[1] Siehe auch Exkurs: Kapillarität und Kohäsion auf Seite 17.

gemäß eine äußerst schmutzige Angelegenheit. Zweifelsohne kann man ebenso ausschließlich oder daran anschließend fürs Finish chemische Polierpasten verwenden.

5.4.16 Gibt es bei Holz- und Hornteilen etwas zu beachten?

Sind Holzkomponenten bei Füllern keineswegs Raritäten, trifft man sogar gelegentlich auf extravagante Füllhalter mit Korpusteilen aus Tierhorn. Es besteht genau wie die Federkiele der Vögel, die Finger- und Zehennägel des Menschen und die Krallen sowie das Gehörn beim Tier aus Keratin. Oberstes Gebot bei dem biologischen Werkstoff Horn ist, ihn nicht dauerhaft feuchtzuhalten. Er droht sonst aufzuplatzen.

Wird Holz trocken und matt, reiben Sie es mit einem Schuss Olivenöl ab, das kaum in einer Küche fehlen dürfte. Es „nährt" das Holz und gibt frischen Glanz. Um der Holzart bzw. Tönung noch mehr gerecht zu werden, ist der Griff zum optimal geeigneten Öl differenzierbar. Leinöl eignet sich für Horn und helles Holz. Olivenöl kann man für mittelhelles Holz generell empfehlen. Und Walnussöl ist für dunkles Holz bestens passend.

5.4.17 Der Clip und die Kappe meines Füllers sind pickelig. Was ist das?

Man ist beim Erkennen der Blasenbildung vermutlich Zeuge einer Kontaktkorrosion, auch galvanische Korrosion genannt. Sie tritt dann auf, sobald sich zwei verschiedene Metalle in Gegenwart eines Elektrolyten berühren. Hierbei findet die Zersetzung bzw. das Zerfressen des unedleren Metalls statt. Als ein potenzieller Elektrolyt kommt in unseren Betrachtungen Wasser, Luftfeuchtigkeit oder salzhaltiger Handschweiß in Frage. Hätte beispielhaft die Messingkappe eine Vergoldung erhalten, läge eine dünne Goldschicht auf der Messingoberfläche. Durch einen tiefen Kratzer, der diese Schicht durchdringt, kann ein Elektrolyt in Verbindung mit den beiden sich berührenden Metallen treten. Der Fraß am unedleren Werkstoff, dem Messing, beginnt.

Allerdings bleibt zunächst rätselhaft, wie es zu pickeligen Vergoldungen, Versilberungen oder Verchromungen kommt, wenn die Oberfläche zuvor nicht durch Kratzer und Ähnliches beschädigt wurde. Es kann von einem Fehler bzw. einer Unvorsichtigkeit während des Herstellungsprozesses herrühren. Die Ursache für die spätere Kontaktkorrosion wurde im Galvanisierungsprozess womöglich schon gelegt, indem man Elektrolyten zwischen den Werkstoffen mit einschloß. Der Fraß begann zunächst unsichtbar unter der Edelmetallbeschichtung. Und über kurz oder lang stieß der Rost in Gestalt von Pickeln durch.

Was kann man tun bei derart korrodierten Bauteilen? Die Oberfläche muss sorgfältig und ausreichend heruntergeschliffen werden, um alle Einschlussmöglichkeiten für Elektrolyt zu eliminieren. Dann ist galvanisch aufs Neue zu beschichten (siehe auch 6.6 Galvanisieren). Die notwendigen Tätigkeiten bedürfen eines nicht zu unterschätzenden Aufwandes, Werkzeugen und Hilfsstoffen, sind jedoch unvermeidbar, möchte man ausschließen, dass der Rostfraß am bzw. im Werkstoff zurückkehrt oder weiter fortschreitet.

5.4.18 Warum haben manche Schreibfedern scheinbar viel zu aufgeweitete Federflügel?

Bei dieser Frage kommt als erster Verdachtsmoment zumindest bei gebrauchten Füllhalterexemplaren häufig auf, ein Vorbesitzer habe mutmaßlich zu fest aufdrückt. Das ist bei Stahlfedern nicht von der Hand zu weisen. Denn ein markanter Unterschied zwischen Stahl- und Massivgoldfedern ist, dass makellose, solide Goldfedern stets in die Ursprungsform zurückkehren, wenn man sie in gewissen Grenzen an den Federschenkeln verbiegt. Schreibfedern aus Stahl hingegen verhalten sich in der Regel so nur beschränkt. Zwar gibt es Stahlflexfedern aus besonderen Legierungen. Doch auch sie kommen mit ihren flexiblen Eigenschaften beileibe nicht an Massivgoldfedern heran. Aus diesem Grunde sind fast alle Stahlschreibfedern bezüglich ihrer federnden Merkmale zwischen nagelstarr und allerhöchstens semiflexibel angesiedelt. Wer hier zu fest drückt, kann den feinen Stahl zerbrechen oder verformen. Stahlfedern, deren Federschenkel man durch zu intensives Aufdrücken auseinandergespreizte, müssen ebenso mithilfe mechanischem „Zwang" wieder zurückgeformt werden. Idealerweise baut man die Feder dazu aus. Jedoch geht eine Rückformung auch auf die Schnelle, indem man den Füllhalter um 180° dreht und die Spitze der Stahlfederschenkel mit moderatem Druck über einen Schreibblock zieht.

Die Frage nach dem durchgängigen, womöglich zu weit erscheinenden Spalt zwischen den Federschenkeln ist allerdings meistens auf Massivgoldfedern bezogen. Ist eine solide Goldfeder nachteilig deformierbar? Ja, ist sie! Wer viele Male exorbitanten Druck auf die Federschenkel ausübt, wird früher oder später feststellen, dass diese sich nicht mehr vollständig in die Ursprungslage zurückbewegen. Aber bisher wurden immer bloß Extremfälle angesprochen. Was ist, wenn ohne besonderen offenkundigen Grund ein durchgehender Spalt zwischen den Federschenkeln existiert? In der Regel liegt dann eine der nachfolgenden Ursachen vor:

- *Das ist ab Werk so.*
- *Inkorrekte Form des Tintenleiters (Spitze zu weit nach oben geformt).*
- *Zu viel Druck auf das (hintere) Federdach.*

Am unproblematischsten ist der Fall, dass bereits in der Manufaktur der Spalt genau so festgelegt wurde. Das trifft besonders für relativ starre Goldfedern zu, für die man keine flexiblen Attribute der Federschenkel im Schreibbetrieb vorsah. Der Schenkelabstand bot stets einen üppigen Tintenstrom. Ebendeshalb bestand nie ein Grund zur Sorge. Alle Bauteile und die Montage sind fehlerfrei im Gegensatz zu den anderen beiden Fällen.

Ist die Spitze des Tintenzuführers zu weit nach oben gebogen, übt sie permanent Druck von unten auf die Federschenkel aus und verleitet sie zum Spreizen. Ist die Schreibfeder flexibel, reißt der Tintenfilm viel früher ab, als notwendig. Zumindest schreibt das

Teil breiter als zu erwarten. Insgesamt ist das Potenzial der Feder durch die Fehlmontage deutlich gedrosselt. Um eine Überarbeitung des Tintenleiters kommt man derenthalben nicht umhin.

Wirklich prekär wird die Situation, wenn durch übermäßigen Druck auf das Federdach die Federschenkel spreizen. Zudem erschließt sich die Ursache dem normalen Anwender eines Federfüllers ganz und gar nicht. Das Verhalten des Schreibzeugs ist für ihn bloß ein irritierendes Fragezeichen.
Jede Schreibfeder zeigt eine gewisse Prägnanz in ihrer Wölbung. Wird durch Krafteinwirkung von oben der Buckel abgeflacht, weitet das automatisch den Abstand der Federschenkel. Auf die einzelnen Bauteile im Mundstück des Füllfederhalters wirken im Idealfall exakt so viele Kräfte, dass alles dicht ist, an seinem Platz bleibt, jedoch nichts verzieht. Bei Ungleichgewicht gerät das Gefüge auseinander. Ungenaue bzw. fehlerhafte Montage und unpassende, falsche Komponenten lassen eine tückische Energieverteilung in der Griffsektion entstehen und unangemessen auf das Federdach wirken, sodass die Schenkel durch Spreizung reagieren. Dabei ist zur Problemlösung von Feinabstimmungen bis hin zum Komponententausch alles denkbar und erfordert meistens ein geschultes bzw. erfahrenes Auge. Überlassen Sie deshalb im letzten Fall das Schreibgerät einem Fachmann, bevor Sie durch Herumdoktern mehr kaputt machen als in Ordnung zu bringen.

Die Feder kritzelt: Hölle das!

Bin ich verdammt zum Kritzeln-Müssen? –

So greif' ich kühn zum Tintenfaß

und schreib' mit dicken Tintenflüssen.

Wie läuft das hin, so voll, so breit!

Wie glückt mir Alles, wie ich's treibe!

Zwar fehlt der Schrift die Deutlichkeit –

Was thut's? Wer liest denn, was ich schreibe?

Friedrich Wilhelm Nietzsche

6. Reparaturen für Fortgeschrittene

Auch wenn das Kapitel an Leute gerichtet ist, die zumindest erste praktische Fertigkeiten sammelten, so bleiben wir doch im Amateurbereich, sprich im Hausgebrauch. Angesprochen werden Füllhalterenthusiasten, die handwerkliche Grundkenntnisse und Erfahrung besitzen und sich zutrauen, diffizilere Arbeiten zu verrichten. In jedem Fall möchte ich alle ermutigen, weiterzulesen. Geben Sie keinesfalls auf. Überspringen Sie keinen Absatz aus einer resignierenden Stimmung heraus „das kriege ich eh nicht hin". Wenn nicht jetzt sofort, so können Sie doch künftig mit den Informationen und Tipps etwas anfangen. Zumindest sind Sie in der Lage, bei den Themen mitzureden, sich Inspirationen zu holen und Ihre Gedanken ankurbeln zu lassen.

6.1 Ergänzende Werkzeuge

Für unsere Schätzchen holten wir schon die gewöhnlichsten, doch genauso die undenkbarsten Dinge herbei, um ihnen zwecks Reparatur und Auffrischung zu Leibe zu rücken. Weiter gehts jetzt im Programm mit besonderen Gerätschaften, die dennoch überall zu bekommen sind. Zahnärzte und Zahntechniker dürften gleich aufhorchen und sich in ihrem Element fühlen.

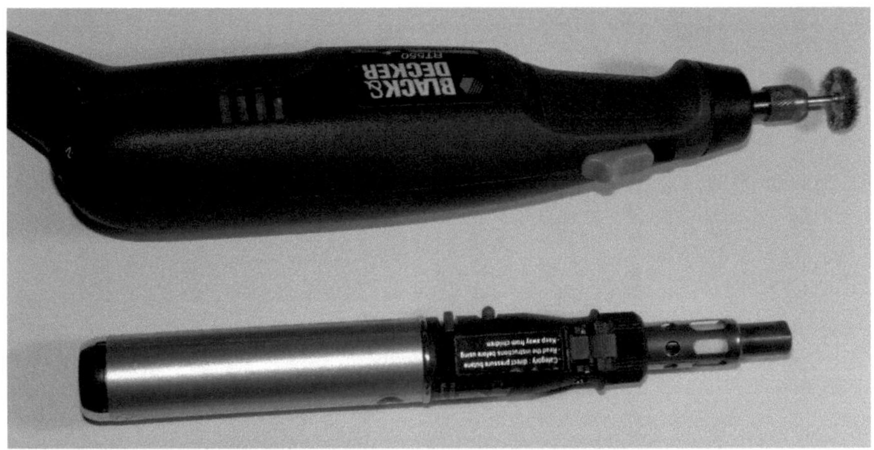

Bild 116: Kleinrotator und Gas-Lötkolben.

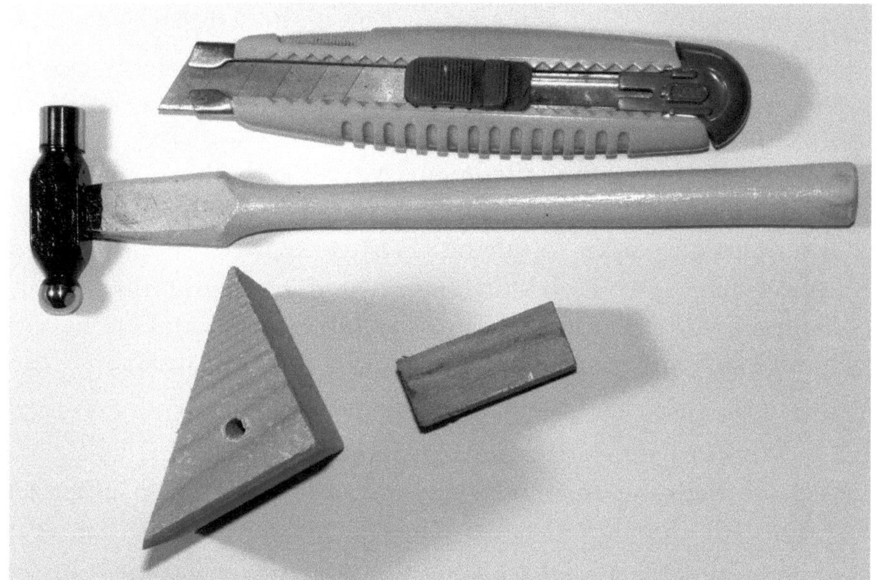

Bild 117: Weitere Hilfsmittel, leicht zu finden bzw. zu besorgen.

Es beginnt mit einem kleinen, multifunktionalen Rotations-Elektrowerkzeug. Doch wir reden hier von einem Artikel, den der Handwerker in jedem gut sortierten Baumarkt findet. Eine der ersten Marken war Dremel. Statt der ellenlangen Bezeichnung wird es nachfolgend, ohne Affinität zu einem konkreten Produzenten, kurz und bündig nur noch Mini-Rotationsmaschine bzw. Kleinrotator genannt. Heute erhält man Geräte mit identischem Funktionsumfang von zahlreichen Herstellern. Dabei werden sie häufig bereits mit einem Set Aufsatzwerkzeugen angeboten. Und es gibt jede Menge Zubehör zum Zukaufen. Für uns von Nutzen sind Aufsätze zum Bohren, Fräsen, Schleifen, Polieren, Bürsten, usw. Des Weiteren benötigen wir einen Gas-Lötkolben oder ein adäquates Gerät, das punktgenau Temperaturen von mindestens 650-700°C liefern kann. Hartlot gehört jetzt ebenfalls zum Equipment. Für goldschreibfedertechnische Zwecke tauglich ist beispielsweise das Silberhartlot L-AG 55 Sn. Das gibt es unter anderem in Stangen- Draht- und Pastenform. Üblicherweise ist das zwingend erforderliche Flussmittel bereits Bestandteil der Paste, was insgesamt die einfachste Anwendungsform ist. Man bekommt Flussmittel jedoch auch separat und kann dann z.B. mit Draht arbeiten. Falls noch nicht in der Werkzeugkiste existent, besorgt man sich zudem Rasierklingen bzw. Teppich-/Cuttermesser, einen Lötgut- bzw. allgemein Werkstückhalter, Uhrmacherzangen, Uhrmacherschraubendreher (siehe Seite 142), Uhrmacherhammer oder ähnliche Feinwerkzeuge sowie diverse Kanthölzchen und Holzklötzchen. Mit diesen und den bereits bekannten Mitteln kann man im Anschluss die Ärmel hochkrempeln und sich auf anspruchsvollere Reparaturen stürzen.

6.2 Korkkolben/Korkdichtung herstellen

Eine Korkdichtung für einen klassischen Kolbenfüller herzustellen oder für den Drehzapfen eines Sicherheitsfüllers, das läuft alles sehr ähnlich ab. Unterschiede ergeben sich lediglich in der Ausprägung der Dimensionen. Daher sei es in einem Kapitel zusammengefasst. Und Sie können es für Ihre individuellen Belange anwenden.

Doch bevor wir beginnen: Wann haben Sie mit Ihrer bzw. Ihrem Liebsten das letzte Mal ein geselliges Stündlein verbracht? Ist der Lebenspartner so manches Mal ungehalten, weil Sie zu viel Zeit mit Füllfederhaltern verbringen? Dann kommt jetzt die Gelegenheit, zwei Fliegen mit einer Klappe zu schlagen. Zuerst tun Sie was fürs Herz der/des Angebeteten. Und anschließend etwas zur Verbesserung der Dichtheit Ihres tintenbetankten Schreibwerkzeugs. Sofern nicht bereits zu Hause vorrätig, gehen Sie in einen gut sortierten Laden und kaufen eine Flasche Sekt oder Champagner von ausgezeichneter Qualität. Die Güte des Getränks ist von immenser Bedeutung, und der geneigte Leser weiß womöglich schon, wie der Hase läuft. Minderwertiger Sekt verfügt meist nur über einen Plastikverschluss. Damit können Sie bei Ihrem Schatz keinen Eindruck schinden. Hochwertiges prickelndes Nass lässt dagegen die Augen des Partners glänzen. Und diese Flaschen besitzen einen Verschlussstopfen aus Kork. Dabei ist es oft so, je höherwertiger das Getränk, desto hochklassiger der Flaschenkorken. Hier zu sparen würde Sie doppelt strafen. Für Dichtungen geeigneter Kork sollte feinporig sein. Kork aus grobem Geflecht zerbröselt gern und zerfiele unter der Belastung im Kolbenfüller zu rasch.

Bild 118: Zwar ein echter Flaschenkorken, jedoch ungeeignet für unsere Korkdichtung. Das Gewebe ist zu löchrig und brüchig, ist schwierig zu bearbeiten, und die angestrebte Funktion und Haltbarkeit ist fraglich.

Vor der Reparatur des defekten Füllhalters kommt zunächst das Schäferstündchen, bei dem die Flasche geleert wird. Ganz nebenbei schafft man den Korken beiseite, damit er nicht im Abfalleimer landet. Denn ihn wollen wir ja seiner zweiten Bestimmung zuführen. Was anfangs scherzhaft klingt, ist bei genauerem Hinsehen schlichte Notwendigkeit. Bei hochwertigen, lieb gewonnenen Schuhen lohnt es sich nach wie vor, diese vom Schuhmacher reparieren und neu besohlen zu lassen. Weil deren Handwerksstuben nicht mehr so zahlreich gesät sind wie früher, muss man sich schon etwas umschauen. Wie viel schwieriger ist es, sein gutes Stück Federfüller zum Spezialisten zu bringen, wenn er keine Tinte aufnimmt, sie nicht hält bzw. undicht ist. Ist die Korkdichtung der Übeltäter, bedarf es eines Austauschteils. Geeignete Handwerker oder Ersatzteile zu finden kann ein aufwendiges Unterfangen sein. Hinzu kommt, dass ein Dichtungsrohling nicht nur schwer aufzutreiben, sondern meist auch recht teuer ist und in der Regel sowieso spezifisch angepasst werden muss. Warum also nicht das Nützliche mit dem Angenehmen verbinden?

Bild 119: Feinporiger Kork von einem „edlen Tröpfchen". Eine alte Metallkappe eines ausgemusterten Füllhalters und ein Messer. Mehr braucht es nicht, um den Korkdichtungsrohling selbst herzustellen.

Um einen geeigneten Korkrohling zu gewinnen, benötigen wir außer dem Korken ein scharfes Messer bzw. Teppichmesser und eine alte Füllerkappe aus Metall. Statt der Kappe kann man auch jedes dünnwandige Röhrchen mit passendem Durchmesser verwenden, wenn es stabil genug ist. Damit wir den Rohling ausstechen können, muss der Kappenmund scharfkantig sein. Mit leichten Drehbewegungen hin und her treiben wir die Verschlusskappe vorsichtig und geradlinig in den Korken hinein. Falls das zu beschwerlich geht, sollte man die Mundkante zuvor etwas schärfen, indem man sie mit einem Werkzeug (Schleifpapier, Schleifstein) bearbeitet. Je tiefer man die Metallhülse eindreht, um so besser. Lässt sich zum Beispiel ein Dichtungsrohling von 10 Millimetern Länge produzieren, ist dieser in der Mitte teilbar. So erzeugt man eine Dichtung für die aktuelle Reparatur und einen zweiten Rohling für später oder andere Füllhalterexemplare. Konnte die Metallkappe weit genug in den Kork geschoben werden, zieht man sie vorsichtig wieder heraus. Daraufhin schneidet man mit dem Messer rechtwinklig eine Scheibe aus dem Korken aus, wobei sie etwa so dick ausfällt, wie die Tiefe, mit der man die Hülse ins Material trieb. Der Dichtungsrohling sitzt ausgestanzt noch in der Korkscheibe und muss bloß mit den Fingern aus dieser herausgedrückt werden. Voilà.

Für die Weiterbearbeitung benötigen wir jetzt die Mini-Rotationsmaschine (siehe Seite 232) und gegebenenfalls zusätzlich Rundfeilen (siehe auch Kapitel 5.). Als erstes Werkzeug für den Kleinrotator nehmen wir eine Werkstückaufnahme mit vorne spitz zulaufendem Gewinde. Exakt mittig dreht man das Haltewerkzeug in den Dichtungsrohling bis zum Anschlag. Fertig ist unsere „Handminidrehbank." Man greift zu einem Stück Schmirgelpapier mit Körnung 400, stellt genügend Wasser parat und wässert das Schleifpapier. Dann formt man es zu einem Halbkreis, in dessen Mitte man das Werkstück eingespannt in der Mini-Rotationsmaschine kreiseln lässt.

Bild 120: Materialabtrag bis zum erforderlichen Durchmesser des Rundlings.

Trockenschleifen ist nicht zu empfehlen. Von großem Vorteil ist, wenn es einem durch Handformung gelingt, im Sandpapier ständig etwas Wasser gewissermaßen als Pfütze zu halten. Denn das kühlt den Kork und das Papier, sodass nicht immer wieder zum Abkühlen unterbrochen werden muss. Bei zu wenig Druck dauert das Herunterschleifen ewig. Drückt man zuviel, kann das Schleifmittel und der Kork heißlaufen oder einreißen. Ausschlaggebend ist, gleichmäßig in seiner Länge den Korkrohling abzutragen. Er darf, falls unumgänglich, nur minimal konisch ausfallen. Des Weiteren muss man wissen, wie viel man von der Außenseite des Rohlings Material entfernen soll. Der Zieldurchmesser ist genau dann erreicht, wenn sich die Dichtung geradeso an die Stelle schieben lässt, wo sie letztlich sitzt und arbeitet. Bei dem Kolbenfüller ist dies das Schaftinnere, beim Safety Pen (siehe Seite 78ff) der Drehzapfenkanal, also die Schaftabschlussbuchse mit dem hinten aufhockenden Drehknauf. Das „geradeso" ist exakter zu umschreiben. Die Korkdichtung sollte nicht ohne Mühe zu platzieren sein. Einerseits darf zur Außenwand der Hülse die Dichtung keinerlei Spiel haben, sondern muss eng sitzen. Doch andererseits soll sie sich bei der Montage nicht übermäßig verformen und gedrückt werden. Man unterbricht infolgedessen beim Abschleifen des Korkrundlings den Vorgang ab und an, um ihn auf der Werkstückaufnahme sitzend ans Zielobjekt anzuhalten und zu prüfen, obs schon passt. Wenn man sich dem Ziel nähert, steigt man auf gewässertes 800er Schleifpapier um.

Sobald der Durchmesser des Werkstücks auf das korrekte Maß reduziert ist, kann man es vom Haltewerkzeug nehmen. Als nächste Aktion wird die Innenbohrung gesetzt. Hier unterscheidet sich die Dichtung des Kolbenfüllers von der des Safety Pens. Der Korkkolben dichtet außen zur Schaftinnenwand, der Korkdichtring des Sicherheitsfüllhalters in seinem Innenkanal zum Drehzapfen ab. Demzufolge muss man am Korkrundling insbesondere achtgeben auf den Außendurchmesser bei der Verwendung im Kolbenfüller und auf den Innendurchmesser für den Einsatz im Safety Pen. Beim Sicherheitsfüller darf der Drehzapfen nur beschwerlich und mit etwas Silikon- bzw. Grafitfett in die

Korkdichtung einzuführen sein. Wenn der Knauf sich gefühlt schwergängig drehen lässt, sitzt alles einwandfrei.

Doch jetzt zur Innenbohrung. Gewiss gibt es Fräsaufsätze für den Kleinrotator, um ein Loch bzw. einen Kanal im Kork auszuheben. Hier ist allerdings ein hohes Maß Feingefühl zu zeigen. Einmal zu viel entfernt, und die Korkdichtung ist bloß noch Ausschuss, was im Übrigen ebenso auf das Abschmirgeln der Außenhülle zutrifft. Man kann mit einem Fräs- oder Bohrwerkzeug vorarbeiten. Zumindest die Feinarbeit sollte man jedoch händisch mit Rundfeilen erledigen. Zwar ist es nicht so relevant wie beim motormanuellen Schnelldrehen. Aber auch während des Handfeilens ist es ratsam, nass zu arbeiten. Der Kanal muss genau mittig und geradlinig sein. Um den Innendurchmesser zu prüfen, nimmt man immer wieder zwischendurch das Trägerbauteil (Drehzapfen, Kolbenträger) zur Hand. Mit schrofferem Werkzeug wird begonnen, mit der feinsten Rundfeile die Abschlussarbeit gemacht.

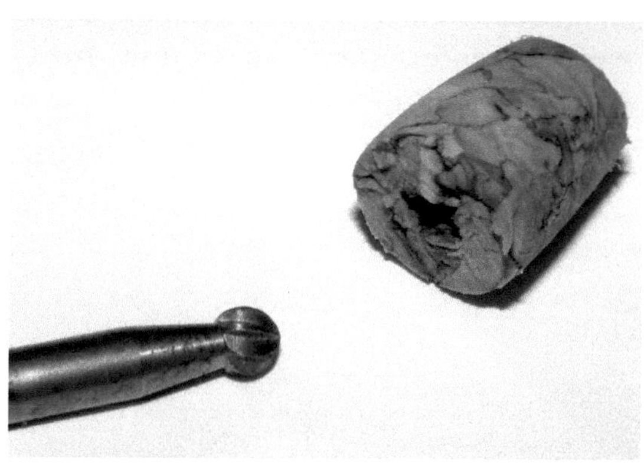

Bild 121: Fräsaufsatz für den Kleinrotator, um einen Kanal im Dichtungszentrum auszuhöhlen.

Als vorletzter Arbeitsschritt wird die fast fertige Korkdichtung aufs rechte Maß abgelängt. Für die Dimension ausschlaggebend ist die Stelle, wo das Bauteil letztlich sitzen soll, also die Länge des Haltezapfens am Kolbenträger des Kolbenfüllers oder die Tiefe der Buchse für den Drehknauf am Endstück des Sicherheitsfüllers. Im finalen Akt glättet man noch beide Stirnseiten der

Dichtung auf feinem Schleifpapier. Zur Belohnung wartet am Ende eine nagelneue Korkdichtung, wie sie einst das Werk des Füllhalterherstellers nicht besser fabrizierte.

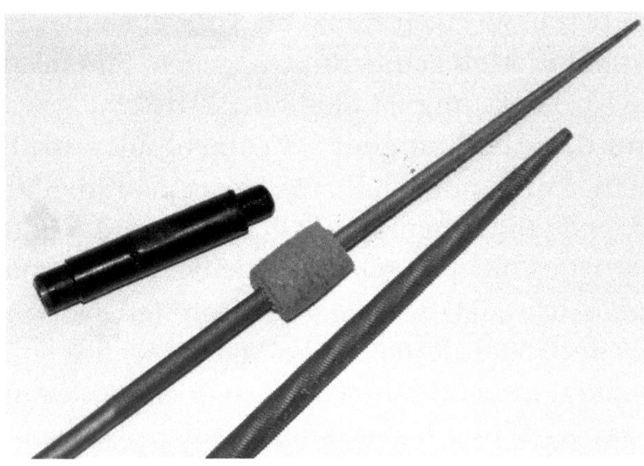

Bild 122: Zumindest die Feinarbeit sollte mit Rundfeilen erfolgen. Links ein Kolbenträger mit Haltezapfen am rechten Ende für die Dichtung.

Die Abbildungen Bild 121, Bild 122 und Bild 123 zeigen die Fertigung eines Korkkolbens für einen typischen Kolbenfüllhalter, stellvertretend für seine Artgenossen. Schon im nächsten Unterkapitel widmen wir uns unter anderem dem Ersatz einer maroden Dichtung aus Kork im Sicherheitsfüllhalter.

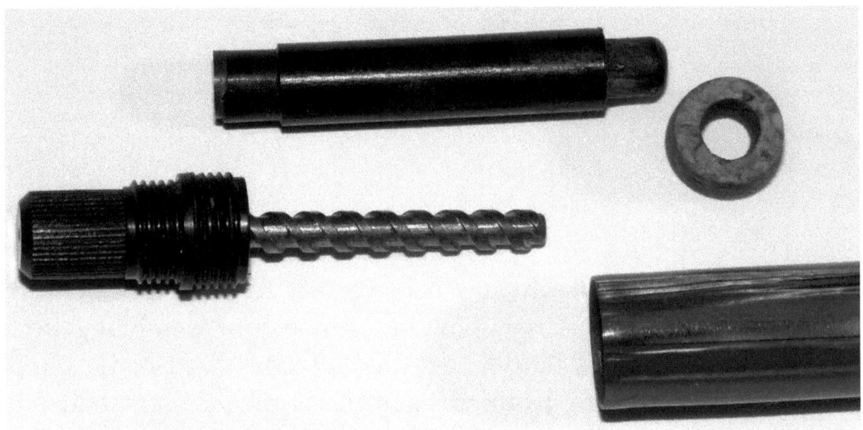

Bild 123: Der fertige Korkkolben ist montagebereit. Mit abgebildet der Kolbenhalter, die Drehspindel und das offene Schaftende des Füllhalters.

6.3   Instandsetzung eines Safety Pen

Bereits im Unterkapitel 3.6 lernten Sie den Sicherheitsfüller, dessen Funktionsweise und Schwachpunkte kennen. Jetzt geht es darum, Defekte zu beheben. Der Fokus liegt hierbei auf der Schubspirale und der Korkdichtung. Die übrigen Bauteile sind fast unverwüstlich. Eine filigrane Spirale ist durch laxe Handhabung quasi im Handumdrehen ratzfatz gebrochen. Dichtungen aus Kork altern, verschleißen, und bei mangelnder Wartung kann das erschreckend rasch eintreten. Auf Seite 90 sieht man alle Einzelteile dieses Füllhaltertyps außer der Korkdichtung, die in der Schaftabschlussbuchse sitzt, in welcher der Drehzapfen läuft. Wir nehmen nun als Reparaturbeispiel die Bauteile des Füllhalters aus Bild 124, Seite 242. Bei ihm ist die Schubspirale gebrochen, das vordere Ende des Drehzapfens abgebrochen und der Kork der Dichtung verrottet. Betrachten wir uns zunächst die Leidensgeschichte des bedauernswerten Objekts, ein Arzt oder Therapeut sagt Anamnese dazu.

In seiner Vergangenheit gab es einen Vorbesitzer, der das Schreibgerät selbst, jedoch unfachmännisch, zu reparieren versuchte. Zu dem Zeitpunkt war schon die Schubspirale durch ruppiges Betätigen der Drehmechanik gebrochen und wahrscheinlich der Sicherheitsfüller hinten undicht. Bei der Demontage brach er einen Teil der Zapfenspitze und Bruchstücke aus dem Spiralmaterial ab. Statt zu reparieren bohrte er zusätzliche Löcher und verklebte den Sicherungsstift bombenfest, als ob sein „Werk" ewiglich währen solle. Das grundlegende Problem mit der Korkdichtung löste der emsige Reparateur nicht, sondern schmierte eine undefinierbare Masse hinein in der Hoffnung, das dichtet ab. Womöglich arbeitete sogar der reichlich verkorkste Sicherheitsfüller nochmals eine Weile. Von einer vernünftigen Instandsetzung, welche die Funktion komplett und dauerhaft wiederherstellt, das antike Material schont und dem Objekt wieder Wert und Würde verleiht, kann allerdings keine Rede sein. Im 21. Jahrhundert angekommen wollen wir das jetzt ändern.

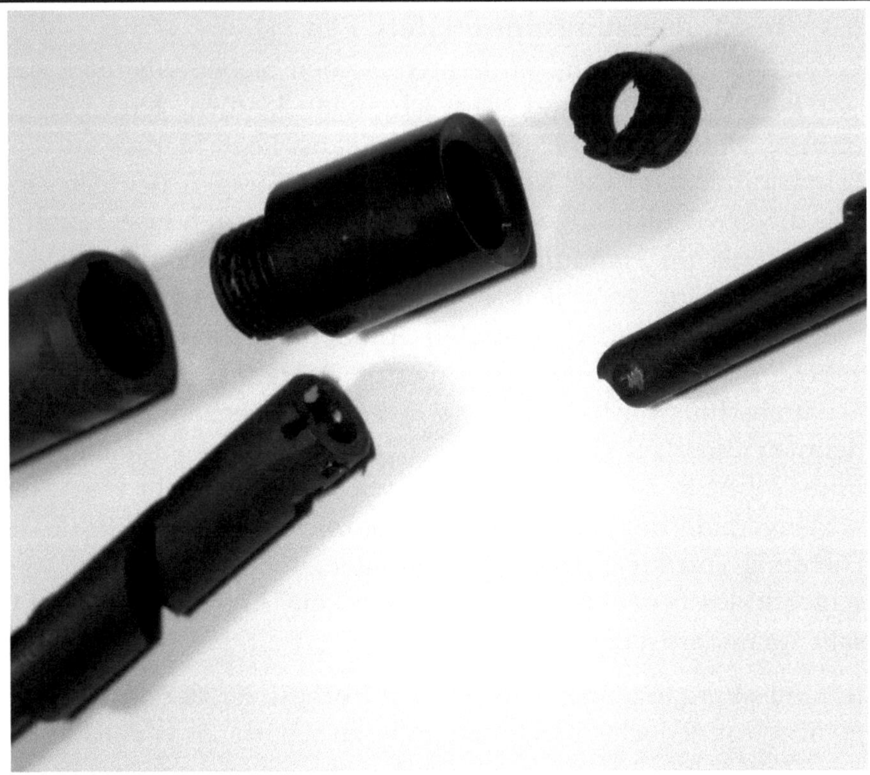

Bild 124: Als Reparaturbeispiel alle Schwachstellen auf einen Blick.

Dass man den Füllhalter zunächst, soweit machbar, zerlegt und einer gründlichen Komplettreinigung unterzieht, wird hier vorausgesetzt. Doch die Drehmechanik ist wegen der irreversiblen Fixierung des Sicherungsstiftes noch immer zusammen. Auch hier greift man zum Kleinrotator mit einem Feinbohrer oder einer Miniaturkugelfräse als aufgesetztes Werkzeug. Mit ihm muss man den Metallstift freilegen und, reicht das zum Herausdrücken desselben nicht aus, das Metall im Spiralbereich komplett abtragen. Erst jetzt sind die Einzelteile der Mechanik trennbar. Die Stiftreste aus dem Zapfen zu bohren ist überflüssig. Wir machen die Stelle einfach mit den bekannten Schleif- und Polierwerkzeugen plan. Sollte die in der Abschlussbuchse ruhende Korkdichtung beim Ausbau des Drehzapfens nicht selbst herausfallen, wird sie im Ganzen oder in Bruchstücken mit einem Feinschraubendreher aus der Buchse gehebelt und das Buchseninnere sauber ausgeputzt. Bild 124 zeigt den Zustand der behandelten Komponenten im Anschluss an die Erledigung der Vorarbeiten.

Mit Epoxid- oder Acrylharz (siehe Unterkapitel 5.2) verklebt man Risse an der Schubspirale und bildet an ihr sowie am Drehzapfen etwaige fehlende bzw. abgebrochene Substanz grobförmig nach. Dabei ist es hilfreich, gleich dafür zu sorgen, dass notwendige Aussparungen wie z.B. ein Loch für den Sicherungsstift schon gesetzt werden. Unkompliziert geht das mit Knetmasse, indem man in weichem Zustand den Metallstift durchtreibt und sogleich wieder herauszieht, um daraufhin die Masse aushärten zu lassen. Ist die Masse trocken und fest, kann man planschleifen und polieren. Ein Sicherungsstift, der den Drehzapfen mit der Schubspirale verbindet, lässt sich im einfachsten Fall aus einem Stück Büroklammer basteln. Im Reparaturbeispiel wurde feiner Edelstahldraht verwendet.

Um eine frische Korkdichtung anzufertigen, ist genau das abzuarbeiten, wie im vorangegangenen Unterkapitel 6.2 beschrieben. Die Dichtung wird mithilfe von Schellack in der Schaftabschlussbuchse fixiert. Hierzu gibt man den Naturkleber außen auf den Kork oder innen rundum in die Buchse hinein und schiebt die Korkdichtung bis zum Anschlag. Austretenden Schellack muss man anschließend unbedingt sofort abwischen, damit er sich nicht an unwillkommenen Stellen einnistet. Ein paar Stunden sollte die eingeklebte Dichtung Zeit zur Festigung bekommen.

Wenn man es genau nehmen will, kann man in der Zwischenzeit die vermutlich andersfarbigen Reparaturstellen an Schubspirale und Drehzapfen nachfärben. Die Teile sind jedoch beim zusammengebauten Sicherheitsfüller nicht sichtbar, weswegen eine Lackierung weder funktionstechnisch noch optisch Sinn macht. Damit aber Flüssigkeiten wie Tinten nicht über die Zeit womöglich in das Harz einsickern und die Konsistenz verändern, kann eine Oberflächenlackierung dennoch ungemein nützen.

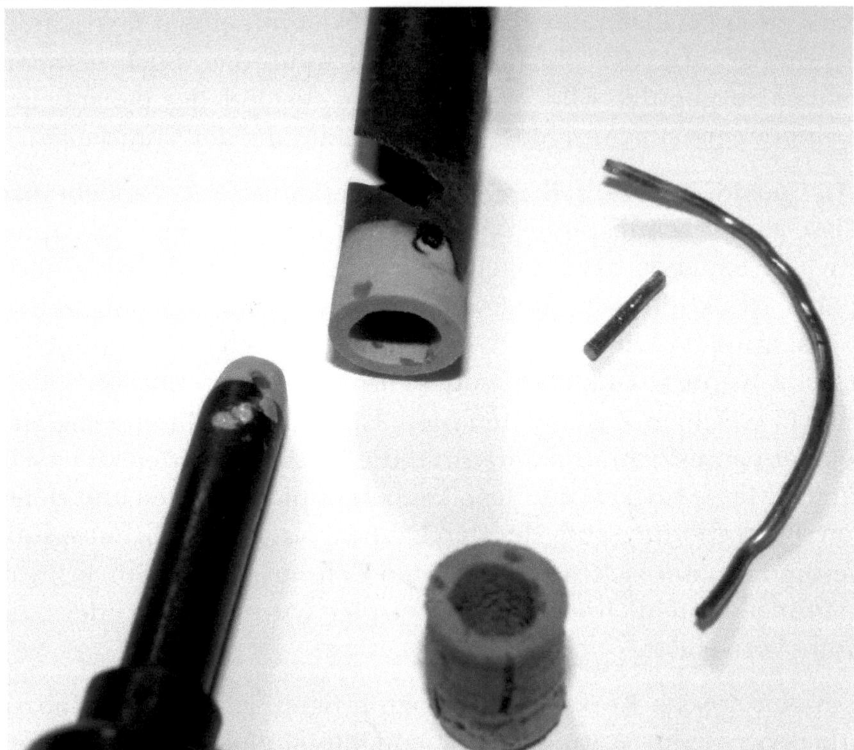

Bild 125: Korkdichtung, aus einem Edelstahldraht gewonnener Sicherungsstift und reparierter Drehzapfen sowie Schubspirale. Das Reparaturharz wurde grob vorgeformt. Nach dem Aushärten bekam es per Feilen, Schleifen und Polieren den Feinschliff. Zum besseren Erkennen sind die Reparaturstellen grau belassen. Durch Zugabe von ein paar Tropfen passender Acrylfarbe, die man mit einmischt bzw. einknetet, kann man den weichen Harz einfärben, bevor man ihn modelliert und aushärten lässt. Besser für den Sickerschutz ist jedoch das Nachlackieren.

Bevor abschließend die Einzelteile der Drehmechanik wieder ineinandergesteckt werden, muss man den Zapfen schmieren. Als dafür geeignete Mittel erwiesen sich sowohl Silikonfett als auch Grafitfett. Letzteres ist wegen der universellen und ausgeprägt zähen Schmiereigenschaften zweckmäßig, da es zusätzlich für die unentbehrliche Hemmung sorgt. Das Fett gibt man auf den Drehzapfen und in den Dichtungskanal. Mit leichtem Hin- und Herdrehen schiebt man den Zapfen in die Dichtung, bis das vordere Ende aus der Buchse schaut, wo man es säubert. Hierauf setzt man die Schubspirale auf und justiert sie so, dass die Öffnungen für den Sicherungsstift mit dem Loch im Drehzapfen deckungsgleich sind.

Jetzt wird der Stahlstift durchgesteckt, und zwar mit moderater Kraft. Weil vom Einsatz von Schlagwerkzeugen wegen der Zerstörungsgefahr benachbarter Komponenten abzusehen ist, ist das Stiftmaß von hoher Bedeutung. Die beiden Stiftenden müssen exakt ausgerichtet und flächig zur Außenwand der Aussparungen in der Schubspirale sein. Ist der Stahlstift zu kurz, sichert er den Zapfen nicht genügend in der Spirale. Die Mechanik funktionierte dann nicht bzw. nicht zuverlässig. Ist er zu lang, beeinträchtigt das ebenfalls die Funktion der Schiebemechanik. Außerdem kratzen hierbei die Stiftenden am Schaftinneren und führten dort zu schlimmen Schäden. Falls der Stift ein wenig zu locker sitzt, kann er nach genauem Justieren mit zwei Tropfen Schellack auf die beiden Stirnseiten in der Schubspirale fixiert werden.

Bild 126: Die Reparaturstellen sind nachlackiert. Auf einem Holz wartet eine Portion Grafitfett auf ihren Einsatz am Drehzapfen und in der Korkdichtung. Übrigens lässt sich mit dem schweren Fett auch der Austausch abgenutzter Dichtungen länger hinauszögern.

Abschließend kommt die Endmontage. Das heißt, die Schubstange führt man in die Schubspirale ein und sichert sie in dieser mit dem Führungsstift. Zuvor oder spätestens jetzt sind in die Federkomponentenhalterung am Vorderteil der Schubstange Tintenleiter und Feder zu montieren. Die komplette Baugruppe wird von hinten in den Schaft eingesetzt, wobei darauf zu achten ist, dass die Führungsstiftenden in den beiden Nuten des Schaftinneren einrangiert werden und sauber laufen. Als letzten Handgriff schraubt man die Schaftabschlussbuchse fest (Rechtsgewinde). Und der Service für den Sicherheitsfüller ist erledigt.

Bild 127: Die Baugruppe ist zusammengesetzt. Gut zu erkennen eine Seite des Sicherungsstiftes. Er hat genau die richtige Länge. Die Bohrung ist aber ein wenig weit, weswegen er verrutschen kann. Ein Tropfen Schellack löst das Problem.

Ehe man allerdings Tinte einfüllt, sollte man erst eine „Probefahrt" machen. Zwei Tests sind unerlässlich. Ist die Mechanik handhabbar und gleichzeitig der Widerstand optimal, damit bei ausgefahrener Feder und Schreibdruck nichts wackelt oder gar selbstständig einfährt? Das probiert man per Trockenübung auf Papier. Der zweite Punkt ist, sicherzugehen, dass der Safety Pen im Drehzapfenkanal keinesfalls leckt. Also tankt man ihn mit Wasser voll, schraubt die Verschlusskappe auf, schüttelt und dreht in, nimmt die Kappe ab, fährt die Feder ein paarmal ein und aus und wiederholt das Ganze mehrere Male. Dabei achtet man stets genauestens darauf, ob dort, wo der Drehknauf sich in die Buchsensenke bettet, Feuchtigkeit austritt. Schon geringste

Mengen sind fatal, wenns Tinte statt Wasser wäre. Jedoch, ist alles dicht, kann man endlich Tinte auf das Schreibgerät loslassen und es seiner Bestimmung in praxi zuführen.

6.4 Schreibfederreparaturen

Jetzt kommt im wahrsten Sinne des Wortes ein heißes Thema. Zum einen gehören Reparaturarbeiten an Schreibfedern zu einem der brisantesten Arbeitsbereiche. Zum anderen wird hier je nach Reparaturart mit Temperaturen jenseits der 600°C gewerkelt. Die Reparaturhinweise beziehen sich ausschließlich lohnenswerterweise auf Massivgoldfedern. Bei Stahlfedern ist die Anwendung nur bedingt sinnvoll, es ist eher der Ersatz ratsam. Wir konzentrieren uns auf 3 Schadensbilder, die die meisten Problemfälle abdecken dürften. Zuerst geht es um eine Alternative bei beschädigtem Iridiumkorn. Dann gibt es ein paar Tipps zu deformierten Goldfedern. Am Schluss wird die Reparatur eines kleinen Haarrisses am Federauge beschrieben.

6.4.1 Alternative Schreibspitze

Schäden am Iridiumschreibkorn sind bei Goldschreibfedern relativ häufig anzutreffen. Beim Reiben, Verkanten und Überbiegen der Zinken kann ein Schreibkorn ganz oder teilweise wegplatzen. Und obwohl es dem Verschleißschutz dient, ist bei jahrzehntelanger Beanspruchung eines Tages auch Iridium abgewetzt. Wie man ein fabrikneues Iridiumkorn besorgt und aufschweißt, sprengt definitiv den Rahmen dieses Buchs. Dennoch ist jeder Füllhalterliebhaber in die Lage versetzbar, die ins Herz geschlossene, hochwertige Goldschreibfeder seines Füllhalters vor Abnutzung und nachteiliger Veränderung zu schützen, wenn ihr das Schreibkorn abhandenkam. Wie Zink gilt auch Nickel bei den Profis der Industrie gemeinhin als Verschleiß- und Korrosionsschutz. Rost ist bei unseren Goldfedern kein Thema, der Abrieb schon. Sofern es Ihnen gelänge, Nickel auf die Federspitze zu bringen, hätten Sie, je nach Schreibintensität, zumindest für ein paar Jahre Ruhe.

Genau das ist mit der Vorgehensweise des Galvanisierens[1] mit einfachen Mitteln machbar.

Zuerst muss man die Spitzen der Zinken (Federflügel) vorbereiten. Womöglich haften Kornreste daran. Vielleicht ist Ihnen die Schreibspitze zu breit, zu schmal, soll Italic oder Oblique werden[2]. Dann helfen u.a. Mikro-Mesh Schleif- und Polierpapiere[3], um das „Frontend" der Feder auf die persönlichen Bedürfnisse anzupassen. Ist die Goldspitze vorbereitet, sollte man sie idealerweise gegen Abrieb ummanteln. Hierzu kann man aus Nickelelektrolyt per Galvanisierungstechnik Nickel auf ca. 1 Millimeter der Federspitze abscheiden, bis eine deutlich deckende Schichtdicke erreicht ist. Nickel neigt zum Anlaufen. Wen das späterhin stört, überzieht ihn galvanisch noch mit einer Chromschicht. Das Verfahren ersetzt kein Iridiumkorn! Es hemmt allerdings einstweilen den Verschleiß, sieht zudem schön aus und kann x-beliebig oft wiederholt werden.

6.4.2   Schreibfeder richten

Davon ausgehend, dass ein Füllhalterbenutzer als Gelegenheitshandwerker Hand anlegt, gibt es einen Leitsatz. Niemals mit Metallwerkzeug auf, an und in der Füllerfeder arbeiten. Schließlich will man eine verformte Goldfeder nicht verschlimmbessern. Greifen Sie stattdessen zu Hilfsmitteln aus Plastik und Holz bzw. nehmen die Finger. Als Unterlage ist ein Schreibblock oder Ähnliches ganz praktisch. Stehen die Federschenkel zu weit auseinander, presst man sie mit den Fingerkuppen zur Mitte hin zueinander. Man kreuzt die Federspitzen sogar ein bisschen, hält exakt so mindestens 10 Sekunden inne und lässt sie dann los. Das Vorgehen wiederholt man solange, bis ihr Abstand passt. Steht ein Federzinken zu weit nach oben oder unten, drückt man diesen, und nur ihn, im Rahmen der Flexibilität des Metalls ca. 1-3 Millimeter in die entgegengesetzte Richtung und hält ihn dort wie

---

[1]   Siehe Unterkapitel 6.6, Seite 259ff.
[2]   Siehe Unterkapitel 4.1, Seite 94.
[3]   Siehe Unterkapitel 5.2.1.

zuvor beschrieben ein Weilchen fest. Auf das Loslassen folgt automatisch die Rückkehr der Federelemente in ihre ggf. neue entspannte Ausgangsstellung. Die Zinken sollten dabei auf gleicher Ebene liegen bzw. gleichhoch sein. Auch hier gilt, so oft wiederholen, bis es stimmig ist.

Soll ein Schenkelspalt bloß mäßig verengt werden oder stehen die Zinken zu weit hoch, genügt oft ein einfacher Kniff. Man zieht die ausgebaute Feder kopfüber, einen Zeigefinger dabei in der Federwölbung, mit der Federspitze leicht anpressend über den Papierblock. Fast genau so wirkungsvoll und meistens ebenso mit Verbesserungen belohnend ist das Verfahren auch bei nichtdemontierter Schreibfeder, wobei dann ein Zeigerfinger während des Ziehens auf der Unterseite des Tintenleiters ruht. So erhalten die Federschenkel einen gleichförmigen Schwung abwärts, wenn man es in Schreibstellung betrachtet.

Was ebenfalls häufiger vorkommt, sind in ihrer Länge verwundene bzw. verzogene Goldfedern. Und welche mit Dellen und Beulen. Um klar zu erkennen, ob sie verdreht ist, legt man die nackte Schreibfeder mit dem Buckel nach oben auf eine waagerechte Fläche. Die Flanken müssen jetzt auf beiden Seiten gleichmäßig aufliegen. Verhält es sich nicht so, kann man händisch bzw. per Druck mit dem Finger obenauf die Verwindung gefühlvoll herausdrücken. Erneut heißt es, eine Zeit lang innehalten, dann erst loslassen, prüfen und wiederholen, falls notwendig. Nur bei geringsten Abweichungen ist diese Vorgehensweise angebracht, weil sie auch den Wölbungsgrad modifizieren kann, was nicht unbedingt wünschenswert ist. Offenbart sich das Missverhältnis prägnanter, ist zwangsläufig die Verdrehung der beiden Federseiten aufzuheben bzw. zu vermindern. Das gelingt nur durch Biegen konträr zur Torsionsrichtung. Im Klartext bedeutet das, steht beispielsweise die Federflanke vorne links und hinten rechts hoch, muss sie dort ein Stück weit runter und stattdessen hinten links und vorne rechts etwas höher. Spiegelbildlich gilt der umgekehrte Fall.

Um Dellen/Beulen zu entfernen und die Federwölbung zu kalibrieren, bewährte es sich, die Goldfeder mit dem Rücken auf dem Schreibblock aufliegend vermittels eines geeigneten Instrumentes in der Wölbung zu bearbeiten. Ein längliches, halbrundes und stabiles Stück Plastik bzw. Holz führt man schiebend und ziehend vom Federauge zur Federwurzel und zurück mit angemessener Druckkraft durch den Federbauch. Unebenheiten lassen sich so ausgleichen. Durch stärkeres Pressen und ein breiteres Werkzeug wird die Wölbung geweitet. Durch ein schmaleres Instrument und Zuhilfenahme der Finger zum seitlichen Beidrücken der Flanken verengt man sie hingegen, und der Buckel wird höher.

Goldfedern sind nicht selten viel leichter zu modifizieren, als es dem Anwender von goldfederbestückten Füllhaltern zunächst erscheinen mag. Je mehr Flexibilität ihr innewohnt, desto biegsamer zeigt sie sich natürlich gleichwohl bei Formkorrekturen. Trotzdem sollte man all die zuvorbeschriebenen Handgriffe extrem besonnen und vorsichtig machen. Jedes Biegen, auch das Zurechtbiegen, hat seine Grenze. Danach kommt der Bruch. Es wäre zumeist schade um die Goldfeder.

6.4.3   Federriss hartverlöten

Eine Art Königsdisziplin für Hobby-Füllhalterrestauratoren. Bevor Sie sich in nachfolgenden Text vertiefen, noch ein gut gemeinter Rat. Vollziehen Sie die Arbeitsschritte experimentell zunächst an einer irreparablen Goldschreibfeder oder einem ausgedienten, ähnlich dünnwandigen Schmuckstück, das Sie mit Übungsbeschädigungen präparieren können. Nur, wenn Sie dabei stetig erfolgreich agieren, sollten Sie sich die wahren Patienten vorknöpfen, also schafthafte erstklassige Goldfedern mit vielversprechendem Schreibpotenzial.

Wir beschränken uns hier in der Tat nur auf kleinste Haarrisse, die meist am Federauge auftreten. In der Regel gibt es für sie zwei Ursachen, menschliche Fehler oder Produktionsfehler. Zum Beispiel drückte der federführende Mensch vorausgehend zu fest auf. Und statt dass der komplette Zinken brach, was durchaus realistisch ist, zeigte sich das Material ums Auge als nachgiebig. Es kann auch sein, dass bei der industriellen Fertigung die Goldfeder nicht mit der idealen Materialstärke versehen wurde bzw. die Goldlegierung am Federauge zu dünn geriet. Oder beim Stanzen, Punzieren, etc. wurde der Feder ungewollt eine „Sollrissstelle" mitgegeben. So fand der verborgene, unentdeckte Materialfehler den Weg in den Handel. Ein Haarriss kann sich mit der Weiterverwendung des Schreibgerätes peu à peu ausweiten und beeinträchtigt womöglich die Schreibeigenschaften. Nahm man ihn optisch erst einmal wahr, löst er störende Empfindungen aus und geht einem nicht mehr aus dem Kopf.

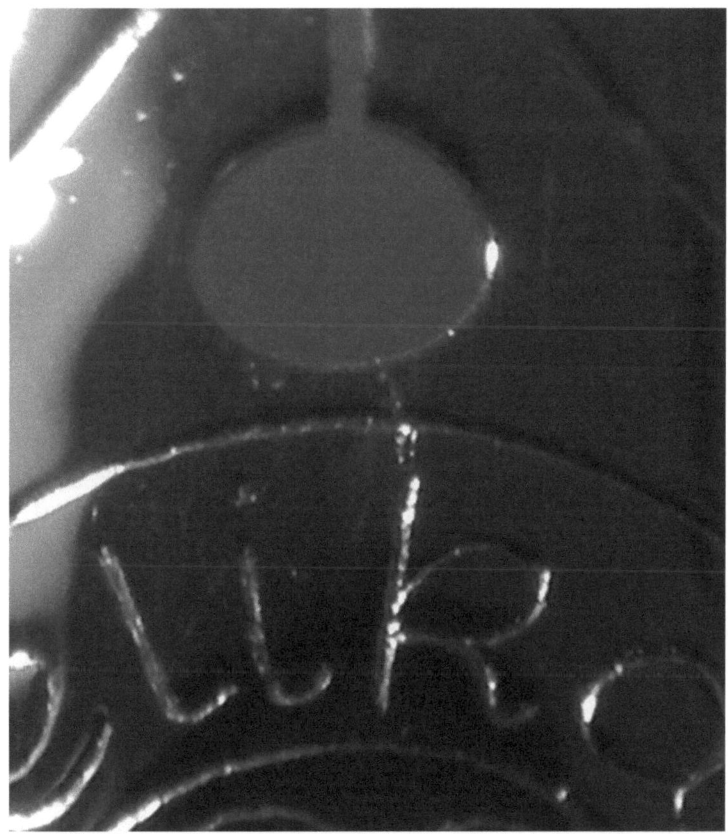

Bild 128: Am Stamm der Minuskel „k" verläuft ein Haarriss vom oberen Ende bis zum Federauge.

Wir werden 3 Phasen durchlaufen. Zuerst schließen wir den Haarriss. Dann vergolden wir nach. Und abschließend polieren wir auf. Die Beschreibung zum letzten Schritt ist natürlich auch bei unbeschädigten Schreibfedern anwendbar, um beispielsweise schmuddelige matte Exemplare wieder zum Strahlen zu bringen.

Vor der Haarrissreparatur muss die Feder picobello sauber sein. Das heißt, zuallererst mit Metallputzmittel ordentlich zu Werke gehen. Dann stellen wir uns die Werkzeuge und Hilfsmittel parat, wie den Miniflammenwerfer (Gas-Lötkolben), die „Dritte Hand" (Werkstückhalter), Zahnstocher sowie andere Kleinteile und schließlich das Hartlot. Die Feder wird mit der Bauchseite nach oben in den Halter so eingespannt, dass, wenn das Lot zu fließen beginnt, es an der Rissstelle bleibt und nicht wegläuft. Demzufolge finden Hartlötungen auf der Unterseite und nicht vom Federdach aus statt. Die Hartlötpaste muss vor der Entnahme erst gründlich durchgemischt werden. Ist sie bereits eingedickt bzw. hart, kann man sie zum besseren Vermengen mit ein paar Tropfen Wasser verdünnen. Doch Vorsicht. Verdünnt man zu oft, verändern sich die Materialeigenschaften, insbesondere des in der Paste enthaltenen Flussmittels, nachteilig. Sie sollte eine schleimig zähe, das heißt, nicht zu dicke, aber auch keinesfalls dünnflüssige Konsistenz besitzen. Mit einem länglichen Feinwerkzeug setzt man daraufhin einen stecknadelkopfgroßen Punkt der Paste auf und in den Haarriss. Übrigens, unter Umständen ist es ratsam, die Region um den Riss vorzuheizen, ehe das Hartlot aufgebracht wird. Das gilt betont dann, wenn es kein Flussmittel enthält und man dieses separat erwerbbare Mittel zuerst aufstreicht, den Bereich erhitzt und hernach das Hartlot an die gewünschte Stelle schmelzen lässt. Zum Gas-Lötkolben gibt es außer der offenen Flamme meist die Alternative, Heißluftaufsätze zu montieren. Wer mit Freiluftfeuer arbeitet, muss entweder über ein grandioses Händchen oder ein professionelles Thermometer verfügen, damit ihm die Goldfeder nicht wegschmilzt. Die freie Feuerzunge erreicht je nach Gerätemodell 1200°C und mehr. Gold schmilzt jedoch bereits bei ca. 1064°C. Nimmt man die Flamme nicht rechtzeitig von der Reparaturstelle weg, wird man Zeuge, wie sich die Schreibfeder in ein fürs Schreiben unbrauchbares Goldklümpchen verwandelt. Viel einfacher ist es hingegen mit einem Heißluftadapter. Es entlässt nach Maßgabe der Werkzeughersteller üblicherweise um die 680°C aus der Spitze. Bitte stimmen Sie die Leistungsdaten Ihres Gerätes mit den Erfordernissen ab.

Bild 129: Die Goldfeder ist mit der Bauchseite nach oben in der „Dritten Hand" eingespannt, das Hartlot aufgebracht und der Gas-Lötkolben mit dem Heißluftaufsatz bereit.

Weil die Arbeitstemperatur des Hartlots bei 650°C liegt, ist der Gebrauch eines Heißluftaufsatzes ideal. Ihn aufgeschraubt, zündet man den Gas-Lötkolben und wartet rund eine halbe Minute, bis die Zieltemperatur erreicht ist. Jetzt hält man die Spitze nah an die aufgebrachte Hartlötpaste, ohne diese jedoch zu berühren. Position bzw. Abstand müssen exakt eingehalten, Ruhe und Geduld bewahrt werden. Nehmen Sie den Gas-Lötkolben nicht zu früh weg. Wenn erkennbar ist, dass das Hartlot zu schmelzen beginnt, rühren Sie sich nicht, sondern bleiben unbeirrt. Das im Hartlot enthaltene Flussmittel ist anfangs trüb milchig. Ab 100°C wird es weißer, ab ca. 300°C transparent und bildet ab ungefähr 500°C kleinste, von der Hitze sich entfernende Tröpfchen. Erkennt man ein Silberkügelchen, ist das ein Zeichen, dass die Arbeitstemperatur noch nicht erreicht ist. Erst, wenn das Kügelchen zerläuft und einen flachen Belag bildet, ist es soweit. Jetzt baut sich dunkelfarbige Schlacke obenauf, das Signal, den Gas-Lötkolben sofort wegzunehmen und abzuschalten. Geschafft!

Wischen Sie sich den Schweiß von der Stirn und lassen Sie die Goldschreibfeder abkühlen, bevor Sie Ihr Werk prüfen und nacharbeiten. Ist der Haarriss geschlossen und stabil? Drücken Sie ruhig auch die Federspitze in Schreibhaltung mäßig aufs Papier und beobachten mit dem Okular die Rissstelle. Abschließend muss die Reparaturstelle noch von Schlacke und Resten abgeschabt und minutiös gesäubert werden. Das lässt sich in einem Bad aus Zitronensäure mit Zahnstochern, kleinen Bürsten, etc. und zuletzt mit Metallputzmittel bewerkstelligen.

Der Haarriss ist repariert. Vor allem im Federbauch, jedoch in geringerem Ausmaß auch auf dem Federdach ist es derweil an der und um die Reparaturstelle silberfarben. Das fleckige Silber auf dem Gelbgold wirkt unschön. Also tun wir jetzt etwas fürs Auge, indem wir die Goldfeder einheitlich vergolden. Das Verfahren wird in Unterkapitel 6.6 ab Seite 259 behandelt. Eine Goldauflage im Federbauch ist verzichtbar, weil die Region auf dem Tintenleiter aufliegend im Füllhalter montiert unsichtbar ist. Wer es dennoch unbedingt machen will, bitte schön. Mühelos und flott scheidet man auf das Federdach Goldionen mittels Tamponverfahren ab und bringt so einheitlich einen gelbgoldenen Belag auf. Man arbeitet in 2 Schritten. Zuerst hält man die Federwurzel mit einer Hand und gleichzeitig den Minuspol ans Metall. Die andere Hand reibt den Galvanisierungsschwamm beständig an der Schreibfeder von der Spitze, den Schenkeln seitwärts und obenauf bis hinter das Federauge. Danach dreht man die Feder um 180° und geht in entgegengesetzter Richtung vor. Die Federspitze halten und minus polen. Von der Federwurzel seitlich am und über das Federdach gründlich galvanisieren bis etwa zum Auge. Damit ist das Vergolden bzw. Nachvergolden ebenfalls getan.

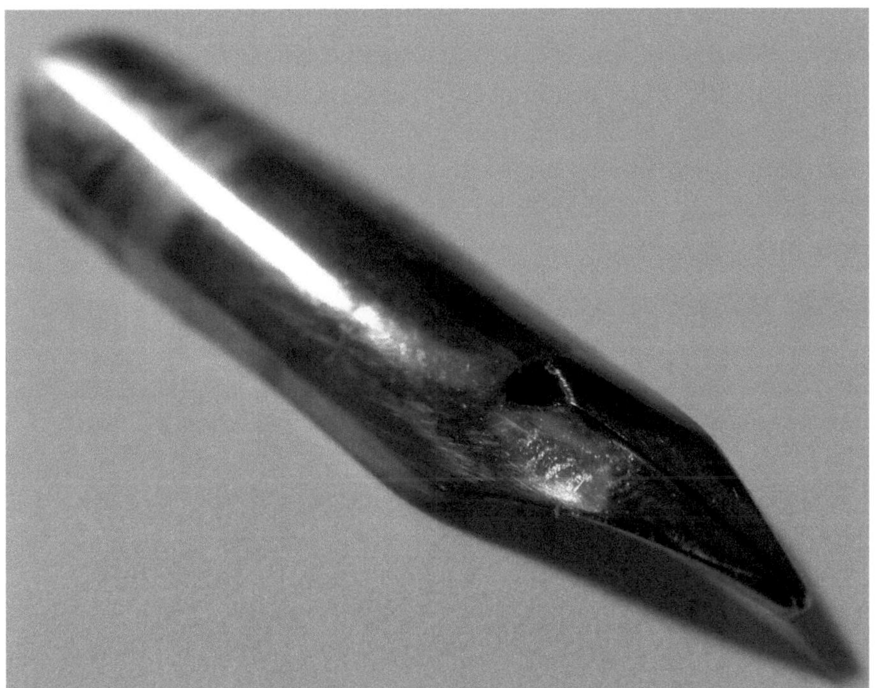

Bild 130: Nach dem Vergolden ist das schmutzige Erscheinungsbild der Goldfeder mit ihren dunklen Schatten unansehnlich.

Die Schreibfeder sieht im Moment noch matt, dunkel und fleckig aus. Ob Erfolg oder Misserfolg, das ist nicht zu erkennen. Deswegen gehts jetzt zum letzten Schritt, dem Aufpolieren. Die in hiesigem Buch bereits behandelten Methoden mit Baumwoll- und Mikrofasertuch sowie Polituren wie Unipol Blau[1] sind hierfür

---

[1] Siehe Seite 151ff.

nutzbringend. Beim Auftragen, Einreiben und Blankpolieren des Federbauchs ist außer einer gefalteten Tuchecke ein Wattestäbchen unheimlich praktisch. Was das Federdach betrifft, stellte sich als hilfsreich heraus, die Schreibfeder auf eine Fingerkante zu setzen und mit der anderen Hand, Tuch und Politur über sie zu streichen. Allmählich erstrahlt die Goldschreibfeder in goldgelbem Glanz.

Bevor man sie allerdings wieder in den Füllfederhalter einsetzt, sollte sie mit heißem Wasser, Spülmittel und einer alten Zahnbürste behandelt werden, damit etwaige Rückstände chemischer Mittel die Fließeigenschaften der Tinte nicht beeinträchtigen. Wer schlussendlich eine fast unauffällig reparierte, wunderschön anzuschauende Goldschreibfeder im Füllfederhalter betreibt, die ihre Arbeit zur vollsten Zufriedenheit erledigt, darf zurecht sehr stolz auf sich sein.

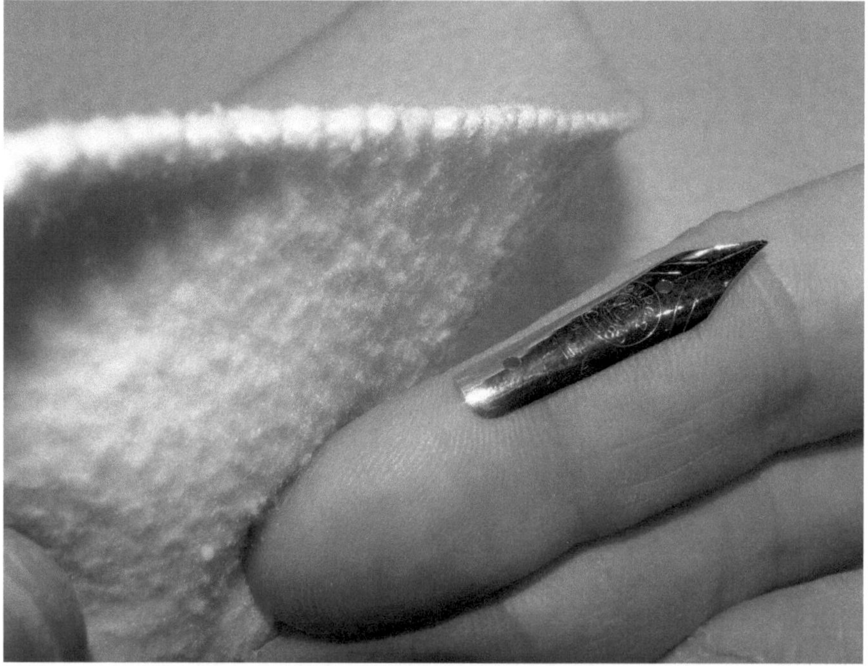

Bild 131: Die Schreibfeder bleibt beim Polieren der Außenseite auf der Fingerflanke meist sitzen, ohne stiften zu gehen.

6.5 Festsitzende Tintenleiter lösen

Überwiegend nimmt der Tintenzuführer den Weg durch die vordere Öffnung der Griffsektion, um eingesetzt oder entnommen zu werden. In selteneren Fällen geschieht das jedoch über ihr Hinterteil. Bei Füllhaltermodellen mit rückwärtiger Tintenleitermontage ist die Position der Komponenten im Mundstück in der Regel fest vorgegeben und durch Vorrichtungen (z.B. Muttern) gesichert. Im Gegensatz dazu lassen sich Feder und Tintenleiter bei Füllern mit Frontmontage nach den Erfordernissen und Vorlieben des Federführers häufig feinjustieren. Es ist ratsam, den Aufbau einer unbekannten Griffsektion mit einer genügenden Portion Ruhe, Konzentration und einem Vergrößerungsglas genau zu studieren. Man muss sich zuerst schlüssig sein, welche Bauart vor einem liegt. Erst wenn klar ist, es handelt sich um einen „Frontlader", und Schreibfeder und Tintenzuführer sitzen trotz mehrerer Reinigungsprozesse fest, sollte nachfolgende Methode angewendet werden. Sie gilt einzig und allein für die Mundstücke, wo über die Frontöffnung die Komponenten zu entfernen sind.

Mit Festsitzen ist gemeint, dass die Handkraft nicht ausreicht, um die Bauteile aus der Griffsektion zu ziehen. Eine kurze, schlagkräftige Unterstützung behebt in den meisten Fällen das Problem. Hierzu benötigen wir das Hämmerchen (z.B. Uhrmacherhammer), das Holzklötzchen und ein Stäbchen. Dieses darf niemals dicker sein als die hintere Öffnung der Sektion, damit die Wände keinen Schaden nehmen und womöglich aufsprengen. Das Stäbchen kann aus Metall, Kunststoff und auch aus Holz bestehen, beispielsweise ein Essstäbchen aus dem Asia Shop, ein feiner Metallstab aus dem Uhrmacherbedarf, usw. Das Stabkopfende, auf welches wir das Hinterteil der Griffsektion bzw. die darin gegenwärtige Stirnseite des Tintenzuführers obenaufsetzen, ist idealerweise flach oder abgerundet, um das Material zu schonen. Senkrecht stellt man das Stäbchen auf eine stabile Fläche vor sich. Mit derselben Hand hält man ein Holzklötzchen fest, das mit seiner Kante am Rand der vorderen Öffnung der Griffsektion aufliegt. Der Balanceakt hätte fatale Folgen, wenn durch Schieflage beim nachfolgenden Schlag etwas zu Bruch ginge. Deshalb behilft man sich eines Glases, Bechers oder einer anderen Vorrichtung, um das Stäbchen darin in relativer Senkrechte zu halten. Das Klötzchen muss solide auf der Sektionskante aufsitzen und fest an die Schreibfeder bzw. die Tintenleiter-Unterseite gepresst werden, sodass es beim Schlag nicht abrutschen und Makel an der Griffsektion hinterlassen kann.

Bild 132: In diesem Beispiel bedient man sich eines Holzstücks mit Loch, um den Ausdrückstab zu stützen. Ein Klötzchen wird gegen die Sektionskante gedrückt. Noch ein Schlag, und Tintenleiter samt Feder sind draußen.

Sofern alles korrekt positioniert, kann man dem Klötzchen jetzt von oben einen Hammerschlag verpassen. Nur einen! Die Haltehand fühlt sofort, ob sich etwas an den Bauteilen rührte. Dennoch, nach dem Hieb aufs Holz inspiziert das Auge, ob der Tintenleiter schon ein Stück vorwärts rückte und, was noch bedeutender ist, nichts kaputtging. Sobald man das checkte, geht alles wieder auf Anfang, wie in der Tanzstunde, Position Stäbchen, Griffsektion, Tintenleiter, Holzklötzchen, Hammerschlag. Mit etwas Glück und Geschick gelingt es bereits mit wenigen Versuchen, die Komponenten aus dem Mundstück vorne heraus und damit eine schwere Last von Ihren Schultern fallen zu lassen. Jetzt kann es mit der Reinigung, Justierung und Wiedermontage weitergehen. Viel Erfolg!

6.6 Galvanisieren

Das Galvanisieren, hinsichtlich der unsrigen Belange vor allen Dingen das Versilbern und Vergolden[1], ist ein eigenständiger Themenkomplex. Für dieses riesige Gebiet gibt es Spezialliteratur sowohl für den Profi als auch für den Hobbyisten. Im Kontext mit dem Füllfederhalter und anderen Schreibgeräten ist besonders der Amateur angesprochen, der sich einige Metallteile seines Schätzchens „aufpimpen" will, weswegen das Thema trotzdem hier zielgerichtet aufgegriffen wird. Es gibt für Anfänger und Freizeitgalvaniseure Grundausstattungen und Startersets mit häufig fragwürdigen Resultaten. Dabei ist die Grundidee, mit geringen Mitteln bemerkenswert erfreuliche Arbeit leisten zu können, durchaus nicht abwegig. Wie so oft hängt es an der Qualität des Werkzeugs.

Werfen wir doch einmal einen Blick auf das bedingt taugliche Einsteiger-Set aus Bild 133. Vorweggesagt, der Bestandteil, an dem man unmöglich sparen kann und nicht sparen darf, ist Elektrolyt, eine wässrige Lösung mit z.B. Goldsalzen, Silbercyanid, usw. Mit ihm wird elektrochemisch ein Substrat (Kathode), z.B. die Verschlusskappe eines Füllhalters, durch Ablagerung von beispielhaft Gold- oder Silberionen überzogen bzw. beschichtet.

---

[1] Der galvanische Vergoldungsprozess ersetzte ab ca. 1840 das sehr gesundheitsschädliche Feuervergolden.

Beim Kauf dieses zwingend notwendigen Hilfsstoffes für die Heimgalvanisierung ist prinzipiell nichts falschzumachen. Das ist doch schon beruhigend. Die anderen relevanten Teile des Sets sind ein Entfetter und Reiniger sowie das Handgalvanisiergerät mit Edelstahlkopf und Schwämmen zum Aufstecken. Die Stromversorgung fehlt für das Gerät. Stattdessen empfiehlt die Bedienungsanleitung Batterien oder Netzadapter. Wer auf die Idee kommt, mit Batterieversorgung galvanisieren zu wollen, sollte es besser gleich bleiben lassen. Denn demotivierende unansehnliche Ergebnisse sind zu erwarten.

Der ideale Strom ist das A und O beim galvanischen Veredeln. Die Stärke und Güte der Edelmetallschicht ist unmittelbar von der Höhe des fließenden elektrischen Stroms abhängig. Das gezeigte Handgerät machte bereits im ersten Versuch schlapp. Minderwertige Bauteile bastelte man ohne Sorgfalt zusammen. Wackelkontakte sorgten für ungleichmäßigen Energiefluss und zu geringe Stromstärke am Edelstahlkopf. Dabei soll das Ding völlig simpel bloß dafür sorgen, dass Strom den Weg vom Pluspol zum Minuspol nimmt, hindurch durch das dazwischenliegende zu behandelnde Werkstück. Genau darauf werden wir uns im nächsten Abschnitt konzentrieren.

Ich empfehle Ihnen, die Ausrüstung für Ihre bescheidenen Galvanisierungsprojekte selbst zusammenzustellen. Metallputzmittel zum Reinigen und Entfetten kriegt man überall. Falls Unipol Blau[1] schon im Haushalt vorhanden ist, können Sie auch dieses dafür nutzen. Es besitzt den Vorteil, dass es nicht nur für die Vorbehandlung, sondern besonders für das Aufpolieren nach dem Galvanisierungsprozess brauchbar ist. Beim Elektrolyt gibt es wie bereits geschildert keine Alternativen. Anstatt sich mit einem schwächlichen Handgalvanisiergerät herumzuärgern, schlage ich vor, ganz darauf zu verzichten. Sie benötigen nämlich außer dem geeigneten Galvanisierkopf und Schwämmchen nur den Stromerzeuger - und zwar einen vernünftigen. Aufsätze fürs Tampon-

---

[1]   Siehe 151f.

galvanisieren gibt es einzeln zu kaufen. Sie können sich ein entsprechendes Blech jedoch auch selbst im Baustoffhandel besorgen und zurechtschneiden und -biegen. Bei dem Vergolden und Versilbern ist der Kopf aus Edelstahl, beim Verkupfern aus Kupfer, beim Vernickeln aus Nickel. Und zum Verzinken wird ein Zinkkopf verwendet. Galvanisierschwämme, ein in dem Zusammenhang ständig auszutauschendes Verbrauchsmaterial, sind natürlich ebenso im Spezialhandel zu finden. Dabei wird meist in der Farbe des Schwamms unterschieden, für welches Metall er vorgesehen ist. Seien Sie gewiss, Schwamm ist Schwamm, und daraus muss man keine Wissenschaft machen. Es lässt sich deutlich Geld sparen, wenn man zum Discounter geht und dort in der Putzabteilung eine Packung Haushaltsschwämme als Wischtücher kauft und sie dann zu Hause mit der Schere in passende Streifen schneidet. Ob dabei die Schwammfarbe zur Unterscheidung des zu galvanisierenden Metalls eine Rolle spielen soll, kann jeder für sich entscheiden.

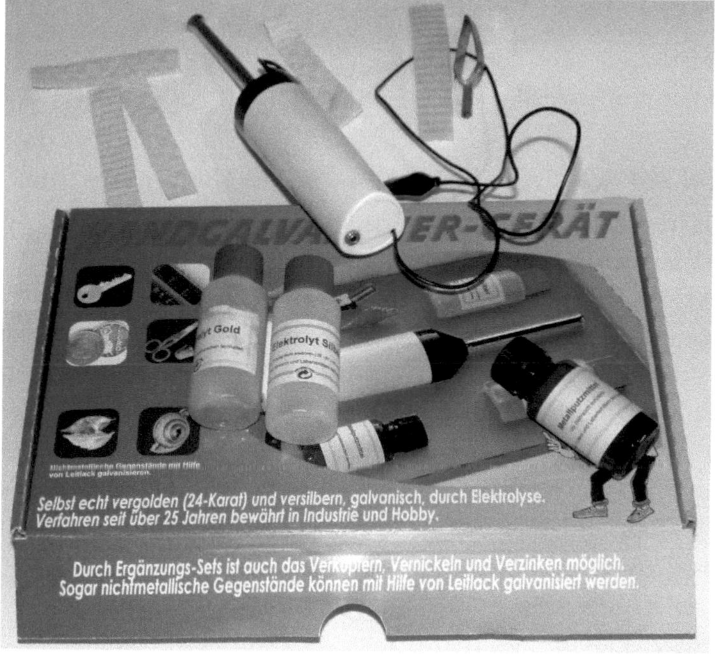

Bild 133: Handgalvanisier-Set.

Bild 134: Mit Schwammtüchern vom Discounter lassen sich massenweise günstige Galvanisierschwämme anfertigen.

Schauen Sie sich im Haushalt um, ob noch ein gutes altes Trafo-netzteil irgendwo herumsteht, oder schon ein moderneres Schalt-netzteil zur Einrichtung gehört. Die Ausgangsspannung ist idea-lerweise regulierbar. Für das hier gezeigte Reibegalvanisieren, das sogenannte Tamponverfahren, wird allgemein eine Spannung von 3 Volt empfohlen. Doch kann man für einen kräftigeren Belag bei der Abscheidung durchaus auf 5-6V hochdrehen. Die Wahl der Stromstärke ist eine Wissenschaft für sich. Man sollte beden-ken, dass im Galvanisierungsvorgang ja im Grunde ein „kontrol-lierter" Kurzschluss verursacht wird. Den muss das Netzteil weg-stecken können, damit es keinen Schaden nimmt. Zur Erzielung perfekter Ergebnisse ist die Stromstärke zudem auf die zu galva-nisierende Fläche abzustimmen. Spezialisten klemmen hierfür ausgewählte Widerstände als Bauelemente in den Stromkreis. Wir wollen an dieser Stelle für das Galvanisieren im Tamponverfahren großzügig darüber hinwegsehen. Wenn Ihr Netzteil 600mA bis 1A leistet, können Sie es in aller Regel ohne zusätzlichen Widerstand problemlos für das Vorhaben einsetzen.

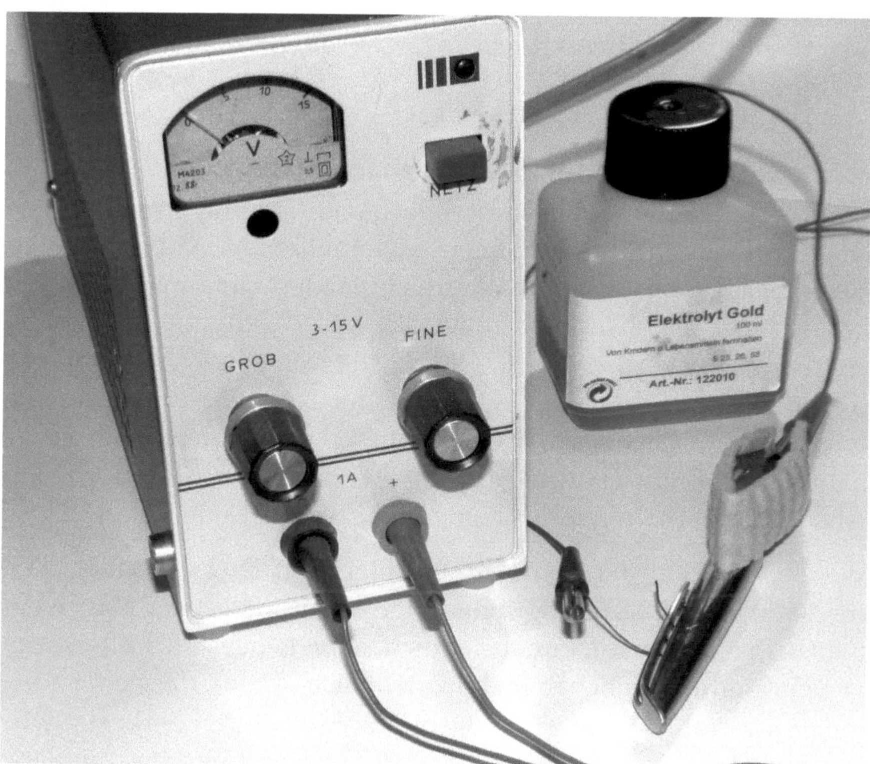

Bild 135: Uraltes Trafonetzteil IPS-1 aus der ehemaligen UdSSR, damals liebevoll „Stabile Speisequelle" genannt. Ein Museumsstück, funktioniert jedoch fürs Galvanisieren weiterhin einwandfrei. Moderne, leichte Schaltnetzteile tun heute mit ähnlichem Funktionsumfang den gleichen Dienst.

Um Edelstahl oder Chrom zu verkupfern oder zu versilbern, muss zuvor vernickelt werden. Das ist oft auch beim Vergolden anzuraten. Kupfer, Messing, Eisen und Nickel sind unmittelbar galvanisierbar. Aluminium lässt sich metallbeschichten, wenn man zunächst durch Feinschleifen und Polieren die obere Oxidschicht entfernt. Nachdem mit Metallputzmittel gründlich das

Aluminium gereinigt wurde, ist es als erste Auflage mit Kupfer zu galvanisieren. Dabei muss man ein wenig mehr Zeit mitbringen. Denn das Abscheiden im Galvanisierungsvorgang geschieht hierbei langsamer. Auch nichtmetallische Gegenstände sind durch entsprechende Präparation galvanisierbar. Für näherführende Informationen zum Galvanisieren im Hobby- und Kleinteilebereich sei an dieser Stelle auf die ausreichend vorhandene Fachliteratur verwiesen.

6.7   Gebürstetes Metall überarbeiten

Seit Langem schon weit verbreitet und offenkundig auch beliebt sind Füllhalter mit gebürsteten Metallteilen. Vor allem bei der Verschlusskappe kommt matt aufgebürstetes Metall wie Edelstahl häufig vor. Wenn man hierbei sich die Komponente genauer anschaut, fällt auf, dass die Oberfläche aus einer Unmenge vermeintlich unregelmäßiger winzigkleiner Kratzer besteht. Weil sie in der Gesamtfläche sich ähneln, wiederkehren und gleich aufgebaut sind, nimmt sie das Auge als ein homogenes Merkmal auf. Aber Füllfederhalter zerkratzen, das kann doch jeder, oder?

Wie so oft steckt der Teufel im Detail. Die Frage ist nämlich nicht ob, sondern wie. Die logische Folge wird spätestens klar, wenn man sich zum Beispiel unabsichtlich seine gebürstete Füllerkappe verschrammt. Das Schadensbild stellt sich so dar, dass eine sozusagen kontrolliert verkratzte Kappe unkontrolliert zerkratzt wurde. Für das Auge ist die Oberfläche nicht mehr im Einklang, sobald ein Kratzer tiefer, flacher, kürzer, länger oder andersförmiger ist. Je nach Ausmaß kann man versuchen, mit profanen Mitteln den Schaden zu reparieren, wenigstens aber zu kaschieren. Simplifiziert geht es darum, die unausgewogene Kratzspur wiederum mikrofein zu zerkratzen, damit sich ein ausgewogenes Gesamtbild ergibt. Zwei Dinge braucht man dazu: Mut und das passende Werkzeug[1]. Zu Ersterem kann ich Sie ermuntern. Zu Letzterem empfehle ich den Einsatz von Schmiergelpapier und

---

[1] Siehe Unterkapitel 6.1.

rotierenden Bürstenköpfen für unseren Kleinrotator. Das Schleifpapier kommt nur bei derben großflächigen Beschädigungen in
Frage, üblicherweise in Körnung 400 und 800, im Fall der Fälle
auch gröber oder feiner. Die Nacharbeit bzw. kleinere Macken
übernimmt die Rotationsbürste.

*Bild 136: Eine Auswahl an Messing- und Stahl-Drahtbürsten als Aufsätze für die
Mini-Rotationsmaschine.*

Eine zu entfernende Schramme bearbeitet man nicht in Längsrichtung. Es entstünde sonst die Gefahr, sie noch zu vertiefen,
zumindest aber ihren Habitus zu verstärken. Man streicht quer
über sie, kratzt bzw. bürstet quasi seitlich in sie hinein und darüber weg. Keinesfalls darf man hierbei auf dem gleichen Fleck
innehalten, weil man dann eine lokale Betonung setzt. Der optische Spürsinn bemerkt das. Daher in Bewegung bleiben und
immer wieder absetzen, mit einem öligen Tuch, das man bereit-
hält, die Fläche abreiben und mit Okular und bloßem Auge den
Arbeitsfortschritt prüfen.

Übrigens gibt es bei der zuvor beschriebenen handwerklichen
Tätigkeit einen Maximalpunkt, eine Art „Peak", der seltenst der
Idealpunkt ist. Anders ausgedrückt, bei manchen Beschädigun-
gen gelingt es, sie gänzlich auszutreiben und eine gebürstete Flä-

che wie fabrikneu aussehen zu lassen. In einigen Fällen kommt man aber über das Ausbessern bzw. Kaschieren nicht hinaus. Will man das nicht wahrhaben, werkelt weiter und überschreitet den „Peak", wird es ab diesem Punkt abträglich statt zuträglich. Man verschlimmbessert, anstatt zu restaurieren. Das Gefühl für den gewissen Augenblick kann man nicht beibringen. Jeder muss es selbst erfahren und für sich erlernen. Nicht zuletzt deswegen zählt ebenfalls für die Arbeit an gebürsteten Metallflächen, erst an unwichtigen Übungsobjekten zu trainieren. Mitunter besitzt man zu Hause irgendwo in einer Kramkiste defekte, verbeulte, metallene Verschlusskappen oder Füllhalterschäfte, die sonst im Müll gelandet wären. Sie sind dankbar dafür, noch eine allerletzte Aufgabe zugewiesen zu bekommen, nämlich für Sie als Hobby-Füllerrestaurator Sparringspartner zu sein.

Die blasseste Tinte ist besser als das beste Gedächtnis.

Aus China

7.   Warum ausgerechnet ein Füller?

Um per Schrift etwas kundzutun, kann man im Grunde alles verwenden, was Formen von Buchstaben und Zahlen auf eine Unterlage bzw. einen Schriftträger aufbringt. So ist es denkbar, durch Auslegen unzähliger Blumenblüten vor dem Fenster der Angebeteten seine Liebe zu gestehen. Sie kennen sicherlich den Satz „Die Sache ist geritzt", ein Sprachdenkmal aus einer Epoche, als man das Wort noch in Holz und Stein kratzte. Mit den Füßen, einem Stock, etc. kann man zweifelsohne im Sand am Urlaubsstrand Feriengrüße hinterlassen. Weniger aufwendig ist es, per Daumen oder Mehrfingersystem Daten in Digitalrechner und Multimediatelefone zu tippen. Was die Handschrift anbelangt, existiert ein breites Spektrum an Mitteln, sich dank Individualismus von der digitalen Schreibwelt abzugrenzen. Sieht man einmal davon ab, wie Texte in den Computer gelangten, so liegt doch ein logisches Grundprinzip vor. Drückt man das Knöpfchen, zeigt das Objekt Maschine auf Bildschirm und Druckerpapier bloß eine sterile Massenware. Das Subjekt Mensch hingegen gibt mit analogen Schreibwaren unverwechselbare Persönlichkeit Preis. Dies gelingt mit der Tafelkreide genau so wie mit dem Bleistift, Tintenroller, Kugelschreiber oder Faserstift. Sind die aufgeführten Stifte im Grunde unveränderbar und höchstens anzuspitzen, wurde der Füllerfeder ein Schliff gegeben, der sich meist auch hinterher noch anpassen lässt. Mit all den Dingen kann man Worten eine Hülle geben. Aber nur mit dem Füllfederhalter gibt man ihnen, quasi als letzten Schliff, eine Seele. Warum ist das so?

Das mit der Seele wäre mir damals als Schüler nicht im Traum eingefallen, als ich im Klassenzimmer mit dem Schulfüller meine Pflicht erfüllte. Doch genügt es schon zum spirituellen Effekt, wenn der gezwungene Alltag der freiwilligen Leichtigkeit weicht? Oder ist es vielmehr derart, dass die schroffe Stahlfeder eines Schulfüllers keinen nennenswerten Unterschied zum Beispiel zu einem Tintenroller vorzuweisen hat? Worten, die man notwendigerweise aufzeichnen muss, wie die des Schülers im

Unterricht, gibt man im Allgemeinen kein all zu hohes Gewicht. Denn es fehlt ihnen meist an einer inhaltlich individuellen Note des Schreibers, weil es Wissen, Aussage, Gedanke und Geschichte anderer ist. Dies ändert sich nicht zuletzt im Laufe der geistigen Reifung und Formung der Persönlichkeit und wird häufig erst im fortgeschrittenen Erwachsenenalter vollendet. Das Bedürfnis, dem aus dem eigenen Kopf entsprungenen Gedankenmaterial eine Gewichtung und Eigentümlichkeit mitzugeben, wächst. Und hier erinnert man sich, womöglich vergaß man ihn zwischenzeitlich bereits, an den „guten alten" Füllfederhalter. Es muss etwas geben, das Kugelschreiber & Co. nicht ihr Eigen nennen.

Zum einen gibt es heute reichlicher denn je eine Fülle von Tinten in den verschiedensten Arten und Farben. Sie sind wechselweise in den Füllhaltern verwendbar. Weiter kann man auf ein verlockendes Sortiment an unterschiedlichen Federn zurückgreifen. Zwar ist die Auswahl längst nicht mehr so üppig wie zu alten Zeiten. Trotzdem spielen auch moderne Füllerfedern ihre Reize aus. Und das stets Spannende dabei ist immer noch, dass jede auf irgendeine Weise anders ist. Diese Unwägbarkeit wird in dem Zusammenhang ausnahmsweise des Öfteren gerne in Kauf genommen. Die Anhänger der klassischen Füller mit extraordinären Fähigkeiten, die sogenannte Vintage-Szene, erfreuen sich dennoch einem stetig wachsenden Zulauf. Unterschiedliche Schliffe der Federspitzen und bereits geringste flexible Eigenschaften der Federschenkel in Verbindung mit einer wechselnden Intensität des Tintenflusses lassen den Federführer variantenreiche Striche zu Papier bringen. So etwas bieten federlose Schreibgeräte in der Regel nicht. Und der Pinsel als Konkurrent in der Leistungsklasse kommt wegen fehlender Praxistauglichkeit zum Schreiben kaum infrage. Die Kombination von Möglichkeiten aus Tintenfarben, Tinteneffekten und Federbeschaffenheiten bildet das Vermögen für handschriftlichen Individualismus. Das lässt den Schluss zu, dass nur die Federschreiber, also Füller und Federhalter, dem schreibenden Menschen umfassend Ausgestaltungsspielraum bereitstellen.

Bild 137: Aus dem Buch von Johann Stäp »Selbstlehrende Canzleymäßige
Schreibe-Kunst«, Leipzig, 1784

Alle Buchstaben des Alphabets sämtlicher Schriften besitzen prägnante Grundformen, welche sie unverkennbar machen. Solch ein Buchstabenskelett lernen Kinder erstmals in der Schule an der Tafel und durch Bücher kennen. Die charakteristische Art des Menschen, mit einer der Vorsehung entsprungenen, persönlichen Linienführung auf vorgenannter Grundgestalt seine Buchstaben zu seiner eigenen Schrift auszubilden, nennt man Duktus[1]. Ausschmückungen, Schnörkel, Serifen[2] und Variationen der Strichstärke sowie Strichausbildungen und Strichverbindungen wie rund, spitz und gebrochen (eckig) verpassen, wie das Salz in der Suppe, der Schrift die spezielle Note. Sie kriegt ein Antlitz, ein Gesicht. Mit Bleistift oder Kugelschreiber gelingt das zumindest

---

[1] Lat. „Ductus" steht für das Ziehen, Führung, innerer Zusammenhang.
[2] Als Serife bezeichnet man einen kleinen, abschließenden Querstrich am oberen oder unteren Ende von Buchstaben.

beim Schreiben in Alltagsschrift nur ungemein eingeschränkt. Jedoch die Tintenfeder ist dafür regelrecht prädestiniert. Handschrift besteht einerseits aus steuerbaren und eintrainierten, andererseits willkürlichen Bewegungen. So zeigt sich die Schrift aus der Hand sowohl kontrolliert, als auch vermeintlich zufällig. Doch genau im Zufall steckt das Quäntchen Eigenart, welches jeder Mensch anders und unnachahmlich besitzt. Zusammen spiegelt das Handgeschriebene die Person wider und ist deswegen Arbeitsgrundlage für Fachleute wie Grafologen[1] und forensische Schriftgutachter[2].

Dabei galt, dass im mit Feder und Tinte verfassten Schriftstück die Individualität zum Ausdruck gebracht werden solle, keineswegs immerzu. Vor der Erfindung des Buchdrucks wurde alles Geschriebene aus der Hand heraus auf Trägermaterial wie Papier und Leder mit der Tintenfeder geformt, von Stempel und Gravur einmal abgesehen. Im Schreiben geschulte Personen wie die Mönche des Mittelalters standen zuhauf an ihren geneigten Pulten, um Abschriften anzufertigen. Es gab strengste Vorgaben, was die Formung der Lettern anbetrifft. Und selbst die Schreibhaltung war vorgegeben. Der Oberkörper wurde nicht angelehnt, die Ellenbogen nicht abgestützt. Alleinig der kleine Finger der Schreibhand, höchstens zusammen mit dem Ringfinger, ruhte auf der Schreibplatte. Die Direktiven der Schrift, des Stils und der Körperhaltung ermöglichten das Eliminieren von Störfaktoren und demzufolge ein stringentes, wenig individualisiertes Schriftbild. Für Vervielfältigungen von Büchern, eine der damaligen Hauptarbeiten, galt das als Prämisse. Jede Vorschrift, jegliche Normung weg von der individuellen Vorliebe und Neigung bedeuten Anstrengungen für den, der sie erfüllen muss. Und es lässt sich leicht vor dem geistigen Auge wiedergeben, wie mühselig das Schreiben für unsere federführenden Vorfahren gewesen sein mag. Das bezeugen auch nachfolgende aus dem Mittelalter stammende Hexameter:

---

[1] Persönlichkeitsdiagnostik auf Grundlage von grafischen Merkmalen.
[2] Urheberschaftsuntersuchung von Handgeschriebenem.

Scribere qui nescit, nullum putat esse laborem:

Tres digiti scribunt totum corpusque laborat.

Sinnbildlich übersetzt bedeutet dies: „Wer nicht zu schreiben versteht, glaubt, es bereite keine Mühe. Drei Finger schreiben, jedoch der Körper müht sich gänzlich".

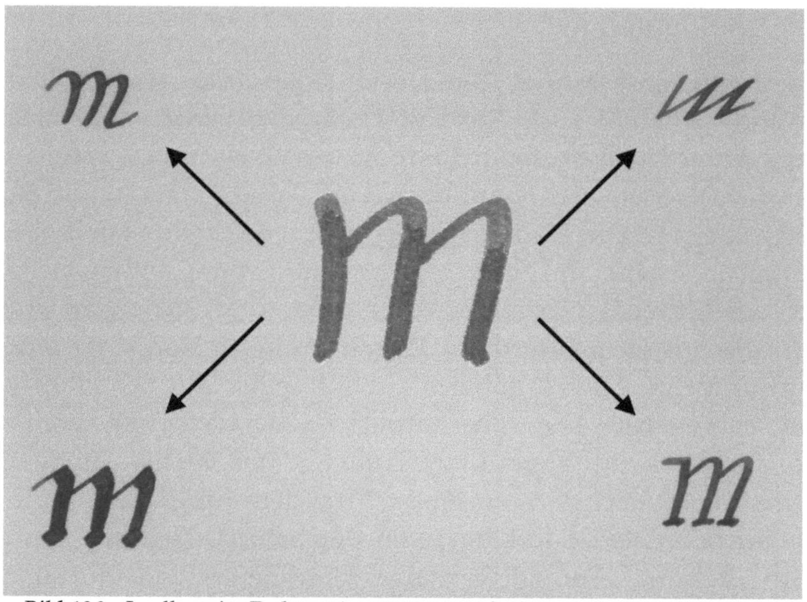

Bild 138: *In allen vier Duktus-Ausprägungen findet sich die Grundform aus der Mitte wieder.*

Galten Individualitäten des Schreibers im Gros der zu publizierenden Schriften als nicht gerne gesehen, so entstanden doch Regionalitäten. Beispielsweise entwickelten Schreibstuben und Kanzleien ihre eigenen Schrifttypen und Schriftstile, meist sogar mehrere davon, sodass die Beschäftigten etliche Abwandlungen beherrschen und bei Bedarf abrufen mussten.

Das Ausleben seines Duktus. Die Kindheits- und Schulerinnerungen. Die Nostalgie. Der Umgang mit der zum Teil ausgefallenen und interessanten Technik. Das umfangreiche Tintenspektrum. Die oft hochwertigen Materialien, welche aus Füllern edle Schmuckstücke machen. Die Faszination des Endproduktes, nämlich des per Feder geschriebenen Textes auf womöglich exquisitem Papier. All dies fasst die überwiegenden Motive zusammen, sich ausgerechnet Füllfederhalter anzuschaffen und als Gebrauchsgegenstand auch heute in den Alltag zu integrieren oder zu sammeln.

Können Feder und Tinte heilen?
Vielen Menschen versetzt es einen Schicksalsschlag und ist nur schwer zu ertragen, mit Erkrankungen rund ums Vergessen konfrontiert zu werden. Dies betrifft beispielsweise die Demenz, die sich mal schleichend, mal recht plötzlich offenbart. Jedoch auch bei Parkinson, Depressionen und selbst bei Burn-out-Symptomen können Gedächtnislücken eine Rolle spielen. Das führt mitunter so weit, dass der Betroffene die Formen von Buchstaben vergisst, die Schrift von unleserlich bis völlig unlesbar wird und er sozusagen das Schreiben „verlernt". Für solche Menschen kann die eigene Wiederentdeckung des Füllfederhalters der passende, wie geschaffene Weg in die Offensive gegen die Krankheit sein. Man nimmt den Gedächtnisverlust zum Anlass, sich das Schreiben, Malen, Zeichnen und Skizzieren komplett aufs Neue beizubringen, Erinnerungen aufzuzeichnen, Tagebuch zu führen. Schon Lichtenberg[1] schrieb im 18. Jahrhundert: *„Zur Aufweckung des in jedem Menschen schlafenden Systems ist das Schreiben vortrefflich, und jeder, der je geschrieben hat, wird gefunden haben, dass Schreiben immer etwas erweckt, was man vorher nicht deutlich erkannte."* Warum sollte man nicht genauso als älterer Erwachsener ein paar Schulbücher kaufen und damit Schriftübungen machen können? In der Sparte Grundschulbücher gibt es prima Lehrstoff über die allgemeine Ausgangsschrift, eine Schrift, wie man sie gegenwärtig unterrichtet. Dazu erhält man Übungsblätter mit Hilfslinien. Mit diesen Mitteln kann man entweder autodidaktisch oder mit Assis-

---

[1] Georg Christoph Lichtenberg, deutscher Physiker, 1742-1799.

tenz durch einen betreuenden Mitmenschen täglich in Zeitblö-
cken üben. Natürlich dürfen Tinte und Feder hierbei nicht fehlen.
Ebenso bietet sich kalligrafisches Schreiben an, wie etwa der englische Rundschriftstil „Copperplate". Es sind Fälle bekannt, bei
denen der Umgang mit dem Federfüller kognitive Fähigkeiten,
Feinmotorik und Erinnerungsvermögen wieder verbessern,
zumindest aber ein wenig bewahren und festigen konnte. So
wurde vieles nochmals möglich, Lebensqualität zurückerlangt,
weil er es ermöglichte. Der Füllfederhalter. Er ist in solchen Fällen
wie das Lebenselixier. Und durch das Schreiben mit und das
Hantieren an ihm wird die wohltuende Tinktur verabreicht. So
soll die Jahrtausende alte Weisheit fortbestehen: *kein Tag ohne
einen Strich.*[1]

Ich möchte daher an Demenz, Depressionen, Parkinson, Burn-out
und Tinnitus erkrankten Menschen und deren Familienangehöri-
gen Schreibübungen wärmstens ans Herz legen. Und zurufen:
Schreibt mit einem Federhalter oder einem Füllfederhalter![2] Der
Tintenschreiber ist etwas, auf das man sich ohne Risiken, frei von
Gegenerwartungen und mit überschaubaren Kosten einlässt. Und
er ist durchaus firm, ein Vielfaches zurückzugeben. Zumindest
kann er dabei förderlich sein, die eigene Selbstständigkeit und
das Selbstgefühl länger zu bewahren. Einem mit ihm verfassten
Dokument lässt sich Würde mitgeben und zugleich die behandelte Angelegenheit würdigen. Alleine schon der Respekt und die
menschliche Würde lassen auch für das Gegenüber, den Leser,
einen Mehrwert erkennen.

Nein, heilen, das können Feder und Tinte nicht. Die Anschaffung
eines Füllers ist allerdings eine Kleinigkeit, erst recht, wenn es
nichts mehr zu verlieren gibt.

---

[1] Lat. „*Nulla dies sine linea*" von Gaius Caecilius Secundus Plinius dem
     Jüngeren, 61-113 n. Chr.
[2] „*Wende oft den Griffel!*" aus dem Lateinischen „*Saepe stilum vertas*" von
     Quintus Horatius Flaccus, kurz Horaz, 65-8 v. Chr.

Drucke! Drucke! Manche Seite,

daß zum Zwecke Tinte fließe,

und sich in wohldosierter Weise

zu dem Bilde sich ergieße.

Johann Wolfgang von Goethe

8. Epilog

Zur Instandhaltung, Pflege, und für kleinere Reparaturen erfuhren Sie, wie Sie mit profanen Materialien und Werkzeugen aus dem Bestand eines Jedermann-Haushaltes ausgezeichnete Ergebnisse erzielen, ohne dass diese den Resultaten der „Profis" großartig nachstünden. Verlieren Sie dennoch niemals das Augenmaß für den Punkt, an dem es Zeit ist, unter Umständen professionelle Hilfe in Anspruch zu nehmen. Es schützt vor Frust und bewahrt Füllerschätze vor dem Untergang. Geduld zahlt sich aus. Das ist das Credo nicht nur beim Schreiben, sondern auch in Bezug auf die Störungsbeseitigung. Verbogene und abgebrochene Federn als Zeugnisse wutentbrannter Federführer lassen vermuten, dass Geduld mitunter eine allzu hohe Hürde darstellt. Ich bin zuversichtlich, hiesige Tipps retten mehr Federfüller und sorgen dafür, dass Frustverkäufe renitenter Artgenossen der Vergangenheit angehören.

Kontakte aufzubauen zu Gemeinschaften mit Gleichgesinnten ist für Leute mit Neugierde an dem Schreibgerät nicht zwingend notwendig, aber durchaus opportun. Online-Plattformen im nationalen und internationalen Internet bieten auch für Einsteiger in die Füllerszene eine Anlaufstelle. Man kriegt dort jede Menge Erfahrungen und eine Informationsvielfalt serviert, die besonders zu Beginn des Hobbys Rückschläge und Fehlentscheidungen ersparen können. Und dazu muss man sich keineswegs als Vereinsmensch engagieren, sondern bloß durch Lesen zuhören. Jedoch sollte man zwischen Meinungen und Fakten unterscheiden können. Und bei gemeinten Sichtweisen bzw. Überzeugungen ist stets zu bedenken, dass diese nicht unbedingt die Eigenen sein werden. Die Tragweite der Selbsterfahrung ist unersetzbar. Ein Füller war, ist und bleibt auch Gefühls- und Geschmacksache. Das ist keinesfalls ein ambivalentes Kriterium.

Im Grunde braucht man nicht viel Geld in die Hand zu nehmen, um in den ersten Genuss vortrefflich arbeitender Federschreiber zu kommen. Allerdings sind der Preisskala nach oben hin keine

Grenzen gesetzt. Die meisten Füllerfans fangen mit einem einzigen Schreibgerät an und begeben sich klammheimlich auf die unendliche Reise zu dem Heiligen Gral. Früher oder später können sie bereits auf eine umfangreiche Auswahl für jeden Anlass zurückgreifen. Bei angemessenen Preisen mit einer außer Kontrolle geratenen Sammelleidenschaft für Füllfederhalter in den Ruin zu steuern dürfte schwierig werden. Denn hochwertige Neugeräte und ein Großteil antiker Füller verlieren bei ordentlicher Behandlung den Wert zumindest langfristig nicht.

Füllfederhalter sind kein Ding mit einer Metamorphose, sondern blieben stets bodenständig. Sie unterwarfen sich in der Regel keinen künstlerischen bzw. architektonischen Stilrichtungen wie dem Klassizismus, Biedermeier, Historismus, Wilhelmismus und Jugendstil oder Art Deco. Zu Beginn ihrer Entstehungsgeschichte konstruierte und fertigte man Federfüller rein aus pragmatischen Gesichtspunkten als eine Fortsetzung der Schreibtechnik des Federhalters, der ja nichts anderes ist als eine Schreibfeder, die auf einem Griffstück steckt. Analog zu derlei Haltern, die im Laufe der Nutzungsepoche mitunter aus verschiedenen, edlen Materialien und Ausschmückungen bestanden, erhoben Fabrikanten ihre Füller zunehmend aus dem Gros des Puristischen. Das Fokussieren auf die Geschmäcker geschah rasch. Man fügte schon den Ältesten bald zierende Gravuren hinzu und gab Applikationen wie Hebeln und Kappenclips mehr Formenvielfalt. Trotzdem standen über viele Jahrzehnte die Schreibeigenschaften mit einem überwältigenden Angebot an Federn zweifelsfrei im Vordergrund. Alles andere war Beiwerk.

Bedeutung und Wertstellung des modernen Füllfederhalters änderten sich. Als Anlageobjekt kaufen einige Zeitgenossen hochwertige, für viele unerschwingliche Schreibgeräte wie einen Barren Gold und lagern sie mit der Zuversicht auf Wertsteigerung ein. Aktuelle Füllermodelle sind in einer Vielzahl an Farben, Mustern, Ausstattungsmerkmalen, Ziselierungen und Formverspieltheiten erhältlich. Dabei täuschen die optischen Effekthaschereien leider hin und wieder über die Beschaffenheit minderwertiger zuweilen gesundheitsgefährdender Materialien und fragwürdige Produktionsbedingungen hinweg. Zugegeben, derlei Bedrängnis erfährt der Füllfederhalter mit allerlei anderen Konsumgütern. Dennoch bleibt zu hoffen, dass Füllhalterproduzenten die Schreibeigenschaften nicht vollständig dem Erscheinungsbild des Gerätes unterordnen. Bei Gesprächen unter Füllerliebhabern ist meist herauszuhören, dass sich Mehrheiten für reizvolle Schreibfähigkeiten aussprechen und diesen vor dem Aussehen den Vorzug geben. Neuentwicklungen scheinen zur Volksvorliebe erstaunlich antagonistisch zu verlaufen. Der Füller jedoch überlebte Generation für Generation, allen alternativen Errungenschaften zum Trotz, nur, weil er in einem ausgewogenen Verhältnis seiner äußeren und „inneren" Werte mit der Zeit ging.

Kennen Sie „Hot Rods"? Das sind speziell umgebaute Automobile in der Regel aus US-amerikanischen Gefilden. Auf Basis eines gutbürgerlichen, historischen Autos aus den 1920er bis 1940er Jahren wird aufgemotzt, hochgetunt und tiefergelegt. Zum Schluss steht da ein Fahrzeug, dessen Karosserie noch an die vergangenen Zeiten erinnert. Das übrige Vehikel jedoch entspricht andersartigen Maßstäben. Diente dieses Automobil anno dazumal als völlig gewöhnlicher Straßenkreuzer, um zur Arbeit zu fahren, mit der Familie Ausflüge zu unternehmen und Heuballen auf die Farm zu kutschieren, ist der „Hot Rod" jenseits von alldem. Er ist eine Verliebtheit in Design und Technik, ein Spiel und Spielzeug zugleich, ein Objekt, mit dem man es sich selbst und anderen zeigt.

Heute gibt es Füllhalterproduzenten, die ganz gezielt und fein kalkuliert ein modernes Schreibgerät in alt wirkendem Kleid ehemaliger Topmodelle konstruieren und an die Frau und den Mann zu bringen gedenken. Dabei hat dieser Stift, bis auf die Ähnlichkeit der Hülle, nichts, aber auch überhaupt nichts mit seinem Urahn gemein.

Alles ist vergänglich, das ist eine bekannte Redensart. Mitunter sterben sogar Wörter (aus), wenn sie keiner mehr gebraucht und sie daher aus dem Sprachwörterbuch verschwinden. Der Füller im Allgemeinen und im ursprünglichen Sinne verdient es weder auszusterben, noch jemals zu einem „Hot Rod" Stift und bloßen Prestigeobjekt zu entarten. Ich wünsche Ihnen, dass Sie stets das Wohlgefallen an Ihren Federfüllern behalten. Und sollten technische Probleme einmal den Schreiballtag trüben, so hoffe ich, dass die Tipps, Kniffe, Hinweise und Erläuterungen in hiesigem Buch helfen mögen, die Füllerfreuden zurückzuerlangen. Als traditionelles Geisteswerkzeug mit einem atemberaubenden Werdegang und fortwährend unfassbaren Sinnen wollen wir den Füllfederhalter weiterleben lassen. Eine Lebensweisheit besagt „je älter etwas ist, umso mehr Autorität strahlt es aus". Begegnen Sie ihrer Füllfeder, ob aus früheren oder heutigen Tagen, mit Respekt und Nachsicht und sie wird sich revanchieren.

Bei Fragen zur Instandhaltung, Reparatur, zu Bezugsquellen von Werkzeugen und Verbrauchsmaterialien wie Tintensäcken, Schellack, usw. erhält man Informationen und Auskünfte unter der E-Mail-Adresse:

tintensack@gmx.de

Der Mensch ist auch ein Federvieh.

Denn gar mancher zeigt, sobald er eine Feder in die Hand nimmt, was er für ein Vieh ist.

Johann Nepomuk Nestroy